A Lab of One's Own

A LAB OF ONE'S OWN

One Woman's Personal Journey Through Sexism in Science
by Rita Colwell PhD and Sharon Bertsch McGrayne

일러두기

1. 이 책은 리타 콜웰 박사가 육성으로 들려주는 그의 이야기를 담고 있습니다. 비슷한 경험을 한 다른 사람들의 이야기는 콜웰 박사나 샤론 버치 맥그레인이 진행한 인터뷰에서 가져온 것입니다. 독자의 이해를 돕기 위해 그들의 이야기도 콜웰 박사의 목소리로 전합니다.

2. 본문의 각주는 전부 옮긴이 주입니다.

인생, 자기만의 실험실

랩걸을 꿈꾸는 그대에게

리타 콜웰,
샤론 버치 맥그레인 지음
김보은 옮김

머스트 리드북

프롤로그

더는 숨지 않겠어

대학원생 마거릿 로시터는 매주 금요일 오후 맥주 파티에 참석하곤 했다.[1] 예일대학의 저명한 과학사학자들이 벌이는 파티였다. 어느 날, 로시터는 호기심에 이끌려 파티에 참석한 당대의 석학에게 물었다.

"여성 과학자는 누가 있나요?" 이때가 1969년이었는데, 로시터는 강의나 교재에서 여성 과학자를 찾아볼 수 없었다.

"없어." 그가 대답했다. "아무도 없었지."

"퀴리 부인은요?" 누군가가 물었다. "노벨상을 두 번이나 탔잖아요?"

"아니야, 절대. 아무도 없어"라는 대답이 돌아왔다. 마리 퀴리는 남편의 실험을 돕기 위해 역청우라늄석을 휘젓는 조수일 뿐이라 했다. 세계적 남성 학자들의 말에 따르면, 우리 여성 과학자들은 존재하지 않았다.

몇 년 후, 여전히 호기심을 해결하지 못한 로시터는 『미국의 남성 과학자들*American Men of Science*』이라는 인명 백과사전을 훑고 있는 자신을 발견했다. 제목과는 다르게 책에는 100명 이상의 여성이 등재돼 있었다. 로시터는 더 많은 여성 과학자를 연구하기 위해 대학에서 일자리를 찾으려 했지만 여기에 관심을 보이는 대학은 없었다. 심지어 독립적으로 연구할 보조금도 받을 수 없었다. 그의 연구 지원서를 평가할 수 있을 만큼 여성 과학자에 대해 잘 아는 사람이 없었기 때문이다.

금전적으로 넉넉하지 못했던 로시터는 부모님의 보조 차인 구닥다리 닷지 세단을 빌려, 미국 북동부의 여자대학 문서 보관소들을 종횡무진 누비며 수개월 동안 최고 속도로 달렸다. 그러고는 탐색 영역을 미국의 다른 지역으로 확장했다. 도서관 지하에 있는 기록 상자부터 다락을 가득 채운 캐비닛까지 샅샅이 뒤져 모든 곳에서 여성 과학자의 흔적을 찾아냈다. 미국 의회의 복도에서 마주친 한 하원의원은, 여성 과학자에 관한 글을 쓰는 것은 납세자의 세금을 낭비하는 일이라며 로시터를 맹비난했다. 이 일은 결과적으로 더 많은 사람에게 로시터의 연구를 알리는 계기가 되었고, 곧이어 그는 책을 내기로 했다. 한 하버드대학 교수는 "그 책은 정말 얇을 거야, 안 그래?"라며 조롱했고, 수십 군데 출판사가 누구나 여성 과학자가 존재하지 않는다는 사실을 "안다"라면서 로시터의 출간계획서를 거절했다.

그럼에도 1982년, 로시터의 첫 책 『미국의 여성 과학자들 *Women Scientists in America*』이 세 권짜리 역사서로 출간돼 지금까지 보이지 않았던 세상이 존재한다는 사실을 알리기 시작했다. 그 책을 읽으면서 불현듯 여성 과학자들은 자신이 더 이상 혼자가 아니라는 사실을 깨달았다. 우리는 중요한 업적을 남긴 여성들의 오랜 계보를 잇는 지성의 후예였다. 로시터로 말하자면 과학의 세계를 확장하고, 새로운 연구 분야를 개척하며, '천재들의 상'으로 불리는 맥아더 펠로우십을 받은 뒤 코넬대학의 석좌교수가 되었다.

⁂ ⁂ ⁂

과학자로서의 내 삶을 이야기하는 이 책은 이런 역사의 인간적 면모를 들춰낸다. 남성이 지배해 여성의 모습은 보이지 않는 분야에 여성으로서 발을 들이는 일이 어떤 것인지에 관한 이야기다. 이는 어떤 산업에 관한 이야기이기도 하다. 그 산업에서는 오늘날에도 여전히 많은 남성과 여성이 높은 수준의 과학을 연구할 수 있는 능력은 Y 염색체에 새겨져 있다고 믿는다. 남성은 동등한 자격을 갖춘 여성보다 더 유능하다고 간주하고, 저명한 남성 과학자일수록 후배 여성을 키우지 않으며, 대학은 이런 엘리트 남성 과학자 실험실에서 젊은 교수진을 채용한다.

미리 말해두자면 장황하게 불만을 늘어놓으려 이 책을 쓴 것은 아니다. 나는 60년 가까이 실험실을 꾸려왔고, 과학계에서 내 길을 가로막는 사람이 나타날 때마다 나를 도와준 여섯 명의 멘토를 만났다. 그런데도 과학이라는 산업은 소수의 여성과 영향력 있는 남성으로 채워진, 매우 보수적인 성향의 기관으로 남아있다. 아웃사이더, 모든 유형의 여성, 아프리카계,

라틴계, 유색인종, 이민자, 성소수자, 장애인, 그 외 백인 남성 천재라는 정형화된 이미지에서 벗어나는 사람은 모두 거부한다.

과학계는 과거를 떨쳐내기 위해 분투하는 집단이다. 물론 선의에서 나온 말이겠지만 과학계에 더 많은 여성이 참여해야 한다는 이야기를 들을 때마다 나는 화가 난다. 여성이 과학에 흥미를 갖도록 유도할 필요는 전혀 없다. 내가 찾아본 곳마다 남편이나 남성 동료의 실험실 그늘, 의학 박물관과 도서관, 정부 기관 혹은 미 전역의 초급 수준의 교직에서 일하는 숨은 인물들이 있었다. 과학자가 되고 싶어 하는 유능한 여성은 항상 많았다.

하지만 여성을 과학계에 들이지 않으려 하는 소수의 영향력 있는 남성 집단도 항상 있었다. 수십 년 후에도 재능 있는 여성이 열정을 불태우는 것을 막는 데 자신이 한몫했다는 사실을 믿지 못하는 남성은 여전히 있을 것이다.

따라서 나는 이 책에서 여성 과학자에게 기회의 문을 열어 주기 위해 할 수 있는 일이 무엇인지에 관해 몇 가지 제안을 하려 한다. 더불어 여성 스스로 기회의 문을 여는 방법에 관해서도 이야기하려 한다. 여성을 억압하는 세력이 있더라도 스스로 목소리를 높인다면 우리는 성공할 수 있다. 그리고 성공해야 한다. 국가안보, 경제력, 사회 안정, 곧 전 세계 모든 국가의 운명이 우리에게 달려있기 때문이다.

차례

1장

안 돼! 여자는 이 일을 할 수 없어

1956년 5월의 아름다운 봄날이었다. 나는 키 187센티미터의 잘생긴 약혼자 잭 콜웰과 퍼듀대학 캠퍼스를 거닐고 있었다. 잭은 대학원 과정을 마치기 위해 이제 막 독일에서 돌아온 제대군인이었다. 몇 주 전에 있었던 첫 데이트에서 우리는 두 달 후에 결혼하기로 약속했다. 그야말로 폭풍 같은 연애였다! 물론 당시에는 알 수 없었지만, 우리는 결혼식에서 62년간의 행복한 결혼 생활의 시작을 알릴 예정이었다.

그때 헨리 코플러 교수가 우리 앞을 지나갔다.

코플러 교수는 체격은 왜소했지만 캠퍼스의 거인이자 생물학과의 실세였다. 대화를 나누려 가까이 다가설 때면 동료 교수들조차 주눅이 들 정도로 기세가 대단했다.[1] 학부생들은 코플러 교수와 대화하는 것을 어려워했고 나 역시 마찬가지였다. 그래서 나는 이 우연한 만남을 활용해 그에게 우리의 기쁜 소식을 알리기로 했다. 길가에 서서 잭이 화학 석사과정을 마치는 동안 나는 의과대학 진학을 미루고 세균학 석사과정을 공부하기로 했다고 말했다. 내가 원하는 것은 장학금뿐이었다.

"여학생에게 장학금을 낭비할 순 없네."

마치 인생의 진리라도 되는 양 코플러 교수가 말했다. 나는 크게 실망했고 곧이어 분노가 치밀었다. 이런 정책의 부당함과 코플러 교수의 퉁명스러운 말투 때문이었다. 재정적 지원이 없으면 나는 학업을 이어갈 수 없었다. 하지만 화난 모습을 보여 그를 기분 좋게 해줄 생각은 추호도 없었다. 코플러 교수는 내게 장래성이 없다고 생각하는 듯했다. '좋아, 당신이 틀렸다는 걸 꼭, 반드시 증명해 보이겠어.' 나는 자신에게 다짐했다.

내 부모님은 이탈리아 이민자였다. 아버지 루이 로시는 매사추세츠주 베벌리 팜스 지역에 있는 건설회사의 석공이자 조경 감독이었다. 아버지는 테니스 경기장, 수영장, 방파제뿐만 아니라 보스턴 북부의 넓은 해안 지역에 장거리 장애물 경주 경기장을 짓기도 했다. 아버지가 이탈리아에서 고등교육을 받을 수 있는 길은 로마 가톨릭 신학대학에 들어가 사제 교육을 받는 것뿐이었다. 사제 임명식이 다가오자 아버지는 마을을 몰래 빠져나와 배를 타고 미국으로 건너왔다. 그 후 세례식이나 결혼식, 장례식 외에는 절대로 교회에 발을 들여놓지 않았다. 아버지는 어린 우리에게 "아빠의 일요일 직업은 저녁 식사 요리사"라고 말하곤 했다.

어머니 루이자 로시는 로마 근처의 작은 마을에서 태어나, 초등학교를 졸업한 후 학업을 포기하고 친척 아주머니의 양초 가게에서 일해야 했다. 어머니는 이탈리아에서 아버지와 결혼했고, 몇 년 후 먼저 이민 온 아버지를 따라 미국으로 건너왔다. 우리를 교회에 데려간 사람은 어머니였다.

대공황 시절 아버지는 현금 3천 달러를 베갯잇 속에 숨겨 두었다가 대담하게도 좋은 학교가 있는 양키 지역에 방 세 개가 딸린 집을 샀다. 베벌리는 1626년에 영국 식민지 개척자들이 세운 연안 도시였지만 20세기 초 지역 건설업과 신발 제조업에 종사하는 이탈리아 이주민이 몰려들었다. 당시에는 미국에서 이탈리아인으로 살기 힘든 시절이었다.[2] 그 몇 년 전에 발표된 연방 보고서는 "이탈리아인에겐 특정 범죄를 일으키는 본성이 내재한다"라고 경고했다. 인기 주간지 《새터데이이브닝포스트》는 "남유럽과 동유럽에서 몰려오는 괴상하고 이질적인 혼혈인들을 몰아내지 않는다면 미국인은 결국 난쟁이처럼 왜소해지면서 순차적으로 잡종이 될 것이다"라는 내용의 사설을 실었다. 아버지가 미국으로 이주하고 얼마 지나지 않은 1924년에 출입국관리법은 이탈리아인의 이민을 금지했다. 내가 태어나기 몇 년 전에 실시된 프린스턴대학 백인 남학생들의 투표에서는 이탈리아인이 미국 내 불쾌한 소수인종으로 뽑혔다. 무슬림 터키인과 아프리카계 미국인의 뒤를 이어 세 번째였다.

그런 연유로 가톨릭 집안인 우리 가족이 양키 베벌리 코브에 있는 쾌적한 새집으로 이사 온 날 저녁, 누군가 현관문을 두드렸다.[3] 문을 연 아버지는 시의회 의원을 마주했다. 의원은 자기소개를 마친 후 마을 대표로 왔다며 주민들이 서명한 진정서를 내밀었다. 그는 아버지에게 계약금을 줄 테니 다른 곳으로 이사 가라고 말했다. "난 이 집을 샀습니다"라고 아버지는 대답했다. "집값은 이미 완불했답니다." 그런 다음 아버지는 문을 닫아버렸다. 바로 그 집, 매사추세츠주 베벌리 코닝가 113번지에서 나 리타 바버라 로시가 3년 후인 1934년 11월 23일에 태어났다.

부모님은 모두 여덟 명의 아이를 낳았다. 그중 여자 형제 한 명은 1918년 인플루엔자가 대유행할 때 숨졌고, 어머니에게 산후우울증을 남긴 내 바로 위의 오빠는 두 살이 되기 전에 폐렴으로 세상을 떠났다. 나는 살아남은 다섯 번째 아이였다. 나와 남동생이 학교에 들어가자 어머니는 지역에 있는 신발 공장에 나가기 시작했다.

어머니와 아버지는 헌신적인 부모였지만 여자에 대한 전통적인 편견이 있었다. 학교가 끝나면 나와 자매들은 집 안에서 침대를 정리하고 가사를 거든 반면 남자 형제들은 집 밖에서 허드렛일을 도왔다. 남자 형제들은 끊임없이 다퉜고, 나는 그들이 벌이는 소란 때문에 종종 내 의견을 무시당하는 부당함을 겪어야 했다. 나는 내 인형 마차를 좋아하지 않았다. 하지만 형제들이 허락 없이 그것을 분해해 손수레를 만든 뒤 내가 그 손수레나 그들의 링컨 로그*를 가지고 놀지 못하게 막을 권리는 없다고 생각했다. 일요일 저녁을 먹으러 간 친척 집에서 나와 자매들은 식탁을 치우고 설거지를 할 때 형제들은 미국 원주민이 쓰던 깃털 머리 장식이나 장난감 도끼를 선물로

* 건물을 지을 수 있는 요철이 있는 미니어처 로그로 구성된 미국 어린이 장난감

받는 것도 마음에 들지 않았다. 다섯 살 때 나는 이미 마음속으로 언젠가 여기서 탈출할 방법을 찾아내겠다고 생각했다. '지금은 어쩔 수 없지만 여기에 영원히 남진 않겠어'라고 자신과 약속했다.

순진하게도 나는 자라는 동안 이웃들이 중상류층이라 생각했다. 나중에서야 이웃들 대부분이 노동자 계층이라는 사실을 알았다. 경찰관, 시청 직원, 부유층의 재산 관리인, 공립학교의 난방 관리인 그리고 그런 남편을 '기술자'라고 부르는 부인도 있었다. 대부분의 가정에는 아이가 두세 명뿐이었다. 부인들은 절대로 어머니와 대화하거나 파티에 초대하지 않았다.

이웃들이 거부한 것은 어머니뿐만 아니었다. 아버지는 앞뜰에 꽃을 심고, 뒤뜰에 과일나무와 채소를 키우면서 닭과 토끼를 길렀다. 하지만 아버지가 집 앞 진입로에 큰 접시만 한 달리아꽃을 심자 이웃들은 콧방귀를 뀌며 타박했다. 제라늄꽃은 괜찮았지만 달리아꽃은 그렇지 않았다. 첫째 언니 마리의 학교 친구들은 물려받은 옷을 입는다고 언니를 조롱했고 방과후 '클럽'에도 끼워주지 않았다. 예술적 재능이 있는 욜란다 언니는 반 친구에게 미술 수업에 초대를 받았다. 그런데 친구 어머니는 "우리집에 이탈리아인을 들여놓을 순 없다"라면서 욜란다 언니를 문밖에서 쫓아버렸다.

이런 식으로 마음에 상처받을 만한 일들이 일어날 때마다 아버지는 우리에게 말했다. "화내지 마라. 훌륭하고 견실한 교육을 받아야 한다. 저 사람들이 네게서 뺏을 수 없는 유일한 것은 네 머릿속에 든 지식뿐이란다." 어린 내게도 이 말은 묵직하게 다가왔다.

다행히도 아이들의 잠재력을 꿰뚫어 보는 사람들이 종종 있었는데, 옆집에 사는 에마 보든 부인이 바로 그런 사람이었다. 보든 부인은 내게 비밀 은신처가 돼주었다. 가끔 보든 부인의 집 앞을 지나갈 때면 부인은 창문을 두드리며 "타피오카 푸딩을 만들었는데" 하고 나를 불러세우곤 했다. "들어오렴. 나랑 지그소 퍼즐을 맞추자꾸나." 보든 부인이 내 편이 돼주자 내가 그토록 이해하려 노력했던 삶의 부당함이 거대한 지그소 퍼즐처럼 보이기 시작했다.

자라면서 나는 과학도 퍼즐과 비슷하다고 생각했다. 자연은 퍼즐 조각을 내주고, 과학자는 그 조각들이 어떻게 맞물려 의미 있는 그림을 만드는지 알아낸다. 만약 다른 사람이 퍼즐을 맞출 수 있다면 나도 할 수 있으리라고, 끈기가 있다면 일관성 없이 여기저기 흩어져 있는 퍼즐 조각의 의미도 알 수 있으리라고 확신했다. 포기하지 않는 이런 태도가 훗날 내가 과학자가 되고 난 후뿐만 아니라 과학자가 되는 과정에도 도움이 될 수 있다는 것을 이때는 전혀 몰랐다.

에이미 스트라일리 선생님도 내 편이 돼주었다. 열두 살까지 나는 교실이 네 개뿐인 작은 학교에 다녔는데, 스트라일리 선생님은 그 학교 교장이었다. 우리는 항상 시험을 봐야 했는데, 6학년이 되자 나는 IQ 검사임이 틀림없는 검사를 받았다.

검사가 끝나고 스트라일리 선생님이 나를 교장실로 불렀다. 나는 겁에 질렸다. 교장실에 불려갈 때는 퇴학당할 만한 일을 했을 때뿐이었다. 조심스럽게 교장실 문을 열자 스트라일리 선생님은 나를 향해 집게손가락을 까딱까딱하며 말했다. "리타 로시, 네겐 의무가 있단다. 넌 이 검사에서 가장 높은 점수를 받았어. 넌 반드시 대학에 가야 해." 그때 나는 엄청나게 겁에 질려있었기 때문에 선생님에게 무슨 약속이든 했을 것이다. "네, 네, 그럴게요"라고 나는 대답했다. 교장실에서 나갈 수만 있다면 뭐든 할 수 있었다.

하지만 스트라일리 선생님의 설득은 거기서 끝나지 않았다. 아버지는 저녁마다 스트라일리 선생님에게 외국인을 위한 영어 강의를 들었는데, 선생님은 그 자리에서 아버지에게도 같은 말을 했다. 나는 그 후 몇 년간 스트라일리 선생님의 말씀을 가슴속에 담아두고 되새기며 격려를 받곤 했다.

우리 마을 아이들은 여름 동안 끝없는 자유를 누렸다. 집안일을 마치면 도시락을 싸 들고 놀러 나갔다가 어두워지면 황급히 돌아와 저녁을 먹었다. 요즘처럼 집 앞에 울타리를 치는 사람이 없었기 때문에 반려견 니피와 나는 베벌리 코브의 작은 만을 따라 오래도록 산책할 수 있었다. 훌륭한 마을 도서관에서 탐욕스럽게 책을 읽기도 했다. 학교에 다닐 때는 마거릿 머리 선생님이 자신이 맡은 4학년 교실에 책을 한아름 꽂아놓고는 네 권을 읽을 때마다 한 권씩 선물로 주었다. 단어에 관심이 많았던 내가 처음으로 받은 책은 『로제 유의어 분류 사전 *Roget's Thesaurus*』이었다.

여름 동안 마음껏 뛰어놀 수 있는 자유는 친구를 선택할 자유도 주었다. 나는 유머 감각이 넘치고, 예리한 재치와 창의적 생각 그리고 흥미로운 토론을 즐기는 친구가 좋았다. 옷이나 외모를 걱정하면서 시간을 죽이는 친구는 별로 좋아하지 않았다.

의도하지는 않았지만 나는 베벌리 철길 주변에 사는 친구들과 두루 친했다. 준은 어머니가 간호사였고, 성격이 괴팍한 아버지는 매주 일요일 교회에 갈 때를 제외하고는 대부분 취해있다고 했다. 준의 집에는 먹을 것이 넉넉하지 않은 것 같았다. 준과 나는 근처 개울에서 개구리를 잡거나 용돈이 넉넉할 때면 토요일에 영화를 보러 갔다. 또 다른 단짝인 진은 흔히 말하듯 부모님이 '법적으로 결혼하지 않은' 사실혼 관계였다. 진의 어머니는 실바니아 조명설비 공장에서 일했다. 진과 나는 도서관에서 책을 읽고 인생과 클래식 음악을 이야기하면서 몇 시간이고 보내곤 했다. 나중에 진은 뉴욕 필하모닉 오케스트라의 첼로 연주자와 결혼했다.

내 삶은 열다섯 살 때 영원히 바뀌었다. 1950년 3월 29일 저녁이었다. 다림질할 때마다 이탈리아 노래를 부르고 버스 정류장에서 친구를 붙들고 내 성적표를 자랑하던, 볼 때마다 힘껏 안아주고 싶던 어머니가 갑자기 가슴통증을 호소했다. 어머니의 나이 쉰한 살 때였다. 아버지와 나는 어머니를 주치의 레너드 박스 박사에게 데려갔지만, 박사는 집에 가서 쉬라고 말했다. 1950년대에 심장마비를 일으킨 남성 환자의 표준 치료법은 병원에서 안정을 취하는 것이었다. 반면 여성은 심장마비를 일으키지 않는다는 것이 정설이었다.

다음 날 아침, 나는 평소처럼 학교에 갔다. 내가 돌아왔을 때 어머니는 빨래를 마친 뒤 점심을 차려놓고 나를 기다리고 있었다. 어머니는 나와 잠시 이야기를 나누다가 또다시 통증을 느껴 침대에 누웠다. 박스 박사에게 전화를 했더니 어머니에게 아편이 든 진통제를 처방해주겠다고 했다. 나는 자전거를 타고 1.6킬로미터를 달려가 약국에서 진통제를 산 뒤 쏜살같이 집으로 돌아왔다. 내가 약국에 간 사이 어머니는 아버지와 형제들에게 필사적으로 전화를 걸었다. 하지만 당시는 휴대전화가 나오기 수십 년 전이었기에 어머니는 방과후 아르바이트를 하던 오빠 한 명에게만 전화할 수 있었다. 오빠는 어머니가 숨을 거두기 전에 집으로 달려왔다. 나는 너무 늦게 도착했다.

지금 생각하면 박스 박사는 어머니가 그저 환기 시설이 열악한 공장에서 신발 접착제를 사용하면서 생긴 폐공기증 때문에 통증이 생겼다고 짐작했던 것 같다.[4] 설령 심장마비라는 사실을 알았다 하더라도 1950년대에는 박스 박사가 어머니를 살릴 방법이 없었을 것이다. 그래도 나는 오후 3시쯤 박스 박사에게 전화했고 6시까지 그를 기다렸다. 박스 박사가 집에 와서 한 일이라고는 어머니의 사망 선고를 내리는 것뿐이었다. 우리는 본당 주임 사제인 맥나마라 신부님도 기다렸다.

신부님이 도착했을 때 나는 홀로 앉아 슬픔으로 산산이 부서지고 있었다. "일어나렴." 신부님이 말했다. "이겨내야 한단다." 아버지는 침묵했다.

우리 가족에겐 하소연할 사람도, 도와줄 사람도 없었다. 어머니의 임종을 지켰던 오빠는 엄청난 충격에 빠져 며칠 동안 침대에서 일어나지 못했다. '이제 되었어.' 나는 자신에게 말했다. '내가 가톨릭 신자로 사는 건 오늘이 마지막이야.' 나는 과학자나 의사가 돼 어머니가 받을 수 없었던 보살핌을 가난하고 힘없는 사람들에게 나누어주겠다고 다짐했다.

학교로 돌아간 나는 슬픔을 표출하다가 또 삼키곤 했다. 내 친구 중에는 스스로 애칭을 짓는 아이들이 많았다. 나도 늘 마음에 들지 않았던 리타라는 이름을 버리고 쾌활한 분위기로 '리키'라고 새로 지었다. 여학생 대표로 뛰는 농구 경기도 슬픔을 달래는 데 도움이 되었다. 나는 키가 162센티미터에 불과했지만 날렵하고 공격적인 선수였다. 3년 후 고등학교 졸업 앨범의 내 사진에는 "최고의 운동선수"라는 제목과 "할 일이 있는 곳에는 항상 리타가 기다리고 있다"라는 설명이 붙었다.[5] 졸업 앨범에 적혀 있는 문구 중 나에 대한 가장 정확한 설명은 내가 대학에 가서 '화학자'가 되고 싶어 했다는 것이다.

두 오빠는 미 육군과 해안경비대에서 기술 교육을 받았고 마리 언니는 가족을 위해 집에 남았다. 언니는 간호사가 되고 싶어 했지만 어머니가 반대하며 비서가 돼야 한다고 했다. 비서는 온종일 서 있지 않아도 되기 때문이었다. 몇 년 후, 마리 언니는 야간 대학에서 학위를 땄다. 다음 차례는 삐딱하면서도 재미있는 욜란다 언니였는데, 나보다 여섯 살이 많았고 어릴 때부터 나를 잘 돌봐주었다. 욜란다 언니는 예술가가 되고 싶어 했다. 부모님은 라파엘로와 미켈란젤로를 존경했다. 거기까지는 좋았다. 당시 어머니의 친구들이 예술가는 누드를 그려야 한다며 말리는 바람에 욜란다 언니는 화가의 꿈을 접고 미술 교사가 되기로 했다. 그렇더라도 언니는 그림 그리는 일을 멈추지 않았다. 그는 전 세계 유명 갤러리에 자기 그림과 판화를 전시하며 빛나는 재능을 유감없이 발휘했다.

그다음은 스트라일리 선생님과 약속한 내 차례였다. 어머니가 돌아가신 뒤 아무도 청하지도 원하지도 않았지만 참견꾼인 고모 브리지다가 매주 집에 와서 집안일을 거들었다. 고모는 내가 대학에 가고 싶어 한다고 타박했다. 어느 날, 우연히 젊은 여성은 집에 있거나 비서가 돼야 한다는 고모의 열변을 듣고 걱정이 되었다. 나는 고모가 돌아가고 난 뒤 아버지에게 "저는 정말로 대학에 가고 싶어요"라고 말했다. "당연히 너는 대학에 갈 거다." 아버지가 말씀하셨다. "생각해보렴. 나는 전에도 브리지다의 말을 듣지 않았다. 지금이라고 그 말을 들어야 할 이유가 있겠니?" 몇 년 후, 내가 첫 책을 내자 아버지는 내 책이 잘 보이도록 거실 테이블 위에 올려놓았다.

고등학교 마지막 학년에 대학 입학 지원서를 쓰면서 나는 과학대학에 지망하려면 과학 교사의 추천서가 필요하다는 사실을 알게 되었다. 하지만 그때는 "안 돼! 여자는 이 일을 할 수 없어"라는 말이 통용되던 시대였다. 고등학교에서 내 오빠들은 야구와 축구를 하고, 자동차 수리법을 배우고, 기술 수업을 듣고, 판자 조각으로 전기 램프를 만들었다. 하지만 나는 타자와 요리를 배워야 했다. 남성인 생물 선생님은 여학생에게 과학을 가르치느니 차라리 풋볼을 가르치는 편이 낫다고 잘라 말했다. 물리 선생님은 자신의 수업에 여학생이 들어오는 것을 극도로 싫어했고, 내가 알기로 교사 생활 내내 그가 가르친 여학생은 단 한 명뿐이었다. 물론 그 학생이 나는 아니었다. 화학 선생님은 내게 추천서를 써줄 수 없다고 대놓고 거절했다.[6]

나중에 알았지만 화학 선생님은 나뿐 아니라 다른 여학생들에게도 추천서를 써주지 않았다. 선생님은 사무적으로 말했다. "여학생은 화학을 할 수 없어." 선생님은 그저 당시에는 진리라 믿던 것을 말했겠지만 나는 모욕감을 느꼈다. 심지어 20년이 지난 후에도 미국에 있는 약 4천 명의 화학 교수 중 여성은 고작 마흔 명에 불과했다. 비율로 따지면 1퍼센트도 되지 않았다.

베벌리고등학교 과학 수업의 여학생 배척 기류는 보기 드문 일이 아니었다. 우주 망원경의 제작 계획을 주도해 '허블의 어머니'로 불리는 천문학자 낸시 로먼은 고등학교 담임선생님에게 라틴어 5년 차 수업 대신 대수학 2년 차 수업을 듣게 해달라고 요청했을 때를 이렇게 회고했다.[7] "담임선생님은 나를 내려다보더니 비웃었습니다. 그는 '어떤 숙녀가 라틴어 대신 수학 수업을 듣니?'라고 말했어요."

그 시절, 성적이 상위권이면서도 대학에 진학하지 않은 고등학교 졸업생의 97~99퍼센트가 여학생이었다는 사실은 그리 놀라운 일이 아니다.[8] 그때 나는 아직 이런 현상에 숨은 편견 혹은 재능 낭비를 깨달을 만큼 노련하지 않았다. 내 반응은 그저 문제를 해결할 방법을 생각해내는 것 정도였다. 나는 여성인 영어 선생님을 찾아가 도움을 요청했다. 그리고 영어 선생님의 추천서를 받아 여학생을 받아주는 뉴잉글랜드 지역 대학에 지원했다.

내가 지원한 대학 중 스미스대학은 장학금을 줄 수 없다고 했고, 래드클리프대학은 등록금이 1200달러인데 장학금은 겨우 800달러만 주겠다고 했다. 래드클리프대학에 가려면 집에서 살면서 시간제로 일해야 했고, 케임브리지까지 기차로 통학하는 데만 하루에 몇 시간씩 허비해야 했다. 게다가 래드클리프대학은 하버드대학과 자매결연을 한 대학이지만 래드클리프 대학생을 포함해 여성은 하버드대학의 라몽 도서관에 들어갈 수 없었다.[9]

이 시기에 우리 가족은 잘나가는 중이었다. 아버지는 일용직 노동자에서 현장 감독으로 승진한 뒤 자신의 건설회사를 세웠다. 상원의원 헨리 캐벗 로지 주니어처럼 부유하고 정치적으로 유망한 고객도 확보했다(아버지는 상원의원을 사석에서는 '헨리 캐비지(양배추) 로지'라고 불렀다).

내게 가장 중요한 사건은 욜란다 언니가 인디애나주 퍼듀 대학의 풀브라이트 장학생인 물리학자와 결혼한 일이었다. 언니는 그곳에서 미술을 가르치고 있었다. 그는 내가 다니는 고등학교에 있어야 하지만 없는 것이 무엇인지 알았다. 퍼듀 대학은 미국에서 가장 큰 이공계 학부가 있는 대학이었고, 총장은 최고의 과학 학부생을 유치하는 데 열심이었다. 욜란다 언니는 내게 퍼듀대학에 지원하라고 권했다. 퍼듀대학에서 전액 장학금과 기숙사, 식사, 교재 그리고 베벌리에서 탈출할 기회를 제공하겠다고 하자 나는 즉시 수락했다.

"아이비리그인 래드클리프를 거절하고 중서부 이공계 대학에 간다고?" 하버드대학 출신의 역사 선생님은 내 선택에 대해 회의적이었으나 나는 한 번도 이 결정을 후회한 적이 없다.

❊ ❊ ❊

그때까지 나는 보스턴 지역을 벗어난 적이 없었다. 하지만 1952년 가을, 인디애나주 웨스트라피엣에 도착해 기차에서 내리면서 대규모 공사 현장을 발견하고는 고향에 있는 아버지의 작업장을 떠올렸다. 연방정부는 퍼듀대학 같은 공립대학을 최고 수준의 연구센터로 바꾸고 있었다.[10] 2차 세계대전은 핵물리학, 레이더, 전자공학, 컴퓨터 같은 유럽의 과학적 발견에 힘입어 승리했고, 미 의회와 군부는 두 번 다시 외국의 기술 지식에 의존하고 싶어 하지 않았다. 퍼듀대학은 당시 금액으로 4800만 달러, 지금의 가치로 환산하면 약 5억 달러를 지원받았다. 또 제대군인원호법*에 따라 수많은 참전 군인이 대학에 갔고, 대학생 수는 두 배 가까이 늘어 등록자 수만 9천 명에 이르렀다. 여학생 한 명당 남학생 수가 아홉 명 혹은 그 이상인 해도 있었다.

나는 전공으로 화학을 선택했는데 이내 화학 강의가 대부분 농업과 관련되어 있다는 사실을 깨달았다. 게다가 대형 강의실에서 350명이 함께 수업을 듣기 때문에 빨리 가지 않으면 강의실 뒤쪽에 앉아야 했다. 뒷자리에 앉아서 교수님과 칠판을 쳐다보려면 괜찮은 쌍안경이라도 있어야 할 정도였다. 소규모 과제 발표 수업은 열다섯 명이 함께 들었는데, 강사들이 대부분 독일 출신 대학원생이라 딱딱한 독일식 발음을 알아듣기가 힘들었다. 강사들은 버릇처럼 여학생들과 사귀려 들었다.

나는 크게 낙담해 과학자와 의사의 꿈을 버리고 전공을 영문학으로 바꿀까 고민했다. 학위를 받는 데 도움이 될까 해서 창의적 글쓰기, 시, 희곡 쓰기 등의 선택 과목을 가능한 한 많이 들었다. (이 강의들은 훗날 내가 800편 이상의 과학 논문을 쓰고 학생들의 논문을 지도하는 데 도움이 되었다.) 학생회에도 지원해 퍼듀대학의 별 볼 일 없는 토론팀을 개선하려 애썼다. 이때

* 미국의 퇴역 군인들에게 교육, 주택, 보험, 의료 그리고 직업 훈련 기회를 제공하는 제반 법률과 프로그램

나는 논쟁에서 이기는 비결은 사실과 더 많은 사실을 모아 합리적인 방식으로 연결하는 것임을 배웠다. 하지만 내 삶에 그 교훈을 실제로 적용하지는 않았다.

내 과제에 B학점을 준 철학 교수가 강의에 거의 출석하지 않던 스타 쿼터백 선수에게 A학점을 주었을 때, 나는 교수실로 찾아가 내가 더 높은 점수를 받을 자격이 있다는 점을 설득력 있게 설명한 뒤 노트를 쓰레기통에 던져버리고 나왔다. 물론 그 교수는 내 성적을 고쳐주지 않았고, 나는 통제되지 않은 분노는 상대가 더 강력히 저항하게 만든다는 사실을 배웠다…. 하지만 여전히 실천하기는 어려웠다.

무엇보다 나는 과학에 관한 내 아이디어가 주변 남학생들의 그것만큼 진지하게 받아들여지지 않아 화가 났다. 1953년 생물학자들은 생물의 유전자 암호를 전달하는 DNA를 발견했다. 어느 날, 나는 균유전학* 교수에게 "세균이나 균류 같은 미생물의 DNA를 이용해 종을 판별하는 건 어떨까요?"라고 물었다. 지금은 생물학자들이 일상적으로 이 작업을 하지만 당시 교수는 내 생각이 아주 어리석다는 식으로 반응했다. 그리고 강의에서 질문하려 손을 들어도 나를 거들떠보지도 않았다.

나는 과학에 관심 있는 다른 여성의 조언이 필요했다. 하지만 당시는 2차 세계대전으로 인한 인력난이 이제 막 해소되

* 곰팡이를 연구 재료로 삼는 유전학의 한 분야

었고, 여성 교수는 과학의 어느 분야에도 거의 남아있지 않았다. 설사 여성 교수가 있더라도 저항하는 데 불안감을 느꼈다. 그 시절 과학계의 연구 보조금은 남성에겐 취업의 기회를 크게 넓혀주었지만 여성 조교수, 부교수, 정교수는 거의 없었다. 과학사학자 마거릿 로시터에 따르면, 1960년대는 과학계 남성에겐 정부 지원의 황금기였지만 여성에겐 암흑기였다.[11]

미국의 과학연구소에서 일하는 여성은 대부분 석사학위만 받은 뒤 남성 교수의 하녀 역할을 했다. 당시에는 아직 용어조차 없었지만 성범죄도 잦았다. 유명 교수가 부인과 매력적인 학부생과 셋이 함께 살면서 다른 한편으로 외국인 박사후연구원을 유혹한다는 이야기를 들었을 때, 나는 이 사실을 학과장에게 알리고 싶었다. 하지만 친구들은 "모두 알아"라고 말하며 모른 척하라고 조언했다. "그 교수 일은 책임자 중 누구도 나서지 않을걸." 여성들은 대중 앞에 나설 준비가 안 되었고, 부당함을 알리기 위해 연대하는 것은 생각조차 못 했다.

어느 늦은 밤, 매사추세츠주 우즈홀의 유명한 해양생물연구소에서 남성 대학원생이 여성 동료를 붙잡고 셔츠를 찢은 뒤 바닥에 쓰러뜨렸다. 남성의 아래에 깔려있던 여성은 저항하다가 간신히 도망칠 수 있었다. 하지만 그 여성은 주변의 대학원생이나 지도교수, 대학원 책임자 중 누구에게도 이 일을 알릴 생각을 못 했다. 나중에 로라 후프스는 캘리포니아주 퍼모나대학의 생물학과 교수가 되었고 마침내 이 성폭행 사건에 대해 입을 열었다.[12] 그는 그 시절에는 설사 다른 여성에게 말했더라도 "윙크와 끄덕거림이 전부였을 것이다"라고 말했다.

퍼듀대학에서 나는 일정 부분 외로움을 느꼈다. 실제로 나는 많은 면에서 외톨이나 다름없었다. 거의 모든 학부 여학생은 가정학이나 영양학을 전공했다. 생물학, 식물학, 유전학, 세균학은 아직 '생명과학'으로 통합되지 않아 과학자들은 지리적으로 서로 떨어져 있었다. 동물학자는 이 건물에서, 식물학자는 저 건물에서 일했고, 누구도 세균학자가 지하 3층에 있다는 사실을 알지 못했다. 과학계에서 여성이 성공할 수 있는지도 확신할 수 없었다. 욜란다 언니와 결혼한 물리학자 형부와 그의 친구들은 내게 성공할 수 있다는 확신을 주려 했지만 형부에겐 늘 증거가 부족했다.

❊ ❊ ❊

20세기 말 이미 네 명의 여성 과학자가 과학의 초석을 다졌다. 이들은 유전병, 원자핵 구조, DNA 그리고 '점핑 유전자'* 분야 권위자였다. 그러나 이들 네 명 중 두 명은 스스로 연구비를 충당할 수 없었을 것이다.

체코인 거티 코리와 오스트리아인 그의 남편 카를은 미국

* 염색체 내의 한 위치에서 다른 위치로 움직일 수 있는 DNA 서열로 트랜스포손 혹은 전위 요소라고 불린다.

에 이민 왔을 때, 부부가 함께 연구하는 것은 미국 정서에 맞지 않으며 카를의 경력을 망치는 일이라는 이야기를 들었다.[13] 코리 부부는 그 경고를 무시했고, 내가 고등학생이었던 1947년에 세포가 어떻게 영양분을 에너지로 바꾸는지를 밝혀 노벨생리의학상을 받았다. 남편이 과학 행정가가 된 후 홀로 연구를 계속한 거티는 세인트루이스에 있는 워싱턴대학 의과대학에서 노벨상 수상자를 여섯 명이나 배출하며 유전병의 유전학을 연구했다. 하지만 노벨상을 받기 전까지 거티는 남편 봉급의 5분의 1에 해당하는 봉급을 받는 연구 조교에 불과했다.

독일에서 자란 마리아 마이어는 핵물리학의 기본이 되는 이론을 다지는 데 중요한 역할을 했다.[14] 마이어는 파티를 좋아하고, 주변의 수많은 남성을 사로잡은 바람둥이 미인이었다. 그는 남성들보다 훨씬 영리했다. 미국인 화학자와 사랑에 빠져 미국으로 건너온 마이어는 미국 물리학계에서 일자리를 구할 수 있으리라 기대했다. 하지만 이후 30년간 마이어는 세 군데의 일류 대학에서 무보수 자원봉사자로 일했고 결국 '무급 교수'가 되었다. 1963년 마이어가 노벨물리학상을 받자 지역 신문은 「라호이아 지역의 어머니가 노벨상을 타다」라는 제목을 단 기사를 게재했다. (오늘날에는 여성 과학자를 저런 식으로 표현하지 않는다고 생각한다면 2013년 《뉴욕타임스》에 실린 이본느 브릴의 부고를 읽어보라.[15] 로켓 과학자 브릴은 통신 위성이 일정 궤도를 유지하게 하는 추진 장치를 만들었다. 그러나 브릴의 부고는 이렇게 시작했다. "브릴은 기막힌 소고기 스트로가노프 요리를 할 줄 알았다." 요리에 문외한인 독자를 위해 설명을 덧붙이자면, 소고기 스트로가노프*는 가장 만들기 쉬운 단체 급식용 요리다. 1970년대 수많은 직장 여성이 소고기 스트로가노프 통조림을 사서 간편하게 식사를 차렸다.)

바바라 매클린톡[16]과 로절린드 프랭클린[17]은 미혼이라 수월하게 채용되었다. 하지만 두 여성 모두 한 남자와 불화를 겪었는데 바로 제임스 왓슨이었다. 프랭클린은 DNA 구조와 유전의 분자적 기초를 발견하기 직전이었다. 그러나 왓슨은 프랭클린이 찍은 멋진 DNA 나선 구조의 엑스선 사진을 허락도 받지 않고 훔쳐보았다. 왓슨은 1999년에 이르러서야 자신의 발견에서 "프랭클린의 사진이 수수께끼를 푸는 열쇠였다"라고 공개적으로 인정했다. 하지만 프랭클린은 서른일곱 살이 되던 해에 난소암으로 숨을 거두었다. 노벨상을 받은 후 출간된 베스트셀러 『이중나선』에서 왓슨은 뛰어난 미모에 반짝이는 재치를 갖추고 세련된 프랑스 복식을 즐긴 프랭클린을 못생기고 능력 없는 노처녀로 왜곡했다. 왓슨은 여성의 외모와 나이를 무척 따졌다. 서른아홉 살의 나이에 래드클리프 대학 2학년 여성과 결혼하면서 왓슨은 친구에게 엽서를 보내 "내 여자는 이제 열아홉 살이야"라고 자랑한 적도 있었다.

매클린톡의 경우 미주리대학에서 그의 스승인 유전학자 루

* 시큼한 크림소스에 고기를 넣어 뜨겁게 먹는 러시아식 요리

이스 스태들러가 대학을 떠나면 그도 해고하겠다고 하자, 분노하며 뛰쳐나가 롱아일랜드의 콜드스프링하버연구소에 정착했다. 나중에 이 연구소 소장으로 부임한 왓슨은 매클린톡을 가리켜 "수년간 연구소를 어슬렁거리는 늙어빠진 가마니일 뿐"이라 말했다. (왓슨은 2007년에 아프리카계 미국인의 지능을 비하한 말 때문에 연구소장직을 박탈당했다.[18])

하지만 매클린톡은 카네기연구소의 연구 보조금 덕분에 왓슨에게 휘둘리지 않고 연구할 수 있었다. 그는 혁명적인 연구를 이어나갔다. 그 결과 염색체가 움직이고 변화하면서 복잡하게 조절되는 시스템을 가진 유체이며, 유전자가 염색체 사이를 뛰어다닌다는 사실을 발견했다. 당시 이 발견은 모두에게 인정받지는 못했다. 내게 토마토 유전학을 강의한 퍼듀대학 교수는 대학원 강의에서 이렇게 말했다. "점핑 유전자에 대해 언급하긴 하겠지만 이걸 주장한 여자는 미친 게 틀림없어." 1983년 매클린톡은 팔순의 나이에 점핑 유전자 이론으로 노벨상을 받았다. 이때는 이미 점핑 유전자가 사실로 확고하게 굳어진 상황이었다.

이 네 명의 여성 과학자는 스타였다. 나는 그들의 경력을 보면서 여성 과학자로 생계를 유지할 수 있으리라는 확신이 서지 않았다. 이 여성들은 존재할 수 없는 특별한 사례로 보였다. 당시 나는 의과대학을 갈지, 아니면 과학 박사과정을 할지를 결정해야 했다. 나는 과학을 사랑했지만 의사가 되면 재정적으로 독립할 수 있고 다른 사람들을 도울 수도 있었다.

그러다 대학 4학년 때 시간제로 일하던 퍼듀대학 브루셀라병 실험실에서 앨리스 에번스에 대해 들었다. 브루셀라병 실험실의 테크니션*은 세균학자 에번스가 자신뿐만 아니라 다른 사람들의 목숨도 구했다고 했다.

1차 세계대전 직전에 에번스는 저온 살균하지 않은 우유를 마시거나, 세균에 감염된 동물을 만지면 브루셀라병에 걸릴 수 있다는 사실을 발견했다.[19] 만성적이고 치명적인 고통을 유발하는 브루셀라병은 파상열 혹은 몰타열이라고도 부른다. 에번스가 1917년에 발표한 보고서는 의사, 수의사, 낙농업계 대표, 그 외 세균학자들의 폭풍 같은 저항을 불러일으켰다. 에번스는 여성이었고, 정부 공중보건연구소에서 일했으며, 박사학위도 없었다. 또한 웨일스 이민자 출신이자 펜실베이니아 시골 농부의 딸이었으며, 그가 기록한 바에 따르면 "대학 진학의 꿈은 실현할 방법이 없어서 산산조각이 났다."

그러나 회의론자들은 에번스가 전통적인 교육 과정을 거치지 않았다는 사실보다 그의 성별을 더 크게 문제 삼았다. 한 남성 연구자는, 만약 에번스가 옳다면 다른 남성들이 이미 그 사실을 발견했을 것이라고 말했다. 수많은 실험을 통해 남성들이 에번스의 연구 결과를 확인한 후에야 비로소 에번스의 보고서는 의학계와 낙농업계에서 받아들여졌다. 수십 년 후,

* 실험실에서 과학자의 연구를 보조하거나, 실험실이 운영될 수 있도록 다양한 일을 하는 사람을 일컫는다.

에번스의 선구적인 과학 연구는 수많은 생명을 구했고, 오늘날에는 20세기의 가장 중요한 의학적 발견의 하나로 인정받고 있다. (아이러니하게도 미국미생물학회ASM 최초의 여성 수장이 된 에번스는 1928년에 열린 자신의 취임식에 참석할 수 없었다. 당시 자신이 연구했던 바로 그 병에 걸려 입원했기 때문이다.)

학생인 나는 에번스에게 동질감을 느꼈다. 에번스가 세균에 매혹되었던 점, 그의 인내심 그리고 공중보건에 미친 장엄한 업적 때문에 나는 롤 모델이란 말을 알기도 전에 에번스를 롤 모델로 삼았다.

* * *

놀랍게도 나는 여학생 클럽 델타 감마 기숙사에서 내 길을 찾았다. 내 룸메이트 중 한 명이었던 메릴린 피시먼은 지금도 내가 가장 사랑하는 친구다. 피시먼은 저명한 안과 의사가 되었으며, 현재 선천적 어린이 안과 질환을 전문적으로 치료하면서 전 세계 외과 의사들을 가르치고 있다. 하지만 내가 대학교 2학년이었을 때 선배였던 피시먼은 졸업 후의 삶을 준비하면서 의과대학을 갈 것인지, 과학 박사과정을 할 것인지를 고민하고 있었다.

나는 피시먼에게 기계적인 암기 학습과 정원을 초과한 과학 강의실 때문에 실망했다고 털어놓았다. 맨눈으론 볼 수 없을 만큼 아주 작은 생물을 연구하는 세균학에 흥미가 있었지만 입문자용 강의를 듣고 적잖이 실망했기 때문이다. 강의하는 교수는 거만하기 짝이 없었고, 실험은 아무래도 1930년대에 설계한 뒤 한 번도 바꾸지 않고 매년 그대로 강의하는 것 같았다. "결정하기 전에 포웰슨 교수의 세균학 강의를 들어보지, 그래? 그는 놀라운 교수야"라고 피시먼이 제안했다.

도러시 포웰슨 교수는 퍼듀대학 과학대학의 최상위급 여성 교수 중 한 명이었다. 솔직히 말하자면 미국 전역에서도 최상위급이었다. 1960년까지 미국의 주요 연구 대학 상위 20곳에는 과학 분야 여성 정교수가 스물아홉 명뿐이었다.[20] 대학마다 여성 정교수가 한두 명 정도 있는 수준이었다. 퍼듀대학에서는 포웰슨 교수가 고급 실험 과정을 강의했다.

내 마음속에는 아직도 포웰슨 교수가 생생하다. 포웰슨 교수는 키가 매우 크고 아름다운 여성이었으며, 반짝이는 눈에 근사한 미소와 온화한 태도를 지녔다.[21] 그는 다소 망설이기도 했지만 실험실에서 이 일에서 저 일로 우아하게 움직였다. 나이는 마흔쯤 돼 보였고, 조지아대학에서 학사학위와 파이베타카파 키*를 받고 위스콘신대학의 명망 있는 세균학과에서 박사학위를 마친 열정적인 페미니스트였다.

우리의 강의는 당시로서는 매우 참신하게도 소규모로 격식에 얽매이지 않고 자유롭게 진행되었다. 학생 수가 여섯 명에

* Phi Beta Kappa key, 미국 대학 우등생들로 구성된 친목 단체인 파이베타카파에서 최우수 졸업생에게 주는 황금 열쇠를 말한다.

서 열 명 정도였는데 그중 절반이 여성이었다. 포웰슨 교수는 강의를 듣는 우리 모두에게 상태가 좋은 1000배율 광학현미경을 배정해주었다. 사람 장 속에 사는 흔한 대장균부터 자루나 눈을 형성하고 터무니없이 높거나 낮은 온도에서 자라는 괴상한 세균에 이르기까지 당시 알려진 거의 모든 세균 종을 보여주었다.

"현미경을 보세요. 무엇이 보이죠?" 포웰슨 교수가 내게 물었다. 렌즈를 들여다보자 복잡한 구조를 가진 우아한 미생물의 세계가 기적처럼 펼쳐졌다. 현미경 아래 꿈틀거리는 그 작은 생물들은 나를 매료시켰다. '이것은 무엇일까? 어떤 일을 하는 걸까?' 나는 풀어야 할 퍼즐이 너무 많아서 그만 유혹에 빠지고 말았다. 그 즉시 전공을 세균학으로 바꾸기로 했고, 1956년 뛰어난 성적으로 대학을 졸업했다.

포웰슨 교수에게 개인적으로 조언을 받거나 그와 사적인 대화를 나눈 기억은 없다. 다만 포웰슨 교수가 아코디언을 연주했고, '모든 스포츠'를 좋아했으며, 스케치하기와 정원 가꾸기를 즐겼다는 사실을 나중에 알았다. 그때는 교수들이 학생보다 훨씬 높은 단상에 서 있는 것이 당연했던 시절이다. 학생들은 교수와 사담을 나누지 않았고 조언을 받지도 않았다. 하지만 내겐 포웰슨 교수의 존재를 아는 것만으로도 충분했다. 포웰슨 교수는 더 많은 여성이 미생물학에 입문하는 데 내가 아는 그 누구보다 큰 영향을 미쳤다. 아름다운 5월의 그날은 내가 나를 찾은 날이자, 헨리 코플러 교수에게 내겐 과학의 장래성이 없다는 말을 들은 날이기도 했다.

나는 코플러 교수를 좋아하지 않았고 심지어 존경하지도 않았다.[22] 남성이든 여성이든 대학원생 친구들은 코플러 교수가 논문 주제를 너무 자주 바꾸는 바람에 박사학위를 받으려면 족히 10년은 걸릴 것 같다고 하소연했다. 더 최악인 것은, 코플러 교수가 포웰슨 교수를 퍼듀대학에서 내쫓으려 하는 남성 교수 무리의 한 명이라는 친구들의 말이었다. 포웰슨 교수의 과학적 업적은 코플러 교수만큼 유명했고 강의 수준은 그보다 더 높았지만, 코플러 교수는 정교수가 되었고 포웰슨 교수는 승진하지 못했다. 듣기로 포웰슨 교수가 연구 보조금을 충분히 받지 못했기 때문이라 했다. 포웰슨 교수는 지금은 스탠퍼드국제연구소로 이름이 바뀐 캘리포니아스탠퍼드연구소로 옮겨갔다. 포웰슨 교수가 세상을 떠난 지 20년 후인 2008년, 스탠퍼드대학의 두 남성이 단 한 문장으로 시작하는 글을 썼다. 자신들이 연구를 시작한 계기가 포웰슨 교수의 논문이라는 문장이었다.[23]

그렇더라도 나는 대학원에 가려면 장학금 지원이 필요하다는 사실을 코플러 교수가 이해해주리라 믿었다. 내 부모님처럼 그도 혈혈단신으로 미국으로 건너온 이민자였는데, 코플러 교수는 십 대 시절 오스트리아에서 이민을 왔다. 그는 미국에 완전히 동화되려고 성을 하인리히에서 헨리로 바꿨다. 그는 내 성적이 올 A학점에 가깝다는 사실도 알고 있었다. 그러나 예상과 달리 코플러 교수는 나와 잭이 발걸음을 옮기려

하자 이별의 일격을 날렸다. "자네가 앞으로 학위를 받을 수 있는 곳은 산부인과 병동뿐이네." 그의 목소리에서 내 장학금이 물건너갔다는 뉘앙스가 느껴졌다.

옆에 있던 잭이 얼어붙는 것을 느꼈다. 그는 내가 일하고 싶어 하는 것을 알고 있었고 내가 성공할 수 있도록 돕겠다고도 했다. 코플러 교수가 나를 뭉갰다고 생각하지 않도록 조용히 분노하면서 나는 자신에게 약속했다. '반드시 학위를 받고야 말겠어.' 아드레날린이 솟구치면서 내 마음은 앞을 향해 달려나가고 있었다. 나는 의과대학 세 군데에서 입학을 허락받았지만 시기를 연기할 수 있었다. 그래서 잭이 학위를 마치는 동안 나도 퍼듀대학에 남아 석사학위를 받을 수 있었다.

나는 코플러 교수가 내 계획을 방해할 것 같아 평소 믿고 따르던 한 남성 교수를 찾아갔다. 학부 시절 내 조언자였던 유전학과 앨런 버딕 교수였다. 나는 버딕 교수에게 코플러 교수의 말을 전했다. 버딕 교수는 훌륭하고 통찰력 있는 과학자였지만 퍼듀대학이 좋아하는 소수의 교수 중 한 명은 아니었다. 그는 미소를 지으며 내가 절대로 잊을 수 없을 말을 했다. "저들의 손해는 곧 우리의 이익이지." 그러고는 실험용 초파리를 관리할 사람이 필요하다며 내게 자신의 연구 조교가 돼줄 것을 제안했다.

이듬해 나는 매주 달콤한 향이 나는 당밀과 효모, 옥수숫가루 혼합물을 만들어 버딕 교수의 초파리들에게 먹이로 주었다. 나를 만나러 실험실에 온 잭은 초파리에 기생하는 진드기에 물려 가려움증으로 고생했지만 나는 초파리 진드기에게 익숙해졌다. 내게 최고의 학문은 유전학이 아니라 세균학이었다. 하지만 아이러니하게도 내가 버딕 교수의 지도를 받아 쓴 유전학 논문이 21세기를 멋지게 준비해주었다. 이런, 이야기가 너무 앞서나갔다.

코플러 교수는 매사추세츠대학 애머스트캠퍼스의 총장이 되었고, 이어 애리조나대학의 총장으로 이름을 날렸다. 몇 년 후 내게 했던 말을 기억하느냐고 물었더니, 그는 여성에 대한 편견은 없다고 했으나 자신이 했던 말을 부정하진 않았다. "자네는 매우 진실한 사람이니 내가 그런 말을 하지 않았다고 부정하진 않겠네"라고 코플러 교수는 대답했다.[24]

석사학위를 마친 뒤, 잭과 나는 즐거운 마음으로 우리 두 사람 모두 박사과정에 받아준 몇 안 되는 대학 중 하나인 워싱턴대학이 있는 시애틀로 이사 갔다. 나는 워싱턴대학 의과대학에 합격했지만 태평양 서북부에 1년간 합법적으로 거주하기 전까지는 입학할 수 없었다. 대신 생물학 박사학위를 시작하기로 했다.

여성 과학자로 살아가기 위해 배워야 할 것은 여전히 많았지만 나는 이미 그 첫 번째 규칙을 배웠다. 저 바깥 어딘가에는 진짜 영웅들이 존재했다. 나는 무조건 그들을 찾아야 했다.

2장

나 홀로,
패치워크 교육

워싱턴대학의 신입 대학원생에겐 진로 상담을 돕는 교수가 배정되었다. 내 담당 교수는 와인 제조 과정을 연구하는 미생물학 교수였다. 내가 간절히 바라던 연구 주제는 아니었다. 그럼에도 1958년 9월, 나는 그가 박사학위 논문과 미래 경력의 방향을 잡아줄 스승에게로 나를 인도해주기를 간절히 바라며 교수실로 찾아갔다.

내 소개를 마친 뒤 도움이 될까 싶어, 퍼듀대학 교수 중 한 분이 내게 유전학자 허셜 로만 교수 실험실에 가라고 제안했다는 말도 덧붙였다. 그러자 교수는 고개를 떨구더니 이내 얼음장처럼 차갑게 굴었다. 나는 박사학위를 시작하기도 전에 홀로 남겨졌다.

교수실을 나선 나는 알고 지내던 대학원생들에게 내가 무엇을 잘못했는지 물었다. "끔찍한 실수를 저질렀구나"라는 대답이 돌아왔다. 나는 나 자신을 앙숙인 두 교수 사이에 스스로 내던진 꼴이었다. 두 교수는 훗날 함께 연구하면서 관계를 회복했지만 당시에는 서로를 증오했다는 사실을 나는 뒤늦게 알았다.

다행히도 앨런 버딕 교수가 나를 대신해 이미 로만 교수에게 친절하게 편지를 써 보냈다. 교수실로 찾아갔더니 로만 교수가 자신의 실험실에서 일하도록 허락해주었다. 나는 그 실험실에서 두 학기를 보냈다. 로만 교수는 남성 대학원생들의 연구 대상과 논문 주제는 지도해주었으나 여성 테크니션과 내게는 무뚝뚝하게 지시만 내릴 뿐이었다. 내 질문을 받아주지 않았고, 논문 주제에 지적으로 이바지할 기회를 주지도 않았다. 미생물학과 대학원생으로 남아있으면서 로만 교수와 논문을 쓰는 일이 형식적인 절차에 불과할 뿐, 어렵다는 것이 증명되었다고 생각했다. 나는 로만 교수의 실험실을 떠나야겠다고 결심했다.

하지만 지도교수가 없으니 박사과정은 시작도 하기 전에 끝날 판이었다. 나는 재능, 노력 그리고 좋은 논문만 있다면 과학계에서 충분히 성공하리라고 생각했지만 어쩌면 그렇지 않을 수도 있다는 사실을 깨달았다.

❊ ❊ ❊

과학대학원 교수는 막강한 권한을 가지고 있다는 점부터 설명해야겠다. 대학원 교수들은 자신의 실험실에서 일할 학생을 뽑고, 연구비를 대고, 봉급을 주고, 연구 논문을 승인하거나 반려한다. 이 모든 일은 교수 개인이 정한 규칙과 목표에 따라 이루어진다. 교수들은 정부의 보조금을 받아 학생을 뽑는데, 학생의 연구 결과는 곧 교수 자신의 업적이기도 하다.

대부분의 사람이 여성은 결혼하고 아이를 낳으면 일을 그만두리라 생각했기 때문에 여성을 가르치기 위해 시간과 돈을 들이는 일이 무의미하다고 여겼다. 그 결과 미국 대학은 공개적으로, 당당하게 그리고 합법적으로 대학원생을 남성과 여성으로 나누어 관리해왔다. 남성은 최고의 박사학위를 받고, 훌륭한 직업을 가지며, 거의 모든 연구 보조금을 받았다. 반면 여성은 석사학위를 받고, 남성이 운영하는 과학 실험실이나 의학 실험실에서 테크니션으로 일했다. 운 좋은 여성은 대학에서 입문자용 강의를 맡을 수 있었지만 교수가 될 수는 없었다.

이 시스템은 임의적이고 조직적이며 폐쇄적이었다.[1] 내가 박사과정을 시작하기 몇 년 전에 워싱턴대학은 유전학자가 필요하다는 사실을 깨달았다. 한 교수가 알고 지내는 주변의 식물유전학자들에게 괜찮은 '젊은 남성'이 없냐고 수소문했다. 유전학 분야에서 역대 최고의 거장이자(1장에서도 언급했던) 나중에 노벨상을 받는 바버라 매클린톡은 그즈음 분노하며 미주리대학을 떠났다. "유전학 분야라면 세계 최고는 물론 바버라 매클린톡이지요"라고 한 유전학자가 학과장에게 말했다. "하지만 매클린톡이 여성이라 채용하실 수 없다니 안타깝군요." 매클린톡 대신 미주리대학은 허셜 로만을 추천했고, 워싱턴대학은 나를 괴롭히는 그를 제대로 조사하지도 않고 채용했다.

물론 여성에 대한 차별은 새로운 일이 아니었다. 하지만 1950년대와 60년대의 여성 차별은 전례 없는 규모였다.[2] 그즈음 정부의 지원을 받아 대학을 졸업하는 미국 여성의 수가 두 배로 늘어난 덕분이었다. 세계 역사에서 가장 큰 사회 변화, 즉 직업의 탈 성별화가 진행 중이었다. 그럼에도 차별의 패턴을 인식할 수 있는 여성은 거의 없었다. 설령 차별을 인지했더라도 맞서 싸울 수 있는 여성은 찾아보기 어려웠다.

다시 한번 대학원 동기들이 내게 최신 정보를 알려주었다. 워싱턴대학 미생물학과에서 강의하고 실험실 조교로 일하면서 석사학위를 받은 네다섯 명의 여성은 최근 몇 년간 박사과정에서 밀려났다. (모두 능력 있는 학생들이었고, 이후 다른 대학으로 가서 미생물학 박사학위나 의학 박사학위를 받거나 혹은 다른 분야에서 훌륭한 경력을 쌓았다.) 마거릿 홀이 발표한 워싱턴대학 여성의 역사에 관한 논문을 보면 심지어 한 대학원생은 로만 교수에게 법적 조치를 하겠다고 위협하기까지 했다.[3] 그는 로만 교수가 부당하게 자신을 박사과정에서 쫓아냈다고 비난했다.

법적 호소는 나로서는 고려할 수 없었다. 그러나 나는 미생물학 실험실이나 유전학 실험실 어느 쪽도 여성을 원치 않으리라는 사실을 깨달았다. 이전에 있던 실험실을 제 발로 나간 여성이라면 더더욱 받아들이지 않을 것이었다. 게다가 나는 아직도 태평양 서북부에 거주한 지 채 1년이 되지 않았기 때문에 워싱턴대학 의과대학에도 등록할 수 없었다. 내가 조교로서 의과대학생에게 유전학과 세균학을 가르칠 수 있고 실제로 강의하고 있었는데도 말이다.

만약 홀의 논문을 읽을 수 있었다면(홀의 논문은 1984년에야 완성되었다) 나는 시애틀에서 무슨 일이 일어나고 있는지 더 자세히 이해했을 것이다. 이론적으로 워싱턴대학은 여성이 과학자가 되기에 더없이 좋은 곳이었다. 프린스턴대학과 조지아공과대학 같은 미국 대학의 상위 20퍼센트는 남성에게만 박사학위를 수여했다. 그러나 홀은 자신의 논문에서 20세기 전반에 워싱턴대학 행정실이 대학을 '업그레이드'하기 위해 어떻게 의도적으로 교수진을 남성으로 채웠는지 입증했다.

내가 그 학교에 들어갔을 때는 이미 교수진의 85퍼센트가 남성이었다. 여성 교수는 가정경제, 간호, 여성체육 같은 '여성' 분야로 분리해놓았고, 다른 학과의 여성은 저임금의 '전임강사' 이상 진급하는 것이 거의 허용되지 않았다. 이후 홀은 어느 대학에서도 교수로 임용되지 못했다. 그의 남편은 여성운동의 절정기에 쓴 홀의 논문이 자신과 동료들의 관계를 압박했다고 말했다.

나를 혼란스럽게 한 것은 네 명의 여성 과학자가 스스로 노력해 워싱턴대학에서 이름을 날렸다는 점이었다. 그중 두 명은 새롭긴 하지만 불행히도 수명이 짧았던 기술인 교육용 TV 덕분에 외부인의 조력을 받을 수 있었다. 인류학과 학과장 에르나 건서는 미 서북부 원주민의 예술을 전 세계에 널리 알렸다.[4] 정규 라디오 프로그램과 TV 시리즈 〈박물관에서의 대화 Museum Chats〉를 진행했고, 워싱턴주립인류학박물관을 세웠다. 건서의 팬층이 워낙 충성스러워서 대학은 그를 박물관 이사직에서 축출하려다 주 전역에 엄청난 파문을 일으켰다. 해양학자 딕시 레이는 공중파 TV 프로그램 〈바닷가의 동물들 Animals of the Seashore〉을 진행하면서 인근 강의 삼각주 지역을 야생동물 보호구역으로 보전했다.[5] 레이는 명망 있는 구겐하임 연구 보조금을 받았으며 미국 국립과학재단National Science Foundation, NSF에서 수백만 명의 해양과학자를 키워냈다. 하지만 워싱턴대학 동물학과 교수진은 발표한 논문 수가 부족하다는 이유로 그의 종신 재직권을 두 번이나 거부했다. 1976년 워싱턴주 주지사로 선출된 레이는 대학의 예산 증액 요구에 콧방귀를 뀌었다.

나를 지도할 수도 있었을 다른 두 여성 과학자는 대학에서 직급이 매우 낮아, 학계 권위자라고 보기 어려웠다. 도라 헨리는 세계적인 따개비 전문가였고,[6] 헬렌 휘틀리는 대학의 스타 미생물학자였다.[7] 그러나 그들의 남편들 역시 대학교수였기에 두 여성 모두 '부교수'에 머물러야 했다. 주州의 친족등용금지법과 대학 교칙에 따라 친척을 고용하는 일이 금지되었기 때문이다.[8] 현대의 친족등용금지법은 단순히 친척끼리는 감독할 수 없다고 돼있지만 20세기 내내 미국 대학들은 대부분 이 법을 교수의 부인에게만 배타적으로 적용했다. 남자 형제, 아들, 남성 조카는 친족등용금지법에서 예외였다.

이 시스템은 특히 여성 과학자를 힘들게 했다. 지금처럼 당시에도 대다수 여성 과학자는 서로 관심사가 비슷할 뿐만 아니라 연구 프로그램에서 시간을 함께하는 남성 과학자와 결혼했기 때문이다. 워싱턴주의 친족등용금지법은 극악무도할 정도였는데 교수의 부인은 사무원, 비서, 연구 조교를 제외하고 대학 내 어느 곳에서도 유급 노동을 할 수 없도록 금했다. 소수의 여성 교수들은 동료와 결혼하면서 해고되었다.

휘틀리의 직위가 낮은 것은 특히 우스꽝스러웠는데, 그 대학의 전체 지휘 체계가 매년 휘틀리의 위치를 확인시켜 주곤 했다. 가장 먼저 미생물학과 학과장이 휘틀리의 연구 조교 계약을 갱신하는 서류에 서명했다. 그런 다음 서류를 의과대학 학장에게 보냈고, 의과대학 학장은 다시 서류에 서명한 뒤 총장에게 보냈다. 총장은 마찬가지로 서류에 서명한 뒤 대학 이사회에 제출해 승인을 받는 복잡한 과정을 거쳤다. 더 최악인 것은 휘틀리와 그의 남편이 이런 상황을 자랑스러워했다는 점이다.

다행히도 1965년, 내가 워싱턴대학에서 박사학위를 받고 얼마 후 휘틀리의 삶은 극적으로 바뀌었다. 미국 국립보건원NIH이 그에게 연구 경력 개발상을 수여하면서 그가 연구를 계속하는 한 봉급의 절반을 지급하겠다고 약속했다. 다만 여기에는 휘틀리가 종신 교수이어야 한다는 조건이 붙어있었다. 이 돈을 손에 쥐려는 열망에 대학은 교칙을 무시하고 그를 즉시 연구원에서 조교수, 부교수 그리고 마침내 정교수까지 네 계단이나 승급시켰다.

이후 휘틀리는 유전자 복제 기술을 이용해 목화와 담배 작물에 해충 저항성을 부여할 수 있는 세균을 개발하면서 미국 국립과학아카데미 회원으로 선출될 만한 충분한 자격을 갖추게 되었다. 그러나 휘틀리는 국립과학아카데미 회원이 되지 못했다. 소문에 의하면, 국립과학아카데미 회원들이 휘틀리의 가입을 막았다고 한다.

내가 시애틀에 있는 동안 휘틀리에게 지도를 요청했다면 어땠을까? 아마 지도를 받지 못 했을 것이다. 그를 사랑하는 남편 아서조차 휘틀리를 가리켜 "엄격하다"라고 말했으며, 휘틀리가 여성운동을 반대했다. 휘틀리 자신도 도움을 받은 적이 없는 데다, 과학에 뛰어난 재능이 있는 여성이라면 누구든 도움이 필요 없다고 믿었기 때문이다. 휘틀리는 말년에 가르친 두 명을 제외하고 여성 대학원생을 지도한 적이 없었다.

사실 휘틀리와 그의 남편은 둘 다 매우 엄격했다. 아이가 없었던 휘틀리 부부는 수년간 금요일마다 '학사학위'를 가진 세 명의 교수를 초대해 저녁 식사를 함께했다. 두 명의 남성 교수와 딕시 레이였다. 사정을 모르는 사람들은 이 집단을 파벌이라 생각했다. 그러나 레이가 원자력의 노골적인 지지자가 되자 휘틀리의 남편은 그를 더는 저녁 식사에 초대하지 않았다. 휘틀리는 내가 도움을 청할 수 있는 상대가 아니었다.

⁂

결혼이 경력에 도움이 될지 해가 될지도 예상할 수 없었다.

해양생태학자 프리다 타웁과 나는 워싱턴대학에 온 지 채 1년이 안 되었지만 타웁은 박사학위를 받은 상태였다.[9] 시애틀에 오기 전까지 타웁의 남편은 그의 연구와 경력 개발을 돕는 든든한 지원군이 돼주었다.

많은 교수가 스캔들이 날까 봐 실험실에 여성을 들여놓기를 꺼렸다. 여성 비서와 테크니션은 괜찮지만 여성 과학자는 허용되지 않았다. 뉴저지주의 러트거스대학에서 박사학위를 지도한 교수는, 타웁을 대학원생으로 받은 이유는 그가 결혼했고 또 자기 아내가 반대하지 않았기 때문이라 했다. 타웁이 학위 도중에 일주일가량 현장 탐사를 나가게 되었을 때, 한 교수는 타웁의 남편이 따라온다면 그에게 A학점을 주겠다고 했다. 또 다른 교수는 자신의 부인이 타웁과 함께 여행하는 것을 반대한다는 이유로 그와 공동 위원장을 맡는 것을 거절했다.

그러나 시애틀에서는 타웁의 결혼이 명백히 골칫거리였다. 워싱턴대학의 여러 학과장은 그가 기혼 여성이라는 이유를 들어 채용을 거절했다. 그의 남편은 대학교수가 아니라 보잉의 시스템 분석가였는데도 말이다. 대학에서 타웁을 채용한 뒤에도 전문직 여성에 대한 편견은 끊이지 않았다. 타웁은 시애틀에서 아이를 입양한 최초의 일하는 여성이 되었다. 그전에는 아이를 입양하려는 여성은 아이가 열여덟 살이 될 때까지 직업을 갖지 않겠다고 약속해야 했다. 그는 나중에 차별이 모두 "상당히 노골적이었다"라고 말했다. "당시 여성이라면 자신이 남성의 세계에 들어와 있으며, 버티기 힘들 것이라는 사실을 누구나 알고 있었다. 따라서 그에 대해 불평하는 것은 소용없었다. 그들은 자신이 걸어 들어가는 곳이 어떤 곳인지 충분히 잘 알고 있었다."

그 결과 여성들은 홀로 일했다. 함께 일하고, 문제와 성공을 공유하고, 위험을 감수하고, 서로 믿고 의지하는 소규모 여성 모임이 거의 없었다. 우리는 외부의 지원이 필요하다고 생각했다. 하지만 우리에게 정말 필요한 것은 남성의 지원이었다. 내 박사학위의 지도교수가 돼준, 놀랄 정도로 배려심이 많은 존 리스턴 교수는 또 다른 여성 과학자 두 명을 구해주었다. 바로 타웁과 조이스 레빈으로, 아무도 그들을 채용하려 하지 않을 때 리스턴 교수는 두 여성에게 해양학과와 수산학과에 일자리를 주선했다. 레빈은 규조류* 전문가였고, 타웁은 수생 군집**의 생태학을 연구했다. 타웁은 결국 정교수가 되었다.

그로부터 50여 년이 지난 2019년, 한 남성 교수가 대학 강단에 선 타웁을 청중에게 소개했다. 그는 첫마디부터 대뜸 타웁의 결혼 날짜를 언급하고 남편과 아이들에 대해 좋은 평가를 늘어놓았다. 다행히도 몇 가지는 분명히 변했다. 당시 대학에는 여성 총장이 등장했고, 타웁의 강연을 녹화한 해양수산학과 측은 강연 도입부를 삭제했다. 교수진이 남성 교수의

* 물에 떠서 사는 조류의 한 무리. 민물과 바닷물에 널리 분포하는 플랑크톤으로 약 5천 종 이상이 알려져 있으며, 어패류의 중요한 먹이가 된다.

** 물에서 서식하는 생물체 집단

소개말이 부적절하다고 판단했기 때문이다.

※ ※ ※

워싱턴대학 초창기 시절, 내가 떠나고 나서 퍼듀대학에서 발생한 몇 가지 심란한 사건들을 알게 되었다. 과학계의 평등을 위한 싸움이 길고 어려우리라는 점을 보여준 사건들이었다. 수십 년간 이 세 가지 사건은 조각조각 흩어진 채로 알려졌다. 이 사건들이 모두 내 모교에서 일어났기에 나는 각각의 사건을 자세히 조사했다. 퍼듀대학에 계속 남아있었더라면 내게도 비슷한 일이 일어났을 수 있기 때문이기도 했다.

첫 번째 이야기는 홀로코스트 생존자인 안나 벌코비츠가 헨리 코플러 교수에게 맞선 사건이었다.[10] 코플러 교수는 내 장학금을 거절하고 3년 후에 생명과학과 학과장이 되어 자신의 권한 아래 모든 생명과학과를 통합했다.

벌코비츠는 열세 살 때 가족과 함께 독일군에 체포돼 폴란드 아우슈비츠로 보내졌다. 그는 아우슈비츠에서 폴란드 남부 비르케나우로 보내졌고, 이후 독일 마그데부르크 근처 강제 수용소로 이송되었다. 그곳에서 그는 스웨덴 적십자가 풀어줄 때까지 지하 탄약 공장에서 일했다. 벌코비츠와 자매 중 한 명 그리고 어머니만이 전쟁에서 살아남았다. 그 후로 영원히 벌코비츠는 자신의 생존을 정당화해야 했다. 쓸모없는 삶을 사는 것은 그에게 용납되지 않았다.

남편이 1962년 퍼듀대학에서 꿈꾸던 직업을 얻었을 때 벌코비츠는 두 아들이 학교에서 공부하는 동안 대학에서 강의를 들으며 박사과정을 시작했다. 이후 남편이 영국에서 안식년을 보낼 때 벌코비츠는 유니버시티칼리지런던의 골턴연구소에서 오전 9시부터 오후 5시까지 주 5일 근무를 하며 세계에서 가장 진보된 인간 유전자 프로그램에 참여했다.

얼마 후 퍼듀대학으로 돌아온 벌코비츠는 박사학위를 다시 시작했다. 그러나 코플러 교수는 그가 참여한 세계 최상급 유전학 프로그램을 보고 전혀 다른 생각을 하고 있었다. 코플러 교수는 벌코비츠를 자기 방으로 불러 이렇게 말했다. "박사학위는 줄 수 없네. 대신 자네가 영국에서 배운 유전학을 학생들에게 가르치도록 하게." 학과는 벌코비츠가 자신이 직접 하고 싶었던 연구를 다른 학생들에게 가르쳐주기를 원했다. "강의도 하면서 박사학위도 공부하면 안 되나요?" 그가 물었다. 아주 간단해 보이는 문제였다. 전쟁이 끝나고 2년의 공백기 동안 난민 오페어*로 지냈던 그는 능숙한 영어 실력, 고등학교와 대학교 졸업장 그리고 파이베타카파 키를 갖고 있었다. "많은 대학원생이 박사학위를 공부하면서 강의도 합니다." 그는 코플러 교수에게 다시 물었다. "왜 저는 안 됩니까?"

그러나 코플러 교수는 단호했다. 그는 절대 안 된다고 말했

* 외국 가정에 입주해 아이 돌보기 등의 집안일을 하고 약간의 보수를 받으며 언어와 문화를 배우는 일종의 문화 교류 프로그램

고, 만약 박사학위를 받는다면 실업자가 될 것이라고 경고했다. 벌코비츠는 교수진의 부인이므로 대학에서 직업을 가질 수 없었고, 코플러 교수의 추천서 없이는 다른 어떤 곳에서도 일자리를 구할 수 없었다. 박사학위를 받고 영원히 일자리를 얻지 못할 것인가, 아니면 박사학위 없이 과학계 최하층이 돼 강의할 것인가. 벌코비츠는 선택의 갈림길에 섰다. 게다가 그는 "네 남편은 다른 학부에서 정교수잖아. 돈 걱정할 일은 없을 텐데"라는 말도 들었다. 유대인인 그의 남편도 1965년에는 다른 곳에서 좋은 직업을 구할 가능성이 희박했다.

물론 선택의 여지는 없었다. 벌코비츠는 박사학위를 포기했다. 그 후 35년간 안나 벌코비츠는 유전학 연구 과정에서 강의했으며, 때로는 열 개에서 열다섯 개의 소규모 그룹으로 나누어 450~500명의 학생을 가르쳤다. 새 강의를 설계하고, 생명과학과에서 가장 많은 강의를 맡으며, '최고의 강사' 상을 열여섯 번이나 받았다. 하지만 한 번도 진급 대상에 포함되지 못했다. 대신 벌코비츠는 전임강사라는 낮은 직급으로 종신 재직권을 보장받았다.

2003년 벌코비츠가 일흔세 살의 나이로 은퇴할 때, 학부 교수진은 은퇴 기념식을 열어주고 그에게 명예 전임강사 증서를 수여했다. 기념식에서 벌코비츠는 좋아하는 일을 직업으로 가졌지만 절대로 승진할 수 없다는 것이 얼마나 큰 좌절감을 주었는지 말했다. 나중에 벌코비츠의 동료들은 또 다른 증서를 수여했는데, 이번에는 그를 명예 교수라고 지칭했다. 경력을 통틀어 그의 봉급은 새로 채용된 남성이나 여성 조교수의 봉급에도 미치지 못했다. 벌코비츠가 은퇴한 뒤 대학은 그 자리를 메우기 위해 네 명을 새로 채용해야 했다.

퍼듀대학에서 들려온 두 번째 충격적인 이야기는 바이올렛 하스가 주인공이었다.[11] 퍼듀대학은 1962년 최고의 수학과를 만들기 위해 하스의 남편을 채용했다. 하스의 남편은 누구든 그가 원하는 사람으로 스물한 명의 수학자를 채용할 권한을 위임받았다. 다만 매사추세츠공과대학MIT에서 수학 박사학위를 받은, 그와 마찬가지로 뛰어난 수학자인 부인은 예외였다. 다행히 퍼듀대학의 친족등용금지법은 적당히 느슨해 남편이 학과장인 과학대학에서는 일할 수 없었으나 전기공학과에서는 직책을 맡을 수 있었다. 남성으로 가득 찬 공학과가 그를 깊이 원망한다는 사실을 알기 전까지 이것은 매우 좋은 해결책처럼 보였다. 하스는 비좁은 벽장을 사무실로 배정받았고, 공학과 전체가 함께 연구 지원서를 작성할 때는 하스만 배제되었다. 하스가 사임하겠다고 위협하자 그제야 대학은 그를 교수로 승진시켜 주었다.

하스는 퍼듀대학에서 여성을 위해 치열하게 싸웠다. 그는 이공계 여성 모임을 결성해 매달 회의를 열고 문제점과 해결책을 논의했다. 그 모임에 안나 벌코비츠가 정기적으로 참석했는데, 벌코비츠는 난관에 부딪힐 때마다 하스를 찾아갔다. 1983년 여성 초빙 교수 자격으로 NSF 프로그램에 참석해 MIT에 1년간 머물 때, 하스는 매년 수강 신청 기간에 성인 영화를 상영하는 남학생들의 '전통' 행사를 발견하고는 크게 분노했다. 결국 그 전통은 하스의 항의로 폐지되었다.

1960년대 인디애나주 웨스트라피엣시는 한 기업에 의존하는 작은 마을이었다. 연방 고속도로망과 저렴한 통근 요금이 생기기 전에 안나 벌코비츠와 바이올렛 하스는 퍼듀대학이 제안한 일자리가 뭐든 그곳에 묶일 수밖에 없었다. 두 사람은 가족의 삶과 결혼 생활에 혼란을 일으키지 않으면서 일자리를 찾아 다른 곳으로 떠날 방법이 없었다.

그러나 만약 남녀가 결혼, 자녀 그리고 같은 분야 교수직을 모두 원했다면 어땠을까? 퍼듀대학에서 흘러나온 세 번째 이야기의 주인공은 내 가장 친한 친구이자 이전에 수업을 함께 들었던 앨프리드 치스콘과 그의 아내 마사 치스콘이다.[12] 두 사람 모두 뛰어난 생물학자이자 교육자였으며, 강의실의 혁신으로 미 전역에 널리 알려져 있었다. 그러나 이들 역시 부부가 함께 일하려면 퍼듀대학 외에는 일자리를 찾을 수가 없었다. 어느 날, 텍사스대학에서 앨프리드에게 전화해 "일자리를 제안하고 싶습니다"라고 말했다. 그가 "우리 부부 중 누구에게요?"라고 묻자 텍사스대학은 "흠, 두 분 중 누구든 상관없지만 저희는 한 분께만 제안하고 싶군요"라고 대답했다.

치스콘 부부는 결혼할 때 퍼듀대학의 허가를 받아야 했다. 1969년, 두 사람은 헨리 코플러 교수를 찾아가 "만약 저희가 결혼하면 둘 중 한 명은 대학을 떠나야 합니까?"라고 물었다. 마사는 미국 최초의 '과학계 여성에 관한 강의' 중 하나를 맡고 있었는데, 학생들은 그에게 가슴 아픈 이야기를 들려주었다. 과학계에 남으려고 평생을 함께하고 싶은 남성과의 결혼을 포기해야 했던 여성들도 있었다. 또 다른 여성들은 남성과 함께 살면서 혼인신고를 하지 않고 아이도 낳지 않았다. 심지어 미혼으로 남은 여성들도 있었다고 한다.

하지만 시대가 변하고 있었다. 여성운동은 과학계에도 스며들었고, 더 많은 여성이 경력을 쌓을 권리를 요구했다. 코플러 교수는 자신이 굴복해야 한다는 사실을 알 만큼 정치적인 면에서 약삭빠른 인물이었다. 이후 치스콘 부부는 결혼해 세 아이를 낳았고, 생물학과 교수가 돼 퍼듀대학에서 6만 5천 명 이상의 학생들을 가르쳤다. 마사도 과학대학 부학장의 자리에 올랐지만 연봉은 남편보다 3만 5천 달러를 더 적게 받았다. 마사가 은퇴한 뒤 대학은 그 자리를 메우기 위해 세 명을 채용했는데, 그들은 각각 마사보다 더 많은 연봉을 받았다.

❊ ❊ ❊

내게는 퍼듀대학에서 거의 마무리했던 일, 즉 과학을 포기하고 영문학 학위를 취득하는 것 외에는 워싱턴대학에서 앞으로 나아갈 방법이 없었다. 나는 생태학 찬가처럼 들리는 앤드루 마블의 시 「정원」에서 영감을 얻어 16, 17세기 영시와 형이상학파 시인*을 공부할 계획이었다.

마음은 여러 생물이 있는 저 바다와 같아서
그 닮은 대상을 곧바로 찾을 수 있다
그러나 마음은 이를 초월하여
전혀 다른 세계, 다른 바다를 창조해낸다
존재했던 모든 것을 소멸시켜
초록빛 그늘 안에 초록빛 생각으로

나는 이 시의 이면에 숨은 현대 과학을 탐구하고 싶었다. 감각의 정원, 자연과 인간의 삶에 있어서 마음과 영혼을 이해하고, 길가의 작은 그늘보다 더 많은 것을 기대하는 방법을 알고 싶었다. 하지만 나는 혼자였고, 기회는 절대로 찾아오지 않을 것 같았다.

나는 크게 좌절했고 잭에게도 좋은 동반자가 되지 못했다. 그러나 얼마 후 스코틀랜드 출신의 젊은 남성이 워싱턴대학 수산학과에 합류해 실험실을 꾸릴 조교를 찾고 있다는 소식이 들려왔다. 돈이 필요했던 나는 그 일을 맡기로 했다. 나는 필요한 실험 장비를 골라 주문하고, 목공 일을 감독하며, 새 교수가 테크니션을 채용하는 일을 도왔다. 아버지가 건설 계획을 세우는 것을 보고 자랐기에 이 모든 일은 어렵지 않았다. 몇 달 만에 존 리스턴 교수는 연구를 시작할 준비를 마쳤다.[13]

* 기발한 비유나 관념적 유희를 즐겨 사용하는 시인들로 존 던, 조지 허버트, 앤드루 마블 등이 있다.

알고 보니 리스턴 교수는 자발적인 사람을 좋아했다. 내가 하던 일에 대해 정중하게 오해를 풀어주었을 때는 싱긋 웃기도 했다. 오히려 그는 내가 친절하다고 생각했다. 어느 날, 그는 내가 자신의 조교로 적합하지 않다며 대학원생이 돼야 한다고 말했다. 리스턴 교수는 해양세균학은 이제 막 시작된 학문이므로 가능성이 활짝 열려 있고, 경쟁도 거의 없다고 말했다. 그는 자신이 전 세계에 있는 여섯 명의 해양세균학자 중 한 명일 것이라 했다.

대학 수산학과는 리스턴 교수가 연어의 질병과 부패 원인을 연구해 주정부의 연어 산업을 돕기를 바랐다. 그러나 스코틀랜드에서 엄격한 생화학 교육을 받은 리스턴 교수는 이미 해양미생물학 박사학위를 수여하기 위한 모든 협상을 마쳤다. 나는 해양미생물학 박사과정의 첫 번째 학생이 될 것이었다. 그는 자기 아내가 스코틀랜드 어부들을 상대했던 경험을 바탕으로 내게 해양학과 수산학은 모두 '사냥꾼' 타입을 좋아한다고 조언했다. 워싱턴대학은 미국에서 과학 탐사선에 여성을 태울 수 있는 해양학과가 개설된 몇 안 되는 대학이었고, 리스턴 교수는 기회가 오면 단 하루라도 나를 과학 탐사선에 태워주겠다고 약속했다. (소문에 의하면, 초기에 한 학과장이 자신의 정부를 태우고 싶어 과학 탐사선에 여성을 태우는 일에 관한 규칙을 바꿨다고 한다.)

나는 순진했다. 멘토의 가치를 잘 몰랐고, 심지어 멘토가 무엇인지조차 몰랐다. 내가 아는 것이라곤 그저 어떤 여성 과학자는 홀로 연구해 힘이 없고 몇몇 여성 과학자들은 조롱을 받는다는 점뿐이었다. 나는 나를 존중해주고 세균유전학을 연구할 수 있도록 도와줄 박사학위 지도교수를 원했다. 그리고 대서양 연안에서 자란 내게 해양세균이라는 말은 꽤 근사하게 들렸다. 나는 자연환경에서 서식하는 바다 미생물을 연구하고, 그들의 생활사를 밝히며, 자연의 먹이사슬 속에서 다양한 생물이 어떻게 어울려 사는지 연구하고 싶었다. 재빨리 리스턴 교수의 첫 번째 박사과정 학생이 되겠다고 승낙했고, 다섯 번째이자 거의 마지막으로 연구 주제를 바꾸었다. 나는 화학, 영문학, 세균학, 의학 그리고 유전학을 연구했다. 이제 나는 해양학과 어류, 조개류, 무척추동물 같은 해양 생물과 관련된 세균을 연구할 터였다.

그 후 몇 달간 싱크대가 높아서 상자 위에 올라가 어류를 해부하고 미생물을 연구하는 나를 놀려대는 수산학과 남학생들에게 나는 받은 만큼 갚아주었다. 그러자 그들은 나를 '영리한 녀석'이라 불렀다.

리스턴 교수는 훌륭한 멘토가 돼주었다. 열정적이고 관습에 얽매이지 않으며 반항적이었다. 스코틀랜드인인 그는 자신이 가르치는 대부분의 학생보다 겨우 열 살이 더 많았다. 이런 이유로 그의 말에 따르면, "우리는 보통 사람들처럼 소통할 수 있었다." 파티에서 리스턴 교수는 스카치위스키를 병째로 5분의 1가량 들이켠 뒤, 자리에서 일어나 〈옛 애버딘의 오로라〉*를 노래할 수 있었다. 그는 열렬한 크리켓 선수이자 뛰어난 과학자였으며, 모든 규칙은 깨지기 위해 존재한다고 믿었다.

대학원 2년 차의 어느 일요일 이른 아침, 리스턴 교수는 내게 전화해 이렇게 말했다. "내가 몸이 좀 좋지 않아. 이번 주에 필라델피아에서 열리는 미국미생물학회 연례총회에서 강연하기로 했는데, 너무 아파서 오늘밤 비행기를 탈 수 없어. 자네가 대신 가서 강연해줬으면 해. 어쨌거나 자네도 공동 저자잖아. 비행기에서 내가 준비해둔 발표 자료를 읽으면 될 거야." 나는 리스턴 교수가 시키는 대로 따랐다. 나중에야 그가 아프지 않았으리라는 것을 깨달았다. 리스턴 교수는 내가 과학 학회에서 논문을 발표한 경력을 이력서에 넣을 수 있도록 일을 꾸민 것 같았다.

존 리스턴은 여성에 대한 편견이 없었다. 여성 과학자의 강력한 지지자였던 그는 에미 클리네베르거-노벨 같은 영리한 여성 과학자에 관한 이야기를 자주 들려주었다.[14] 클리네베르거-노벨은 남성 동료들 사이에서 '약간 미친' 사람으로 여겨졌다. 그는 런던왕립학회에 참석할 때마다 세포벽이 없는 세균인 마이코플라스마에 관한 자신의 선구적 연구 결과를 담은 슬라이드를 서류 가방에 가득 넣어 가져왔다. 강한 독일 억양을 가진 그는 자신을 '대륙의 목소리'라고 소개한 뒤 슬라이드 무더기를 보여주었다.

* The Northern Lights of Old Aberdeen, 유명한 스코틀랜드 전통 음악

클리네베르거-노벨은 '약간 미치광이'로 여겨졌을지 몰라도 그는 확실히 미치지 않았다. 그는 나치가 만든 유대인 난민이었고 나중에 회고록에 "만약 내 가족이 나치에 의해 그토록 비극적인 죽음을 맞지 않았다면 나는 삶이 끝날 때까지 영국에서 온전히 행복했을 것이다. 물론 이런 일은 잊을 수도, 잊어서도 안 되며 잠재의식 속에서조차 내 마음의 이면에 남아있다"라고 썼다. 리스턴 교수는 그를 "통찰력을 인정받으려 애썼지만 부당한 대우를 받았던 여성 과학자"로 평했다.

❊ ❊ ❊

내가 박사과정을 시작할 무렵 미생물학의 주요 목표는 우리가 '종'이라 부르는 기준에 맞게 세균을 분류하는 것이었다. 전통적인 분류학자들, 특히 라틴어와 그리스어로 된 과학적 명명법의 복잡한 내용에 길든 사람들은 현미경 아래 보이는 생물체의 모양에 따라 종과 군집 유기체의 이름을 놓고 논쟁했다. 초기 미생물학에서 사용한 광학현미경으로 보면 많은 세균이 비슷해 보였기 때문에 이것은 매우 힘겨운 작업이었다. 나는 세균의 당 발효 능력, 단백질 분해 능력 그리고 극단적인 온도에서 성장하고 대사하는 능력을 분석하기 위해 논문 주제에 광범위한 생화학 검사와 생리학 검사를 포함시켰다. 수많은 세균 종과 균주를 검사해 이전에는 누구도 발표한 적 없는 엄청난 양의 미생물 데이터를 수집했다.

영국 과학자가 컴퓨터를 이용해 공통된 형태학적, 생화학적 특성을 바탕으로 생물체 사이의 유사점을 찾아낸 뒤 그 결과에 따라 식물과 동물을 분류했다는 이야기를 듣고, 나는 워싱턴대학에 최초로 설치된 '초고속' 컴퓨터 IBM 650을 이용하기로 했다. 놀라운 점은 이 컴퓨터가 화학과 건물 옥상에 있는 정자에 설치되었다는 것이다.[15] 게다가 커다란 냉장고 세 대쯤 되는 어마어마한 크기에 비해 저장 용량은 고작 전자레인지에 달린 마이크로프로세서 정도였다. 대학원생은 자정에서 새벽 6시 사이에만 컴퓨터를 쓸 수 있었다.

대학에서는 아직 컴퓨터 프로그래밍을 강의하지 않았지만, 남편의 실험실 동료이자 박사후연구원인 캐나다인 조지 콘스타바리스가 화학 업계에서 일하면서 컴퓨터를 사용해본 적이 있었다. 친절하게도 콘스타바리스는 내게 프로그래밍을 가르쳐주었다. 나는 기계 언어를 사용해 자연환경에서 채취한 세균을 식별하는 최초의 프로그램을 개발했다. 개별 세균마다 별도의 IBM 펀치카드*를 만들어 구멍을 뚫어야 했고, 도와주는 테크니션도 없이 혼자서 컴퓨터 보드를 연결해 프로그램을 돌려야 했다.

명망 있는 과학 잡지 《네이처》는 1961년에 이 작업에 관해 내가 쓴 글을 실어주었다.[16] 나는 컴퓨터 천재가 아니었지만

* 정보의 검색, 분류, 집계 따위를 위해 일정한 자리에 몇 개의 구멍을 내어 그 짝 맞춤으로 숫자, 글자, 기호를 나타내는 카드

컴퓨터가 단순히 고차원 계산을 위한 도구가 아님을 알 수 있었다. 그리고 컴퓨터가 과학 혁명을 일으키리라 생각했다. 내 논문의 통과 여부를 결정하는 심사위원회에 포함된 워싱턴 대학 교수들은 컴퓨터에 대해서는 문외한이었다. 그래서 나는 내가 이용한 프로그램 코드를 논문에 포함시키고 두 장의 IBM 펀치카드를 41쪽에 붙였다. 당시에는 대학에 있는 누구도 이 프로그램의 특허를 낼 생각을 못 했다. 우리는 공익을 위해 일했고, 내가 탐구하는 과학은 정말 흥미로웠다.

해양세균을 식별하는 일 같은 난해한 주제의 전문가가 됨으로써 얻을 수 있는 이점 중 하나는 이 분야 거인들과 경쟁할 필요가 없다는 것이었다. 나는 내가 수집한 표본에서 채취한 녹농균Pseudomonas aeruginosa이라는 특별한 세균에 초점을 맞추어 논문을 작성했다. 이 세균은 물과 토양에서 흔히 볼 수 있고 항생제에 위험할 정도로 내성이 있다고 알려졌다.

당시 선도적인 세균학자이자 슈도모나스Pseudomonas** 세균 전문가인 로저 스태니어가 UC버클리에서 열리는 해당 주제에 관한 강연에 나를 초청했다. 나는 해양세균에 관한 열정을 나눌 수 있는 다른 과학자들을 만나기를 고대했다. 하지만 스태니어는 내가 강연을 시작하고 몇 분 후부터 내 말을 끊기 시작했다. 처음에 나는 스태니어가 정말 하고 싶은 말이 있는

** Pseudomonas, 진정 세균류 슈도모나스과의 세균. 흙이나 물속에 광범위하게 분포하며, 지방족 탄화수소, 페놀류, 테르펜 등 유기물을 분해, 이용할 수 있다.

줄 알고 그가 말을 마칠 때까지 예의 바르게 기다렸다. 그러나 스태니어는 내 연구 결과를 비판하기 시작했다. 나는 강연을 계속했지만 혼란스러웠고 화가 났다.

공개적으로 젊은 과학자를 괴롭히고 연구 결과를 조롱하는 이 상황을 이해하는 데는 수년이 걸렸다. 지금은 어떤 점이 스태니어를 화나게 했는지 안다. 나는 그의 학생도 연구원도 아니었으며, 그의 전문 분야임에 분명한 세균을 가로챘다. 하지만 내가 남성이었더라도 스태니어가 그처럼 행동했을지 의문이다. 아마도 아닐 것이다. 스태니어의 비판은 더 건설적이었을 테고, 실제로 연구에 도움이 되었을지도 모른다.

나는 과학 학회에서 스태니어를 다시 만날 수 있었다. 우연히라도 국제학회에서 그에게 비평을 당한다면 내 경력이 위태로울 수 있었다. 나는 녹농균을 버리고 연구할 만한 다른 미생물을 찾아 그의 길에서 빠져나오기로 했다. 연구 주제를 바꾼 것은 이번이 여섯 번째였다. 돌이켜보면 스태니어는 내게 매우 큰 호의를 베풀었다. 그 덕분에 나는 수생환경, 특히 해안과 대양을 떠다니는 가장 흔한 세균의 하나인 비브리오균을 연구 대상으로 삼을 수 있었다. 비브리오균 중에는 인간에게 치명적인 병원체의 종도 있어서 이례적으로 흥미로운 세균임이 밝혀졌다.

연구 주제를 바꾸는 것은 과학자의 경력에 좋지 않다고 여겨졌지만 나는 한 분야에서 다른 분야로 관심 있는 아이디어를 적용하는 방법을 터득할 수 있었다. 예를 들어 효모와 초파리 유전학에서 이용하는 기술을 해양미생물의 유전학과 생태학에 적용할 수 있었다. 여기저기 짜깁기한 패치워크 교육이었지만 거대한 자연계가 어떻게 움직이는지 알 수 있었다. 그 결과 나는 분자미생물생태학자이자 전체론적 과학과 학제 간, 부처 간 연구팀의 대변자가 되었다. 분자미생물생태학은 당시에는 거의 들어보지 못한 용어였다.

절망의 도가니에서 출발한 프로젝트는 그때까지 내가 내린 최고의 결정 중 하나로 바뀌었다. 그 결정은 50년이 지난 지금 내가 생명과학 중 가장 인기 있는 분야인 마이크로바이옴Microbiomes에서 활발히 활동하게 해주었다. 마이크로바이옴은 인간의 장 속이나 음식, 강물, 바다 같은 특정 환경에서 서식하는 모든 미생물의 유전물질을 연구하는 학문이다.

결국 해양 생물에 서식하는 세균을 주제로 쓴 내 논문은 미생물학과나 해양학과가 아니라 수산과학대학에서 승인받았다. "사소한 일로 따질 거 없네"라고 리스턴 교수는 말했다. 수산학, 해양학 그리고 의학과 사람들이 뭐라 하든 나는 그의 해양미생물학 박사과정 소속이었다.

❊ ❊ ❊

잭과 내가 박사과정을 마칠 무렵, 잭은 오타와에 있는 캐나다 국립연구위원회에서 화학물리학 박사후과정에 참여해 달라는 제안을 받았다. 우리는 그곳의 박사후과정을 지원했고, 둘 다 합격했다는 편지를 받았다. 그러나 얼마 후 나는 위원회 의장인 노먼 기번스에게 좋지 않은 소식을 담은 두 번째 편지를 받았다. 그는 친족등용금지법 때문에 위원회에서 우리 두 사람 모두에게 연구비를 지원하는 것을 막을 수 있다고 했다. 기번스가 위원회에서 남편이 연구비를 받아야 한다고 생각한다는 말을 덧붙일 필요도 없었다. 나는 편지를 보자마자 그 사실을 알 수 있었다. 어쨌거나 잭에게는 이런 편지가 오지 않았다.

나는 다시 한번 분노하고 실망했다. 하지만 앞서 비슷한 경험을 했을 때와는 달리 이번 일로 좌절해 과학계를 떠날 생각은 하지 않았다. 나를 포함한 누군가에게는 과학이 상상할 수 있는 가장 흥미로운 전문직이다. 여성이 과학계의 문을 두드리는 것은(사실은 요란하게 두들긴다) 우리가 실험실이나 현장에서 일하고, 새로운 발견을 하고, 새 규칙을 배우고, 자연이 어떻게 움직이는지를 이해하는 일을 사랑하기 때문이다.

프린스턴대학 총장에 오른 최초의 여성이자 최초의 여성 생물학자인 셜리 틸먼은 이 기분을 잘 표현했다.[17] "중요한 발견을 한 최초의 순간은 말 그대로 짜릿했다. 내 심장은 미친듯이 뛰었고, 머리카락이 쭈뼛 섰다." 그리고 이렇게 말했다. "그 무엇도 내가 과학자가 되는 것을 막을 수 없었다." 나도 똑같은 기분을 느꼈다. 하지만 실험실이 없으면 과학자로서 일할 수 없었다.

그런데 얼마 후 오타와에서 세 번째 편지가 날아왔다. 이번에는 좋은 소식이 담겨있었다. 기번스와 국립연구위원회 위원들은 성장과 대사 과정에 소금이 필요한 세균을 연구했다. 내가 연구한 세균은 대부분 소금물에서 살았다. 친절하고 관대한 남성인 기번스는 내게 연구할 공간을 공짜로 제공했고, 자신의 실험실에 있는 모든 장비와 시약을 사용할 수 있도록 돕겠다고 제안했다.

리스턴 교수에게 기번스의 편지를 보여주었더니 그가 일을 꾸미기 시작했다. (지금 생각하면 리스턴 교수가 나를 대신해 기번스에게 부탁했으리라 짐작할 수 있다. 기번스와 리스턴 교수는 친구 사이였다.) 능수능란한 관료적 수완으로 리스턴 교수는 우리 두 사람 명의로 NSF 연구 보조금을 신청한 뒤, 관대하게도 당시 스물여섯 살의 나를 공동 연구자로 지목했다. 다음으로 그는 워싱턴대학 총장을 설득해 나를 연구 조교수에 임명하고 오타와에서 일할 수 있도록 휴직을 허락해주었다. 교수로서의 지도는 말할 것도 없고 1960년대에 여성 과학자를 지키는 데 필요했던 행정상 기교의 아주 멋진 사례였다.

이때가 1961년이었다. DNA 구조는 나의 학부 시절인 6년 전에야 밝혀졌고, 해양세균 유전학 연구에 컴퓨터를 이용하는 것은 새로운 분야였다. 앞으로 10~15년간 나는 NSF가 지속해서 연구 보조금을 지원하는 유일한 미생물학자로서 해양세균의 진화 관계를 연구하게 될 것이었다. 잭과 나는 캐나다에서 시작되는 새로운 삶에 흥분한 나머지 학위증서를 챙기는 것도 잊은 채 시애틀을 떠났다.

NSF 연구 보조금 덕분에 나는 오타와에서 실험을 돕고 시약을 조제하는 실험실 테크니션을 채용할 수 있었다. 나는 마거릿 브리그스 고크나어를 테크니션으로 채용했다.[18] 16년이나 선배인 고크나어는 나보다 더 수준 높고 명망 있는 학위와 연구 경험을 갖추었다. 백화점에서 일하면서 아이를 키운 싱글맘의 외동딸인 고크나어는 심각한 난독증이 있음에도 캘리포니아주 산호세주립대학을 졸업하고 매사추세츠주 우즈홀해양생물연구소와 캘리포니아주 스탠퍼드대학 홉킨스해양기지에서 하계 연구에 참여했다. 과학 연구도, 아이들이 가득한 가정도 모두 갖고 싶어 했던 그는 1950년에 남편 토머스와 결혼했다. 고크나어는 스탠퍼드대학에서 자웅동체인 선충 두 종을 발견해 이들의 생활사를 밝힌 석사 논문을 썼다. 나중에 이 선충들은 그의 이름을 따서 라브디티스 브리그새 Rhabditis briggsae와 캐노라브드디티스 브리그새 Caenorhabditis briggsae로 명명되었다.

결혼 후 고크나어는 남편과 함께 위스콘신대학으로 옮겨갔고, 그의 남편은 벌에 관한 박사과정을 시작했다. 고크나어의 논문을 도와줄 지도교수는 엘리자베스 맥코이뿐이었다.[19] 이것이 문제였다. 맥코이 교수는 기혼 여성을 가르치는 일을 시간 낭비라 여겼다. 너무도 많은 여성이 임신하면 학위를 그만두었기 때문이다. 이런 이유로 고크나어는 결혼했다는 사실을 숨기고 박사학위를 마쳤다.

나를 만났을 때 고크나어는 일자리가 절실했다. 예상대로 일단 아이가 셋이나 있다는 사실이 관계자에게 알려지면서 그는 채용될 수 없는 사람으로 인식되었다. 나는 미국에서 연구 보조금을 받았고 캐나다의 친족등용금지법에도 저촉되지 않았기에 그를 채용할 수 있었다. 그리하여 북아메리카 친족등용금지법의 희생자인 우리 두 사람은 내 작은 실험실에서 함께 행복하게 일했다. 이때 나는 비브리오균이 물속에서 서식하며 번성하는 해양 생물이라는 생각을 굳혔다. 비브리오균에는 나중에 내 경력의 핵심이 되는 비브리오 콜레라균도 포함된다. 내가 오타와를 떠난 뒤 고크나어는 더 이상 장기 연구직을 구할 수 없었다. 그는 재능 있지만 인정받지 못한 또 다른 여성 과학자였다.

박사후과정 2년 차 때 나는 첫째 딸 앨리슨을 임신했다. 어느 날, 실험실을 함께 쓰는 아주 친절한 남성 미생물학자인 던 쿠슈너가 내게 "아이가 생기겠군요. 도와줄 사람은 있습니까?"라고 물었다. 나는 출산 휴가를 계획하지 않았다. 당시에는 출산 휴가를 떠나면 영원히 실험실을 떠나야 했다. 잭과 나는 도우미를 채용할 생각도 못 했다. 다행히도 쿠슈너는 육아에 노련한 사람이었다. 쿠슈너와 교수인 그의 아내는(나중에 대학 총장이 되었다) 세 아들을 키웠다. 그는 자신의 가정부 친구인 키트 굿선을 추천했고, 이 영국 부인은 어느 날 작은 노트를 가지고 면접을 보러 왔다. 그러고는 "아침 식사는 몇 시쯤 하시나요? 아이를 위한 계획은 뭔가요?"와 같은 질문과 더불어 고용주에게 물을 만한 질문을 쏟아냈다.

굿선의 어머니는 그가 열여섯일 때 돌아가셨고, 아버지가 재혼하면서 새어머니는 굿선과 그의 여섯 형제를 모두 쫓아냈다. 그때 형제 중에는 이제 막 걸음마를 시작한 유아도 있었다. 굿선은 가장 어린 형제를 키우고 다른 형제들은 나가서 일을 했다. 형제들이 모두 자립하자 그는 전문 베이비시터가 되었다. 굿선은 우리와 7년을 함께했다. 잭과 내가 모두 일하면서 정상적인 가정을 유지할 수 있었던 것은 모두 굿선 덕분이었다. 우리의 두 딸은 굿선 부인을 사랑했고, 나중에 그가 은퇴해 영국으로 돌아간 뒤에도 세상을 떠나기 전까지 거의 매년 여름마다 만나러 갔다.

* * *

잭의 캐나다 국립연구위원회 보조금 지원이 끝날 무렵, 나는 미국미생물학회 연례총회에 참석했다. 그때도 지금처럼 연례총회는 과학 학회이자 젊은 과학자들을 위한 취업 박람회였다. 나는 종신 교수직을 찾고 있었다. 학회장에서 우연히 당시 오리건주립대학에 있던 좋은 친구이자 동료인 딕 모리타를 만났다. 나는 그에게 그 학교에 빈자리가 있는지 물었다. 모리타는 게시판에 붙은 작은 공고문을 가리켰다. 거기에는 "조지타운대학 신임 생물학과 학과장이 미생물학 주요 교수진을 찾습니다"라고 쓰여 있었다.[20] 신임 학과장은 모리타의 친구였다.

나는 이 자리가 마음에 들었다. 조지타운대학은 워싱턴 D.C.에 있었고, 잭은 미국 국립표준국(현재의 미국 국립표준기술연구소)의 물리학 교수 자리를 수락한 참이었다. 나는 조지타운대학 생물학과 학과장인 조지 채프먼을 학회가 열리는 호텔 로비에서 만났다.[21]

채프먼은 많은 스트레스를 받고 있었다. 대학 총장은 그에게 생물학과를 두 배로 키우고 대학원 과정을 개설해 연구를 시작하라고 주문했다. 물론 연구 보조금도 따오라고 했다. 그는 이 모든 일을 1년 안에 해내야 했다. 나는 그에게 내게는 연구 보조금도 있고 논문도 여러 편을 발표했으며, 논문을 쓸 수 있는 데이터가 더 있다고 말했다. 그는 곧바로 내게 일자리를 제안했고, 우리는 악수를 했다. 그것으로 끝이었다. 면접이나 초청 강연은 없었다. 모리타가 내 추천인이었다.

나는 박사학위를 받고 박사후과정을 끝마치는 데 10년이라는 기한을 설정했는데 이를 8년 만에 해냈다. 이제 어느 정도 자리가 잡혔다고 생각했다. 조지타운대학은 예수회 소속으로 1969년에 남녀공학으로 바뀌었다. 나는 명목상 가톨릭 신자였고 생물학과 교수진 중 유일한 여성일 것이었다. 그러나 채프먼도 총장도 크게 신경 쓰지 않았다. 채프먼이 채용한 교수진 중에는 열렬한 가톨릭 신자가 거의 없었고, 그는 강한 여성에 익숙했다. 과부인 채프먼의 어머니는 그를 프린스턴대학에 보내기 위해 궂은일을 마다하지 않고 닥치는 대로 일했다.

젊은 시절 하버드대학에서 교수로 지내면서 채프먼은 여성 대학원생인 사라 기브스를 가르친 적이 있었다.[22] 기브스의 첫 번째 지도교수는 그에게 10년 안에 어디에 서 있고 싶은지 물었다. 기브스가 "교수님이 계신 그 자리요"라고 대답하자 교수는 박사과정을 마칠 생각은 꿈도 꾸지 말라며 그를 해고했다. "대신 고등학교 교육과정이나 대학교 1학년 대상의 생물학 강의를 준비하도록 해"라고 그에게 말했다. 다음 날 기브스는 채프먼 교수의 방으로 갔고, 채프먼은 그의 박사과정을 지도하는 데 동의했다. 기브스는 몬트리올에 있는 맥길대학 교수가 되었다.

채프먼은 친절하고 힘이 돼주는 상관이었다. 내가 잭이 범선 경주를 좋아하며 주말에 실험실에 가는 대신 함께 배를 타고 싶어 한다고 말하자, 그는 이렇게 대답했다. "가세요. 가서 잭을 행복하게 해줘요." 채프먼은 1965년에 내가 둘째 딸인 스테이시를 낳았을 때 병원에도 찾아왔다. 사실대로 말하자면, 친애하는 채프먼 교수에게는 실험에 사용할 태반을 수집할 목적도 있긴 했다.

조지타운대학 생물학과는 10년 가까이 나를 부드러운 고치처럼 감싸 안아주었다. 논문을 발표하기만 하면 나는 논란이 되는 과학 이론이 내 경력에 영향을 미치지 않을까 걱정할 필요가 없었다. 나는 자연이 어떻게 작용하는지를 독립적이고 자유롭게 '탐구할' 수 있었다. 하버드대학이나 캘리포니아공과대학에 있었다면 남성 실세들과 경쟁하며 계속 지적인 언쟁을 벌여야 했을 것이다. 조지타운대학은 생물학과 교수진의 절반 가까이가 학부 과정만 개설된 때부터 있었다. '오래 있었던' 교수 중 한 명이 컴퓨터 프로그램을 이용해 종을 분석하는 내 연구가 '완전히 기계적인' 일이라며 투덜거렸다. 그는 컴퓨터 프로그래밍에 수학과 추상적 사고가 필요하다는 사실을 전혀 몰랐다.

어린 두 딸과 자기 일로 바쁜 남편 사이에서 나는 안식년을 학계 관행처럼 1년 내내 이어서 쓸 수 없었다. 대신 1~2주씩 나누어 국내외 다른 실험실을 방문해 공동 연구자를 찾고, 최근에 어떤 진전이 있었는지를 듣고 와서 학생들에게 알려주었다. 아이들 때문에 당시 나는 여행을 갈 여유가 없었다. 한 번은 잭과 내가 함께 학회에 참석하느라 2주간 집을 비웠다가 돌아왔는데, 굿선이 당시 6개월 된 앨리슨을 데리고 공항으로 마중 나왔다. 내가 앨리슨을 안으려 팔을 뻗었는데 아이는 내게 안기려 하지 않았다. 앨리슨은 나나 잭보다 굿선을 더 좋아했다. 나는 이 일로 엄청난 충격을 받고 가능하면 여행을 며칠 단위로 줄이기로 했다.

또 언젠가 딸들이 더 자랐을 때는 내가 여행 간 날짜를 기록해둔 뒤 1년에 6개월 정도는 항상 집을 비운다고 주장했다. 내가 사실이 아니라며 항의하자 아이들은 날짜가 표시된 달력을 보여주었다. 6개월은 아니었지만 그에 근접했다. 이 일은 내가 여행 기간을 짧게 줄이고 출장을 연구에 정말 중요할 때로 제한하게 된 두 번째 경고음이었다.

내가 참석했던 수많은 학회와 연수회는 대부분 남성만의 잔치였고, 현장에서 활동하는 극소수의 여성이 있었지만 공동 연구자도 대부분 남성이었다.[23] 몇 년 후, 서부 해안 지역의 한 남성 경쟁자는 여전히 나를 "많은 남성을 협력하도록 설득할 수 있다고 생각하는, 숙련된 젊은 여성"으로 기억했다. 물론 모든 남성과 잘 지내지는 못했다.

리스턴 교수와 시카고에서 열린 미국미생물학회에 참석했을 때 우리는 선도적인 미생물학자 에이나르 레이프슨과 저녁을 함께했다. 레이프슨은 테이블 너머로 모두가 들을 만큼 우렁찬 목소리로 내게 말했다. "남편은 당신이 어디 있는지 알고는 있나요? 임신하고 집에 있을 것이지." 나는 가장 진보한 최신 전자현미경을 이용해 비브리오균 구조를 연구한 논문을 막 발표한 참이었다. 하지만 레이프슨은 소리치지 않고는 못 배기는 것 같았다. "젊은 아가씨, 세균을 볼 때 전자현미경은 쓸 수 없어. 세균은 반드시 인간의 눈과 뇌로 식별해야 한다고." 레이프슨은 구식 광학현미경과 자신이 개발한 염색 기법만이 세균을 관찰하는 유일한 방법이라 주장했다.

* * *

그러나 그런 트집은 연구 보조금을 잃는 일보다 심각하지 않았다. 나는 그때 해산물 안전과 관련된 미생물에 관한 연구를 계속하기 위해 30만 달러에서 50만 달러가 소요되는 상세한 연구 지원서를 미국 식품의약국FDA에 제출했다. 당시로서는 꽤 큰 액수였다. 이 연구 지원서는 뛰어난 평가를 받았고, FDA는 네 명으로 구성된 현장 방문팀을 보냈다. 이 역시 당시에는 흔한 일이었다. 네 명 중 한 명은 존 리스턴 교수로 시애틀에서 날아왔다. 또 다른 한 명은 매사추세츠대학 애머스트캠퍼스에서 왔다. 나는 현장 방문팀에게 대학원생 두 명, 졸업 논문을 쓰는 학부생 두 명 그리고 테크니션 두 명으로 붐비는 조지타운대학의 내 실험실을 보여주었다. 나는 아직 여성 화장실을 연구 공간으로 바꾸는 것을 허락받지 못한 상황이었다.

현장 방문팀은 거의 이틀 내내 나와 함께 보냈다. 나는 프레젠테이션을 했고, 그들은 실험 방법이나 연구 계획 같은 일상적인 질문을 했다. 그들이 돌아간 뒤 나는 모든 것이 잘 되었다고 생각했다. 그 소식을 듣기 전까지는. 현장 방문팀은 내 연구 지원서를 거절했다. 리스턴 교수가 내게 전화해 애머스트에서 온 매사추세츠대학 교수가 반대했다고 설명했다. 현장 방문팀의 다른 세 명이 논쟁을 벌였으나 그는 뜻을 굽히지 않았고, 결국 연구 지원서를 반려할 수밖에 없었다고 했다. 가장 참담한 것은 그 교수가 거부권을 행사한 이유를 설명하지 않았다는 리스턴 교수의 말이었다. 그는 그저 여성 과학자를 싫어했을 뿐이었다.

돌이켜보면 개인적인 이유로 젊은 과학자의 앞길을 가로막는 일은 수없이 일어났을 것이다.《사이언스》최초의 여성 편집자이자 미국 국립과학아카데미 최초의 여성 의장인 지구물리학자 마샤 맥넛은 하버드대학에서 이제 막 박사학위를 받은 젊은 여성이 학위 논문 연구에 대해 강연했을 때를 회상했다. "내가 강연을 끝마치자마자 의장은 이렇게 말했어요. '이 강연이 말도 안 된다는 건 누구나 알 테니 질문은 받지 않겠습니다. 다음 강연으로 넘어갑시다.'"

잭과 멋진 두 딸이 아니었다면 나는 FDA가 연구 지원서를 거부한 일의 억울함을 해소하지 못했을 것이다. 우리는 주말 동안 다 함께 요트 경주를 하고, 체서피크만과 오하이오 운하의 샛길을 하이킹하고, 포토맥강을 따라 우리집 건너편에 둥지를 튼 독수리들을 관찰하며 보냈다. 잭과 딸들과 함께한 시간은 내게 마음의 평화와 행복을 주었다.

이때가 1960년대였다. 나는 조지타운대학 생물학과의 유일한 여성 교수였고, 워싱턴D.C.는 미생물학 교수에게 다른 일자리 대안을 제공하지 않는 지역이었다. 근처에 있는 존스홉킨스대학은 여성 과학 교수가 겨우 두 명뿐이었다.[24] 내 자리를 지킬 유일한 방법은 논문을 많이 써서 내 연구가 정확하고 재현성이 높다는 사실을 증명하는 것뿐이었다. 나를 부정하는 사람들이 틀렸다는 점을 증명하려면 연구 보조금 없이는 불가능했다.

그때까지 내 실험실에는 여섯 명의 대학원생과 인턴으로 일하는 여러 명의 학부생이 있었다. 나는 실험실 조교로 제니 로빈슨을 채용했다. 아프리카계 미국인 여성인 로빈슨은 나보다 열 살이나 많았고 키도 30센티미터나 더 컸다. 로빈슨은 우리 건물의 관리인이었다. 그는 우리가 하는 연구에 매혹돼 일이 끝나면 우리 실험실에서 시간을 보냈다. 실험실 조교 채용 공고를 냈을 때 로빈슨은 자기도 지원할 수 있는지 물었다. 나는 "물론"이라 대답했다.

내 실험실 관리자인 베티 러브레이스에게 일을 배운 로빈슨은 뛰어난 테크니션이었다. 그는 염색 시약을 사용해 미생물의 형태와 종류를 구분하는 방법을 터득했다. 시험관이나 한천배지 혹은 젤라틴 페트리 접시에 수년간 세포를 배양하는 방법도 배웠다. 높은 압력과 뜨거운 증기로 실험기구를 살균하는 기계인 고압 멸균기 사용법도 익혔다. 나중에 로빈슨은 우리 실험실 관리자가 되었고, 은퇴할 때까지 20년을 나와 함께했다.

⁂ ⁂ ⁂

조지타운대학에는 내가 좋아하지 않는 부정적인 암류暗流가 흐르고 있었다. 만약 내가 부임 초기에 젊은 여성을 박사과정 학생으로 받아들였다면 나와 그 학생 둘 다 과학계의 평판에 금이 갔을 것이다. 나 역시 남학생을 지도한다는 사실을 무시한 채, 몇몇 교수들은 나를 이류로 치부하고 여학생만 지도할 수 있다고 생각했다. 마찬가지로 그들은 남성 교수가 연구를 지도하기에는 여학생의 자질이 부족하다고 짐작했을 것이다.

그 시절, 내가 공식적으로 지도한 여성 대학원생은 미니 소차드뿐이었다. 그는 간과되었지만 이미 다재다능한 과학자였다. 소차드는 많은 생물학자가 이용하는 최초의 컴퓨터 기반 단백질 서열 목록과 검색 도구인 『단백질 서열과 구조 지도, 1954-1965 *Atlas of Protein Sequence and Structure, 1954-1965*』의 저자였다.

나는 또한 재능 있는 아프리카계 미국인 여성 과학자 아트리스 베이더도 비공식적으로 지도했다.[25] 그는 이미 NIH에서 연구를 마치고 박사학위를 받기 위해 휴가 중이었다. 내 또래인 베이더는 조지 채프먼 교수의 박사과정 학생이었고, 나는 그의 논문 심사위원이었다. 나는 베이더에게 조지타운대학에서 제안한 종신 교수직을 수락하라고 설득했지만 그는 NIH에 남기를 원했다. 나중에 많은 여성이 생물학과 대학원 과정에 합격했고 졸업 후 NIH, 다른 대학 그리고 여러 회사에서 뛰어난 경력을 쌓은 일은 대학의 자랑거리였다.

조지타운대학 교수가 되고 7년째에 접어든 1971년, 나는 예수회 사제이기도 한 다른 교수와 함께 정교수로 승진할 예정이었다. 이 일에 문제가 생길 줄은 꿈에도 생각지 못했다. 채프먼 교수는 교수 회의에서 내가 생물학과 교수 중 가장 많은 논문을 발표했고, 조지타운대학에 합류한 지 3년 만에 일찍 종신 재직권을 받아 부교수가 되었다고 공개적으로 밝혔다. 연구 보조금은 학문적 명성을 나타내는 보편적인 통화나

다름없는데 나는 미 해군, NSF 그리고 NIH에서 100만 달러 이상을 지원받았다. 게다가 곧 미국 환경보호국EPA에서도 미생물생태학 연구 보조금을 받을 예정이었다. 나는 데이터, 연구 그리고 승진에 필요한 논문 편수를 모두 갖추었다.

간단히 말하자면 채프먼 교수가 교수실로 불러 달갑지 않은 소식이 있다고 말할 때 나는 전혀 준비돼 있지 않았다. 채프먼 교수는 그해 나는 승진할 수 없다고 말했다.[26] 예수회 사제인 교수는 승진하겠지만 나는 내년을 기다려야 한다고 했다. 내가 연구에 쏟은 노고, 재능, 데이터로 뒷받침한 새 아이디어 그리고 전문가로서의 진보를 증명하기에 충분하다고 믿었던 그 모든 것은 결국 충분하지 않았다.

그사이 더 많은 학생이 내 실험실에 들어오고 싶다고 지원했지만 공간이 부족했다. 조지타운대학보다 더 큰 연구 조직이라면 지금보다 더 넓은 공간과 장비를 제공할 수 있을 것이었다. 나는 자리를 옮기는 것이 최선이라 결정했다.

하지만 잭의 직장 때문에 나는 워싱턴 근처를 벗어날 수 없었다. 이 지역에서 가장 뛰어난 연구 대학인 볼티모어의 존스홉킨스대학은 아직 남녀공학이 아니었고, 1960년대 대부분의 아이비리그가 그러했듯 여성 교수는 거의 채용하지 않았다. 한편 근처에 있는 메릴랜드대학은 남녀공학인 데다 전도 유망하기까지 했다. 게다가 역사적으로 훌륭한 전통을 자랑하는 미생물학과가 있어서 내가 연구를 이어가기에 이상적인 대학이 될 수 있었다.

나는 메릴랜드대학에 있는 절친한 동료에게 전화해 “혹시 칼리지파크의 본교 캠퍼스에 빈자리가 있나요?”라고 물었다.

“당신이 전화하다니, 놀라운데요”라고 그는 대답했다. “당신의 전공 분야인 미생물학과 교수가 있는데 올해 은퇴하십니다.”

3장

자매애가 필요해

내가 기쁨에 들떠 메릴랜드대학으로 옮기기 직전 무려 일곱 번의 채용 기회를 놓친, 뛰어난 자질을 갖춘 시간강사가 있었다. 그는 임상심리학 전공의 남성 동료에게 왜 자신이 단 한 자리도 받지 못했는지 물었다.

"현실을 받아들여"라고 그 동료는 대답했다. "넌 여자치고는 너무 강해."

그날 저녁, 집에 돌아온 버니스 '버니' 샌들러*가 흐느끼자 남편이 깜짝 놀라 물었다.[1] "학과에 독재자라도 있는 거야?"

"모두가 그런걸." 샌들러가 대답했다.

그러자 변호사인 남편은 샌들러에게 문제가 있는 것이 아니라고 말했다. "이건 성차별이야." 만약 샌들러가 연약한 남성 중 유일한 강자로 그 학과에 합류한다면 그들은 그의 권위를 거부하는 것이다. 하지만 모든 사람이 강하다면 그들은 샌들러의 권위가 아니라 그가 여성이기 때문에 반대하는 것이다.

"이건 성차별이다." 이 단순한 문장은 함께 연대하고, 스스로 데이터로 무장하고, 우리 앞에 놓인 장벽을 무너뜨리는 여

* 1972년 성별과 관계없이 동등한 교육 기회를 보장한 법률 '타이틀 나인Title IX' 제정에 앞장선 미 여성운동가

성 과학자들의 긴 여정을 알리는 신호탄이 되었다. 이 여정은 너무나 은밀하게 시작돼 아무도 우리가 무엇을 하고 있는지 몰랐고, 깨달았을 때는 이미 늦었다. 우리는 이 임무를 수행하면서 샌들러와 한 여성 의원의 도움을 받았다.

* * *

미 하원은 1963년 동일임금법과 1964년 민권법*의 동일 노동에 동일 임금을 지급한다는 규정에서 화이트칼라 전문직을 배제했다. 그러나 3년 후 린든 존슨 대통령은 연방 도급업자들이 여성을 채용할 때 차별을 금지하는 행정명령 11375호를 발령했다.

교육학 박사이기도 한 샌들러는 이 안건을 조사하다가 우연히 각주를 발견했다. "학자인 나는 각주가 달린 것을 보고 책 뒤쪽을 펼쳐 그 내용을 확인했다"라고 그는 말했다. 거기서 샌들러는 자신과 같은 여성을 위한 길을 발견했다. 메릴랜드대학을 포함해 연방 보조금을 받는 모든 연구 대학은 연방 도급업자의 지위를 갖게 된다. "진정한 유레카의 순간이었다"라고 샌들러는 나중에 기록했다. "실제로 나는 크게 비명을 질렀다."

샌들러는 교육기관의 경제적, 법적 쟁점을 다루는 오하이

* 인종, 민족, 여성 등을 차별하는 것을 불법화하는 법안

오주의 소규모 단체인 여성평등행동연대와 협력해 메릴랜드 대학과 그 외 미국 전문대학 및 종합대학 250곳을 상대로 집단 소송을 제기했다. 그는 미 전역에서 여성들이 보내온 채용, 종신 재직권, 승진 그리고 임금의 편향에 관한 수많은 사례를 증거로 제출했다. 샌들러는 이 소송에서 일부 승소했지만 존슨 대통령의 행정명령에 강제력이 없어 그의 승리가 퇴색되었다. 고발당한 대학에는 벌칙이 부과되지 않았고, 모자란 봉급을 지급하거나 불평등을 회복할 조처를 할 필요도 없었다. 고맙게도 이야기는 거기서 끝나지 않았다.

대신 채용 편향 문제는 이디스 그린 의원이 있는 하원으로 조용히 옮겨갔다. 오리건주 민주당 소속이자 전직 교사인 그린 의원은 여성의 교육 평등에 열렬한 관심을 보였다. 다년간 쌓아온 풍부한 경험에 힘입어 교육분과위원회 위원장이 된 그는 학계의 성차별 문제에 관한 공청회를 열고 요령 있게 움직였다. 그는 나중에 '타이틀 나인'* 으로 알려질 법안을 하원에서 은밀하게 통과시켰다. 너무도 조용히 움직여 대부분의 사람이 무슨 일이 일어나고 있는지 눈치채지 못했다. 법안에 투표한 남성 의원들도, 법안을 실행해야 하는 교육기관도 전혀 몰랐다.

은밀하게 세력을 조직한 그린 의원은 샌들러를 채용해 보

* Title IX, 미국 교육계의 성차별을 없애기 위해 1972년에 제정된 남녀교육평등법안

좌관들에게 학계 성차별에 관해 교육했다. 그런가 하면 미 노동부의 연방 전문가 빈센트 마깔루조가 법안에 동조하며 비밀리에 전략에 관해 조언해주었다. 같은 노동부 소속 모렉 심체크는 위협적이고 기술적으로 작성된 개정법안의 초안을 보내주었는데, 그린 의원은 그 법안을 읽으려 하는 사람은 아무도 없으리라 생각했다. 샌들러는 심체크가 "개정법안의 초고에 관해 상관들에게 보고한 적이 있기에 또다시 보고할 필요가 없다고 느꼈다"라고 말했다며 농담조로 말을 건넸다.

몇 달 후, 그린 의원은 하원의 동료 의원들에게 자신이 하는 일의 영향력을 알리지 않은 채 연방정부의 지원을 받는 모든 교육 프로그램에서 성차별을 금지하는 심체크의 짧은 문구를 슬쩍 끼워 넣었다. 이것이 1972년에 통과된 개정 교육법이었다.

그린 의원은 여성 단체 대표들에게 일단 법안에 관련 문구가 들어가 있으므로 타이틀 나인에 관해 로비하지 말 것을 주문했다. 그는 하원의 남성 의원들에게 이 법안의 중요성을 알리고 싶지 않았다. 행복하게도 하원은 여전히 타이틀 나인의 의미를 제대로 인식하지 못한 채 교육계에서 여성 차별을 불법으로 규정했다. 동시에 여성 개개인에게 일자리를 지키고, 종신 재직이나 채용 결정에 저항하고, 동등한 임금을 요구하기 위해 대학을 고소할 수 있는 권한을 부여했다.

한 달 후, 《월스트리트저널》의 조너선 스피박은 거장답게 「성 편향 부분은 논란을 일으킬 수 있다」라는 절제된 제목을

단 기사에서 실제적인 이야기를 보도했다.[2]

연방 기금을 잃을까 봐 두려워진 대학 변호사들은 즉각 몇 가지 수정안을 제안했다. 교수진의 부인 채용을 금지한 구식 친족등용금지법은 현대적인 친인척지휘감독금지법에 자리를 내주었다. 하룻밤 사이에 몇몇 선도적인 과학자들은 연구원에서 교수로 한 번에 학계 승진 사다리의 세 계단을 뛰어넘었다. 여기에는 2장에서 소개한 두 여성 과학자인 퍼듀대학의 영리한 수학자 바이올렛 하스와 워싱턴대학의 따개비 전문가 도라 헨리도 포함되었다. 그 외에도 뛰어난 성과를 자랑하는 하버드대학의 연구원들도 승진했다.

수천 명이나 되는 여성들의 봉급이 갑자기 크게 올랐는데, 학교 측은 별다른 설명도 없었고 대부분 밀린 봉급도 보전해주지 않았다.[3] 교육기관은 처음으로 공개 구인 광고를 내야 했고, 대학원과 전문학교 입학 정원에서 성별 할당량을 없애야 했으며, 남녀 대학원생에게 동등한 봉급을 지급해야 했다.[4] 그렇더라도 백인 남성은 계속 유망한 조교수 자리를 차지했고, 과학계에서 잘 드러나지 않는 여성과 소수자집단은 덜 유망한 조교 자리에 배정되었다.

무엇보다 타이틀 나인은 여성들에게 변화할 수 있다는 점을 보여주었다. 그러나 타이틀 나인이 과학계 성차별도 해결해주리라 생각했던 우리들은 곧 실망했다.

※ ※ ※

1972년, 우리는 낡은 태도를 바꾸는 것이 얼마나 어려운 일인지 감히 짐작도 못 했다. 그러나 이후 수십 년간 한 과학자는 과학자들이 가진 편견의 깊이와 지속성을 설명해주는 특별한 상황을 겪었다. 스탠퍼드대학 의과대학 신경생물학과 학과장이었던 고故 벤 바레스는 생의 첫 43년간을 바버라 바레스로 살았다.[5]

소녀로 자란 바레스는 어린 시절부터 자신이 남자여야 한다고 느꼈다. (수년 후 바레스는 어머니가 자신을 임신했을 때 유산을 예방하려 남성화하는 약물치료를 받았다는 사실을 알았다. 그 결과 바레스는 자궁과 질이 없는 상태로 태어났는데 이를 뮐러관 무발생증이라 한다.) 자신의 혼란스러운 감정을 누군가에게 말하기가 남세스러웠던 바레스는 과학에서 위안을 찾았다. 그의 가족은 부유하지 않았고, 부모는 대학을 나오지 않았지만 그들은 뉴욕 지역에 살았다. 덕분에 바레스는 러트거즈대학, 컬럼비아대학, 필립스아카데미앤도버 그리고 벨연구소에서 개최하는 청소년을 대상으로 한 고급 과학 프로그램에 참여할 수 있었다. 이런 프로그램에서 바레스는 "강렬하고도 통제할 수 없는… 연구를 향한 열정"을 키웠다.

여전히 대학이 대부분 남학생으로 채워졌던 1970년대에 MIT 학부생 바레스는 다른 학생들과 마찬가지로 과학 괴짜였다. 노벨상을 받은 물리학자가 강의에서 성차별 발언을 하면서 핀업걸* 나체사진을 보여주었을 때 바레스는 불평하지 않았다. 그저 수강 과목을 바꾸었을 뿐이었다.

그 후 그는 남학생이 대부분인 대규모 인공지능 강의를 수강했다. 어느 날, 교수가 강의 시간에 과제로 내준 어려운 수학 문제를 아무도 풀지 못했다고 말했다. 하지만 바레스는 그 문제를 풀었으므로 강의가 끝나고 자신의 답을 교수에게 보여주었다. 교수는 비웃으며 남자친구가 대신 풀어준 것이 틀림없다며 바레스를 부정행위로 고발했다. "그 교수는 수많은 남학생이 풀지 못한 문제를 여학생이 풀었다는 사실을 그저 믿을 수 없었을 뿐이다." 바레스는 나중에 이렇게 말했다. (40년 후인 2017년, 캘리포니아주립대학의 한 1학년 여학생이 비슷한 일을 겪었다. 수학 교수가 옆자리 남학생의 시험 답안을 훔쳐봤다며 여학생을 고발했다. 정작 남학생은 그 문제를 틀렸는데도 말이다. 그 여학생은 이 일을 강의 조교에게 알렸고, 해당 교수는 학기가 끝나갈 무렵 조용히 은퇴했다.)

바레스의 뛰어난 성적에도 대부분 남성인 MIT 교수진은 아무도 그에게 대학의 관례인 자신들의 실험실에서 연구할 기회를 제공하지 않았다. 하버드대학원 시절, 바레스는 인용지수가 높은 과학 잡지에 논문을 여섯 편이나 발표했지만 경력에 도움이 될 만한 명망 있는 장학금 경쟁에서 단 한 편의 논문을 발표한 청년에게 패했다. 1997년 9월 어느 날, 바레스는 일간지 《샌프란시스코크로니클》에서 「스스로 만든 남자」

* 대중에게 성적 호감을 불러일으킬 정도로 관능미가 돋보이는 패션모델이나 여배우

라는 기사를 읽었다. 여성에서 남성으로 성전환한 사람의 이야기였다. 바레스는 남성이 여성으로 성전환할 수 있다는 사실을 알고 있었지만, 여성이 남성으로 성전환할 수 있다는 사실은 이 기사를 통해 처음 알았다. 얼마 후 바레스는 테스토스테론 치료를 받기 시작했고 곧 "안도감이 물결처럼 밀려왔다." 처음으로 그는 자신에 대해 편안함을 느꼈다.

그가 성전환하고 이름을 벤으로 개명하고 나자 특이하게도 과학계 여성에 대한 편견이 적나라하게 드러났다. 언젠가 그는 한 남성 과학자가 바버라 바레스와 벤 바레스가 한사람이라는 사실을 모른 채 지나가는 말로 "오늘 벤 바레스의 강연은 엄청났어…. 그의 연구는 여동생 바버라의 업적보다 뛰어나더군"이라 이야기하는 것을 들었다. 바레스는 자신이 벤일 때 발표했던 연구가 바버라일 때 했던 연구와 질적으로 차이가 없다는 사실을 알았다. 하지만 바버라의 연구 결과는 그다지 중요할 리가 없다고 생각하는 사람들도 있었다.

바레스는 성전환을 한 뒤 사람들이 자신을 더 존중한다는 것도 깨달았다. "남성의 방해를 받지 않고 한 문장을 끝까지 말할 수 있었다"라고 그는 말했다. 바레스의 말 중 지금도 내게 충격적인 것이 있다. 일전에 바레스는 이렇게 말했다. "성전환하는 일 외에 경력에 해가 될 수 있다고 생각했던 유일한 행동은 학계 여성의 복지를 위해 투쟁하겠다는 결정이다."

안타깝게도 바레스는 2017년 췌장암으로 세상을 떠났다. 그는 과학계에서의 삶 중 45년을 차별받았다. 이 모든 일은 우리의 문제를 해결해주리라 믿었던 타이틀 나인 법안이 발의된 후 일어났다.

⁂

여성운동이 과학계에 스며들기까지 오랜 시간이 걸렸다. 그러나 1970년대까지 여성 과학자들은 상관의 못마땅한 눈초리에도 아랑곳하지 않고 서로의 집에서 사적으로 만나 문제를 논의했다. 자신이 겪은 부당한 일을 회고록으로 남긴 여성도 있었다. 평론가들은 그들을 공격적이고 거친 말썽꾼들이라며 무시했지만 여성들은 자신들이 겪은 일을 이해하기 위해 서로의 이야기를 들어야 했다. 우리가 혼자가 아니라는 사실을 깨닫기 위해서도 이런 일이 필요했다.

타이틀 나인이 발의되었어도 1970년대와 80년대 제도로서의 과학에 대대적 개혁이 필요하다고 생각하는 권력자는 거의 없었다. 남성은 연구 보조금을 보전할 수 있을 한도 내에서 법을 지켰고, 곧이어 과학사학자 마거릿 로시터가 명명한 '회전문' 시대의 막이 올랐다.[6] 뛰어난 여성을 받아들이긴 했으나 법과 제도가 허용하는 즉시 그를 내쫓았다.

연구를 계속해온 수많은 여성은 성희롱으로 가득한 업무 환경에 꼼짝없이 갇혔다. 이는 기성 교수들과 그들이 사실상 변덕스럽게 낙제시키고, 해고하고, 추천하고, 채용할 수 있는 학생들 사이의 거대한 힘의 불균형에서 비롯되었다. 신체적

친밀감, 늦은 시간 그리고 현장 실습은 모두 성폭행의 기회가 되었다. 나는 '성희롱'이라는 단어가 만들어진 지 1년 후인 1976년에 그런 일을 처음 접했다. 메릴랜드대학의 한 여성 대학원생이 내게 여학생들 사이에서 X 교수를 조심하라는 이야기가 나돈다는 비밀을 털어놓았을 때였다. "X 교수가 학생들의 엉덩이를 만졌어. 그가 엉덩이를 움켜쥐었다고." 그런 행동을 해도 그 남성에겐 아무런 제재도 가해지지 않았다.

곧 다른 권위적인 기관들처럼 대학들이 서로 똘똘 뭉치는 방법을 알고 있다는 사실을 깨달았다. 1980년대 나는 메릴랜드대학 시스템*의 교무부총장을 지냈고, 당시 여성 중 가장 직위가 높았다. 두 명의 학과장을 포함한 한 무리의 여성 관리자들이 내게 면담을 요청해 인문학부 학과장이 연쇄 성폭행을 저지르고 있다고 고발했다. 그는 여학생들에게 자신과 잠자리를 하지 않으면 낙제시키겠다고 위협하면서 성관계를 강요했다. 주 전체 대학 시스템을 관리하는 사람으로서 나는 특정 대학에서 벌어진 사건을 조사할 수 있는 법적 권한이 없었다. 결국 그 일로 내사가 진행되었지만 그 교수는 조기 퇴직하고 연금을 받았다.

동료들과 내가 이런 부당한 일에 효율적으로 맞설 방법을 고민하기 시작할 때 '상어 아가씨'라는 별명을 가진 뛰어난

* 1988년 메릴랜드대학에 속한 다섯 개 대학과 메릴랜드주의 여섯 개 대학을 통합해 탄생되었다.

해양생물학자가 비슷한 사건에 휘말렸다.[7] 학생이 아니라 매우 유능하고 인정받는 여성 과학자도 성차별의 희생자가 될 수 있다는 사실을 보여준 사건이었다.

내가 메릴랜드대학에 들어갔을 때 유지니 클라크는 이공계에서 손꼽히는 여성 부교수였다. 당시 학과들은 그 자체로 하나의 독립체였기에 그와 나는 가끔이라도 마주치는 일이 없었다. 재능 있고 매력적인 일본계 미국인 어류학자인 클라크는 미 해군의 지원을 받아 미크로네시아 연방공화국에서 독성 어류를 찾아 바닷속을 탐험한 연구 과정을 기록한 책 『창을 든 숙녀*Lady with a Spear*』와 『숙녀와 상어들*The Lady and the Sharks*』을 쓴 세계적인 베스트셀러 작가였다.

최초로 해저 연구에 스쿠버 장비를 도입한 인물이기도 한 클라크는 상어들 사이를 헤엄치며 그들이 어떻게 번식하고 수면하고 호흡하고 학습하는지 관찰했다. 숙련된 연구 보조금 조달자이기도 한 그는 밴더빌트 가문*에서 자금을 지원받아 플로리다 남서부에 모트해양연구소와 아쿠아리움을 세웠다. 이집트 최초의 국립공원을 설립하는 데 도움을 주기도 했다. 메릴랜드대학 총장 중 한 명은 미식축구팀보다 클라크가 대학 홍보에 더 크게 이바지했다고 말하기도 했다.

그만큼 유지니 클라크는 독보적이었다. 하지만 그는 부교

* 철도왕과 선박왕으로 불리는 당대 최고의 미국 대부호인 코르넬리우스 밴더빌트가 창시한 가문을 말한다.

수로 10년을 보내야 했고, 대다수 남성 교수의 초봉보다 더 낮은 봉급을 받았다. 메릴랜드대학 여성 교수들이 봉급 인상을 요구하며 연대했을 때, 클라크의 변호사는 언론이 그를 표적으로 삼을 것이라며 여성 연대에 합류하지 말라고 조언했다. "벌써 신문 기사 제목이 눈에 선하네요. '상어 아가씨가 먹이를 주는 손을 물어뜯는다'." 그러나 클라크 없이도 여성 교수들은 이 싸움에서 대승을 거두었고, 여성 교수의 봉급은 거의 남성 교수의 수준으로 인상되었다. (불행히도 나는 이 여성 연대의 노력을 모르고 있었다. 미생물학과 건물은 메릴랜드대학의 다른 캠퍼스에 있었기 때문이다.) 클라크는 나중에 정교수가 되었다.

성공한 몇몇 여성 과학자들이 남성만큼 편향된 시각을 갖고 있다는 문제도 있었다. 학과의, 때로는 대학 전체의 유일한 여성 과학자로서 그들은 현실적으로 다른 여성들을 협력자가 아니라 형식적인 직위를 놓고 다투는 경쟁자로 여겼다. 2장에서 소개한 헬렌 휘틀리는 수년간 워싱턴대학의 다른 여성 과학자들에게 도움이 필요하다고 생각하지 않았다. 절대로 자신의 정체성을 내보이지 않을 정도로 막강한 힘을 가진 다른 여성은 동료 여성 과학자들을 옹호하는 데 관심이 없다며 이렇게 말했다. "패배자들에게 할애할 시간이 없어. 실력이 있다면 성공하겠지." 미국내분비학회 여성들은 노벨상 수상자 로절린 앨로를 회장으로 선출하기 위해 최선을 다했다.[8] 그러나 회장 수락 연설에서 앨로는 다른 여성들의 성공을 돕는 것은 물론 심지어 그의 당선을 도운 여성들에게 감사하는 일에도 관심이 없다고 잘라 말했다. 대신 그는 "학회의 여성 간부회가 특정 이익집단으로 전락해 유감"이라고 밝혔다.

※ ※ ※

우리는 서로 개인적인 이야기를 들려주며 고립감을 덜어내긴 했지만 나는 단순히 슬프고 무익한 일화를 나누는 것 이상을 원했다. 나는 행동하고 싶었고, 다른 여성들도 똑같이 느꼈다. 하지만 우리가 이해하지 못하는 과정을 어떻게 싸워서 바꿀 수 있을까? 우리는 성차별이 어떻게 일어나고, 그것이 여성의 정신과 은행 잔고에 얼마나 파괴적인 영향을 미치는지 보여주는 엄격한 과학적 데이터가 필요하다는 사실을 깨달았다. 우리의 힘은 사실에 대한 지배력에서 나올 수 있었다.

몇몇 활동가들이 워싱턴D.C. 지역에 모이기 시작했고, 나는 될 수 있는 한 자주 그 모임에 참여했다. 다른 여성 과학자들도 나와 같이 느낀다는 사실을 알게 돼 만족스러웠고 안도감이 들었다. 시스템은 바뀌어야 했다. 그런 모임 중 한 곳에서 나는 앨리스 황이라는 젊은 조교수가 하버드대학 의과대학에서 실시하는 소규모 설문조사를 알게 되었다.[9] 중국에서 태어난 황은 열 살 때 부모의 뜻에 따라 홀로 미국으로 건너왔고 이후 뉴저지주 벌링턴에 있는 성공회 여학생 기숙학교에 다녔다.

아름다운 여성인 앨리스 황은 웰즐리대학을 졸업한 뒤 볼티모어백화점 모델로 일하며 돈을 벌어 존스홉킨스대학 의과대학에서 미생물학 박사과정을 마쳤다. 황은 곧 동물 바이러스학계의 떠오르는 스타가 되었다. (그 와중에 비행기 조종사 면허증도 땄다.) 그는 결국 하버드대학 의과대학에 조교수로 채용되었다. 얼마 후 하버드대학 의과대학의 연구 조교와 연구원 열네 명이 자신들의 직위에 대해 불평하기 시작했다. 남성 교수들은 황에게 이 일에 관한 조사를 맡겼다. 일상적인 업무 외의 자원봉사였지만 황은 수락했다.

1972년과 1973년, 황은 비공식적으로 조사를 진행했고 결과는 발표되지 않았지만 매우 심란한 것이었다. 하버드대학 생물학과의 의학 분야 연구원과 강사들은 대부분 여성이었고, 몇몇은 하버드대학 남성들보다 더 뛰어난 성과를 거두었다. 황이 점심시간에 이 여성들을 일대일로 만났을 때 몇몇은 감정을 주체하지 못하고 울먹였다. 아무도 그들에게 경험을 묻지도, 의견이나 정보를 나누지도 않았다. 나중에 황은 이렇게 말했다. "여성들은 다른 여성들을 눈에 띄게 도와주면 오명을 입고 더 심한 차별에 시달릴까 봐 두려워했습니다." 심지어 여성인 그의 지도교수도 황에게 여성을 채용하지 말라고 조언했다.

하버드대학의 여성 연구원들은 대부분 하버드대학 친족등용금지법의 희생자였다. 타이틀 나인이 효력을 발휘하기 전에는 교수진의 부인을 채용하는 일이 금지되었다. 네 명은 남편의 실험실에서 일했고 종종 비서, 테크니션, 설거지 담당자, 조수 그리고 실험실 관리자 노릇까지 겸했다. 여성들은 봉급(혹은 적절한 봉급), 채용 보장, 연금, 안식년, 동등한 실험실 공간, 대학원생 그리고 권위 없이 일했다. 이혼하거나 과부가 되면 여성의 경력은 끝장날 수 있었다.[10] 한 교수가 실험실을 떠나더라도 그의 동료나 부인은 실험실을 물려받을 수 없기 때문이었다. 황과 얘기했던 다른 여성들은 독신으로 남았지만 일부 남성들이 그들을 공개적으로 얕보는 일을 막지 못했다.

캐나다의 저명한 심리학자 한스 셀리에는 자신의 책 『꿈에서 발견까지*From Dream to Discovery*』에서 여성 과학자를 "무기력하고… 억울해하고, 적대적이며, 으스대고, 상상력이 부족하며" 거의 예외 없이 자신의 지도교수와 사랑에 빠진다고 묘사했다.[11]

황은 생물학과 여성들을 대상으로 엄밀한 과학적 조사가 필요하다고 생각했다. 정확히는 여성 과학자들은 누구이며, 우리에게 무슨 일이 일어나는지를 보여주는 설문조사가 필요했다. 우리는 이 문제가 우리에게 국한된 것이 아님을 알았다. 기업, 예술계 그리고 정부에서 일하는 많은 여성이 우리와 같은 문제에 부딪혔다. 하지만 우리 과학자들은 한 가지 이점을 갖고 있었다. 우리는 문제를 측정하고 기록하는 방법을 알고 있었고, 종신 재직권을 가진 사람들은 상대적으로 부당한 처벌을 받지 않고 이 결과를 발표할 수 있었다. 생물학계에서 일하는 상당수 여성 과학자들과 함께 이 특별한 여성

집단에서 유용한 정보를 모아야 한다는 것은 분명하고 적절한 목표였다.

황과 세 명의 여성 미생물학자(하버드대학 의과대학 에바 카슈켓, 조지워싱턴대학 의과대학 메리 로빈스, NIH의 로레타 레이브)는 여성 생물학 박사들이 일하면서 부딪히는 문제를 조사하기 시작했다. 그들은 최초로 컴퓨터를 이용해 통계적으로 세밀하게 연구했다.[12] 기특하게도 미국미생물학회는 이 연구에 필요한 자금을 지원했고, 많은 여성이 퇴근 후 서로의 집에서 만나 데이터를 컴퓨터 카드에 입력하는 일을 도왔다. 이 연구는 1974년에 미국의 선도적인 과학 잡지 《사이언스》에 실렸다.

논문은 여성이 남성보다 더 느리게 승진하고, 모든 직위에서 남성보다 봉급을 적게 받으며, 남녀 간 임금 격차는 직업적인 위상이 높아질수록 점점 더 커진다는 사실을 보여주었다. 남성이 1달러를 받을 때 동일한 일을 하는 여성은 평균 68센트를 받았다. 대다수의 남성 과학자는 결혼해서 자녀가 있었지만 거의 모든 여성 교수는 미혼이었고 자녀가 없었다. 예상외로 데이터는 남성 교수가 박사학위를 가진 미혼 남성을 비정상으로 간주하고 주로 여성이 차지하는 자리에 채워 넣는다는 사실도 보여주었다. "이 결과가 옛날 상황이라 말할 수 있다면 좋겠습니다"라고 황은 2013년에 말했다. "하지만 불행히도 전체적인 결론은 오랜 시간이 지났어도 건재합니다." 좀 더 최근의 연구는 유색인종 여성이 '스템'* 분야에서 마주하는 다양한 부가적 장애물을 조사했다.

나는 선구적인 설문조사 하나로 수많은 남성에게 확신을 주리라고 기대하지 않았다. 하지만 최신 데이터를 반영하고 대중의 시선을 끌기 위해 황과 그의 동료들은 한 가지 놀라운 아이디어를 생각해냈다. 이제 막 학사학위를 받은 대학원생부터 정교수까지 미국미생물학회 차기 연례총회에 참석하는 모든 회원에게 복도에 게시된 거대한 그래프에 색깔 있는 압정으로 자신의 직위와 봉급을 표시하도록 요청했다. 남성은 파란색, 여성은 분홍색이었다. 많은 남성이 참여했다. 곧 복도를 지나는 사람들은 분홍색과 파란색의 격차가 점점 더 벌어지는 광경을 목격할 수 있었다.[13] "그 그래프는 무엇보다 사람들의 이목을 끌었을 겁니다"라고 황은 말했다. "아무도 연설을 하거나, 공개적으로 항의하거나, 많은 말을 하지 않았습니다. 사람들은 그저 얼빠진 것처럼 쳐다볼 뿐이었지요."

여성을 돕기 위해 할 수 있는 다른 일이 없는지 열정적으로 알아보던 황은 여성 롤 모델을 찾았으나 그 수가 많지 않다는 사실을 확인했을 뿐이었다. "내가 개인적으로 알고 있던 몇몇 사람들은 실제로 정교수가 되지 못했고, 그마저도 몇 년 후에는 과학계를 떠났습니다." 그렇더라도 미국에서 가장 영향력 있는 여성 과학자인 메리 '폴리' 번팅은 어쩌면 조언해줄 수 있을지도 모른다고 황은 생각했다.[14]

* STEMM, 과학, 기술, 공학, 수학, 의학의 영문 첫 글자를 딴 말이다.

래드클리프대학 총장인 번팅은 래드클리프독립연구소를 설립해 가족을 돌보느라 경력이 단절된 여성이 일터로 돌아가는 데 힘을 보탰다. 번팅은 기혼 여성이 과학계에서 일하면서 마주하는 성차별을 직접 겪었다. 위스콘신대학에서 미생물학 박사학위를 마치고 남편과 함께 코네티컷으로 옮겨갔을 때 남편은 예일대학에서 자리를 잡았으나 그는 연구 조교와 시간강사 자리밖에 없었다.

번팅은 "앨리스, 지금 다른 여성을 도우려고 시간을 낭비하지 마세요"라고 솔직하게 말했다. "자신의 경력에 집중해야 해요. 힘있는 직위에 올라서야 다른 여성을 도울 수 있습니다." 바꿔 말하면 다른 사람들이 귀를 기울이게 하려면 우리의 말에 권위가 있어야 했다.

번팅의 조언에 따라 황은 한동안 경력을 쌓는 일에 집중했고, 미생물학회 회장으로 일하기도 했다. 1991년에 뉴욕대학의 과학대학장이 된 후에야 비로소 황은 여성 과학자를 돕는 일을 공개적으로 재개했다. 황의 남편 데이비드 볼티모어가 1997년에 캘리포니아공과대학 총장이 되었을 때 황은 자신의 실험실을 포기했다. 하지만 미국과학진흥협회 회장으로 계속 일했으며, 남성과 여성이 가사와 자녀 양육 책임을 동등하게 나누도록 지지하는 활동가가 되었다.

황은 곧 번팅이 옳았다는 사실을 깨달았다. 그는 "소리 높여 외치고 우리가 처한 곤경에 관한 데이터를 보여주면 모든 사람을 즉시 바꿀 수 있다"라고 생각했다. 황과 다른 여성운동가들은 "변화는 점진적으로 일어난다"라는 것을 깨달았다. 타이틀 나인도, 엄청난 양의 데이터도 그 자체로는 과학계가 움직이는 방식을 바꿀 수 없었다. 그러나 서로 연대한다면 무언가를 이룰 수 있다고 우리는 믿었다. 황의 말처럼 "뭐든 조금이라도 이룰 수 있다면 그다음에는 좀 더 많이 얻을 수 있을 것이다."

❊ ❊ ❊

사람들에게 진지하게 받아들여질 유일한 방법이 권력자의 입장에서 말하는 것뿐이라면 우리는 한목소리로 공개적으로 말할 여성 과학자 모임이 필요하다고 생각했다. 1971년 미국실험생물학회 연례총회가 끝난 어느 늦은 저녁, 스물일곱 명의 여성들은 여성과학협회AWIS를 결성하기 위해 호텔 와인바가 문을 닫은 후까지 남았다. 여성과학협회는 의학 분야 여성 과학자들이 주축이 되어 결성된 모임이었지만 모든 분야 여성과 그 지지자들에게 문이 열려 있었다.

혈액학자 주디스 풀과 내분비학자 니나 슈워츠는 종신 재직권을 가지고 있었고, 공동 회장으로 활동할 수 있을 만큼 경력도 충분했다.[15] 풀은 혈액 응고 현상을 발견해 이미 혈우병 치료에 혁명을 일으키며 수많은 생명을 구했다. 슈워츠는 1953년 일리노이대학 의과대학 시카고캠퍼스에 재임 중이었다.[16] 이에 대해 그는 "생리학과의 유일한 여성이 임신했는

데, 학과장이 '임신 말기의 여성이 의대생들에게 강의하는 것은 부적절하다'라고 여겼기 때문"이라 설명했다.

슈워츠의 가장 주목할 만한 업적은 억제 호르몬인 인히빈Inhibin에 관한 연구였는데, 난소에서 생산되는 인히빈은 난자의 배출을 억제하는 작용을 한다. 남성들은 인간의 생리주기를 조절하는 호르몬을 얻기 위해 수년간 수컷 실험동물들을 연구했지만, 슈워츠는 암컷 동물들도 살펴볼 필요가 있다고 생각했다. 아니나다를까 그는 인히빈 호르몬을 발견했다. (나중에 남성의 신체도 아주 소량의 인히빈을 생성하는 것으로 밝혀졌다.) 슈워츠의 발견은 매우 중요한 가치가 있었는데도 그는 여성이라는 이유로, 유대인이라는 이유로 홀대받았다. 그는 레즈비언이라 밝히는 과정에서 내면의 두려움과도 맞서 싸워야 했다.

여성과학협회의 첫 질문 중 하나는 의학계 여성들이 충분히 받을 만한 자격이 있다고 생각되는 보조금을 받지 못하는 이유였다.[17] 협회는 곧 매우 중요한 한 가지 원인을 발견했다. NIH의 연구 보조금 신청을 관장하는 자문위원회에 여성 위원은 겨우 2퍼센트에 불과했다. 유방암 연구 자문위원회에 두 명의 여성 위원이 있었고, 나머지 대부분의 자문위원회에는 여성 위원이 아예 없었다. 여성과학협회는 NIH를 관장하는 교육보건부*를 성차별로 고소하겠다고 위협했고, 몇 달 후 연구 보조금을 관장하는 이 중요한 자문위원회의 여성 비율은 20퍼센트로 높아졌다. (가장 최근 데이터에 따르면, 여성은 남성만큼 자주 연구 보조금을 신청하지 않았다. 여성이 적절한 비율로 연구 보조금을 받는 것을 가로막는 다른 어떤 원인이 있는지를 알아보려면 더 많은 분석이 필요하다.)

버니스 '버니' 샌들러와 여성과학협회가 법정에서 승리하자, 소송은 의지할 것을 찾는 개별 여성 과학자들에게 매력적인 수단으로 다가왔다.[18] 하지만 우리는 곧 이런 소송 중 상당수가 수년간 이어지거나, 고용주에게 유리하게 판결이 나거나 혹은 아주 적은 돈을 얻는 데 만족해야 하는 현실을 깨달았다. 여성과학협회는 낙담하지 않고 여성을 대변하는 역할을 계속해나갔다.

* * *

우리가 마주한 가장 큰 장애물 중 일부는 우리가 회비를 내고 자발적으로 참여한 전문가 협회에서 생겨났다는 것이 점점 더 명확해졌다. 예를 들어 1970년대 후반 나는 미국생태학회 강연장에 청중으로 참석했다. 한 동료가 거의 나체에 가까운 여인이 도발적인 자세를 취하고 있는 슬라이드를 보여주었다. 2차 세계대전 중에 군대는 핀업걸을 이용해 훈련받는 병사들을 각성시켰다. 하지만 성인 과학자들 사이에서도

* 1979년 교육 부문이 따로 분리돼 교육부가 만들어지기 전까지 교육보건부로 연방정부를 구성했다.

이런 일이 벌어지고 있을 줄이야.

초청 연사였던 나는 눈에 잘 띄는 앞줄 가운데 앉아있었는데 무언의 항의로 자리에서 일어나 강연장을 빠져나왔다. 하지만 나를 따라 나오는 사람은 아무도 없었고 심지어 이후에도 아무 말이 없었다. 물론 나도 그런 일을 기대하지 않았다. 당시 여성이 불쾌한 행동을 지적했을 때 나오는 일반적인 반응은 "유머 감각이 없으시네요?"라는 말이었다.

5년 후 미국미생물학회 연례총회에서 비슷한 일이 일어났다. 미생물학회는 당시(그리고 지금도 여전히) 세계에서 가장 큰 생명과학자 단체였다. 회원 수는 3만5천 명이었고, 그중 3분의 1은 여성이었다(2019년 현재 미생물학회 회원의 절반 이상은 여성이다). 당시 회장인 베일러대학 의과대학의 로버트 윌리엄스는 여성문제에 관해 평판이 좋았다. 윌리엄스는 까다로운 편집자들을 설득해 황과 그의 동료들이 남녀의 봉급과 직급 차이를 보여주기 위해 만든 도표를 잡지에 실었다. 이런 그가 회장 수락 연설에서 거의 나체에 가까운 젊은 여성이 아이스크림콘 두 개로 가슴을 가린 만화 그림을 보여주었다. "사물은 보이는 것과 항상 같지 않습니다"라고 그는 농담을 던졌다. 남성들은 낄낄거렸고 여성들은 침묵했다.

그러나 그 후 페미니즘 운동으로 대담해진 두 여성이 불과 5년 전만 해도 생각조차 할 수 없었던 방식으로 항의했다. 하버-UCLA메디컬센터Harbor-UCLA Medical Center의 균류학자 마저리 크랜들과 미주리대학 세인트루이스캠퍼스의 미생물학자 루이즈 라우든은 윌리엄스에게 분노의 편지를 보내 그 그림을 보여준 목적이 무엇인지 물었다.[19] "혹 그의 의도가 청중 속에 있는 여성 미생물학자들을 불쾌하게 만들려던 것인가요? 아니면 남성은 여전히 권력을 갖고 있으며, 여성은 성적 대상일 뿐이라는 사실을 강화하려고 한 것인가요? 명망 있는 여성이… 젊고 매력적인 백인 남성이 벌거벗은 채로 아이스크림 두 개로 고환을 가리고 콘으로 음경을 가린 그림을 보여준다면… 당신은 어떤 기분이 들겠어요?" 불행히도 윌리엄스는 애초에 그런 슬라이드를 넣었다는 사실을 후회하기보다는 슬라이드로 항의받았다는 사실에 더 괴로워했다.

문제는 우리의 상관들이 외설적인 그림을 보고 비웃는 것만이 아니었다. 미생물학회의 여러 위원회에서 자원봉사자로 활동하면서 나는 남성들이 열심히, 심지어 호전적으로 여성들의 성공을 저지하기 위해 거대한 장벽을 쌓는 광경을 목격할 수 있었다. 미생물학회는 그저 여성들을 생물학계에서 몰아내는 하나의 장애물일 수 있지만 그 장애물은 크고 강력했다.

이후에 일어난 사건들에 관한 이해를 돕기 위해 과학계가 어떻게 움직이는지 간략하게 설명하겠다. 1980년대 초기에는 생물학에서 신규 박사학위 취득자의 40퍼센트가 여성이었다. 박사학위를 마친 청년들은 박사후연구원으로 2년 이상 보내고, 이후 학계에서 경력을 쌓고자 하는 사람들은 학자로서의 경력 첫 단계로 조교수 자리를 찾는다. 조교수 자리에서 6~7년간 실적에 대한 압박을 받으며 자신의 가치를 증명하면 종신 재직권이 있는 부교수로 승진한다. 기대에 못 미친 조교수들은 대개 대학을 떠나 다른 곳에서 일자리를 찾아야 한다.

과학계에서는 초청 강연, 연구 보조금, 강의 수준 그리고 무엇보다 자신의 연구에 기초해 발표한 논문 수를 성공의 척도로 삼는다. 동료 심사를 받는 학술지에 연구 결과를 발표할 수 없다면 본질적으로 과학자로서의 가치를 증명할 수 없다. 연구 결과에 관해 설명해달라고 요청하는 강연회에도 초청받지 못하고, 승진하지도 못하며, 새로운 연구를 하는 데 필요한 보조금도 받을 수 없다. 그 사람이 가르친 대학원생은 나중에 좋은 직장을 구할 수도 없다. 세계 과학 지식의 총체를 발전시키는 데 도움이 되는 연구를 발표할 수 없다면 과학자로서 그의 삶은 기본적으로 존재할 수 없다.

우리는 남성들이 미생물학회에서 발행하는 많은 주요 잡지에 대한 접근을 통제할 수 있다는 사실을 알고 있었다. 잡지는 조직의 수익을 창출하는 대규모 사업이었는데, 거기에는 일종의 독점적인 무언가가 있었다. 하지만 우리는 미생물학회의 잡지들을 훑어보면서 모든 잡지 편집장이 남성이라는 사실을 발견하기 전까지 문제의 심각성을 깨닫지 못했다. 편집장 아래에는 어떤 논문을 발표할지 선정하는 750명의 '전문가' 자원봉사자가 있었다.[20] 이들도 90퍼센트 이상 남성이었는데, 그들의 결정은 이의나 검토 대상에 포함되지 않았다.

(그로부터 20년 가까이 지난 후, 영화계의 여성들이 자신들이 겪은 일에 관해 비슷한 데이터를 발표했다. 남성 감독의 영화에서 여성은 작가의 11퍼센트, 편집자의 21퍼센트를 차지했다.[21] 하지만 적어도 한 여성 감독의 영화에서는 여성이 작가의 72퍼센트, 편집자의 45퍼센트를 차지했다.)

요약하자면 여성 과학자들은 미생물학회에 회비를 내고 있었으나 그 대가로 조직은 우리에 대한 책임을 다하지 못하고 있었다. 어떻게 이런 성 불평등을 허용하는 정책이 만들어졌는지 이해하려면 우리는 미국미생물학회의 권력 구조를 알아야 했다.

1980년대 미생물학회는 자원봉사자들에 의해 운영되었다. 우리는 월터리드육군연구소Walter Reed Army Institute of Research의 미생물학자이자 우리 쿠데타의 리더인 사라 로스먼의 집에서 만났다. 그리고 커다란 종이를 식당 바닥에 펼쳐 놓고 자원봉사자들의 의사 결정 방식을 미로와 같은 지도로 그렸다.[22] 어떤 경우에도 의사 결정 경로는 미생물학회 회장에게로 이어졌다. 회장의 임기는 1년이지만 그는(언제나 변함없이 '남성'이었다) 회장 당선자로 1년, 회장으로 1년 그리고 전임 회장 자격으로 1년, 총 3년간 막강한 권한을 가지고 위원회를 장악할 수 있었다. 미생물학회를 바꾸려면 우리는 일단 회장 자리에 접근해야 했다.

1899년 설립된 이래 미국미생물학회에 여성 회장은 단 세 명뿐이었다. 대략 한 세대당 한 명꼴이었다. 최초의 여성 회장은 1928년의 앨리스 에번스였다. 앞서 소개한 것처럼 에번스는 저온 살균하지 않은 우유가 심신을 쇠약하게 만들고 때로는 치명적인 질병을 전파할 수 있다는 사실을 발견했다. 두 번째 여성 회장인 레베카 랜스필드는 또 다른 치명적인 세균인 연쇄상구균Streptococcus 연구의 권위자였다. 1943년에 그가 회장이 된 것은 2차 세계대전 동안 "모든 남성이 전쟁에 나간" 덕분이라며 모욕을 당하기도 했다. 1975년 취임한 세 번째 여성 회장은 워싱턴대학의 헬렌 휘틀리였다. 미생물학회에는 휘틀리의 뒤를 이어 위대한 후보자가 될 수 있는 재능 있는 여성들이 가득했다. 이들이 기회를 얻을 수 있도록 기울어진 운동장을 바로잡아야 했다.

다행히도 두 명의 저명한 남성 미생물학자가 우리 편이 돼 주었다. 1981년 회장이 된 앨버트 바로스는 미생물학회 회장 후보를 지명하는 위원회 회원의 절반을 여성으로 채웠다.[23] 1년 후 미시간대학의 프레더릭 나이트하르트는 자신의 임기 동안 주요 목표가 미생물학회의 최고 등급을 확대해 더 많은 여성을 끌어들이는 것이라 선언했다.[24] 나이트하르트는 내게 알리지도 않고 1983년 회장 후보로 나를 지명했다. 그때 우리는 서로 알지 못했지만 나중에 그는 왠지 내가 미생물학회에서 여성의 역할을 확대해야 한다고 "아주 아주 진지하게" 생각하는 것 같았다고 말했다.

그는 옳았다. 나는 실제로 그런 생각을 하고 있었다. 그렇더라도 내가 회장 후보에 지명되었다는 사실은 놀라웠다. 나는 기쁘고 약간 떨렸으며 회장 선거에 도전할 수 있다는 사실만으로 영광스러웠다. (프레더릭 나이트하르트는 미생물학회 산하 미생물학계 여성지위위원회가 전문직 여성을 도운 회원을 기리기 위해 만든 앨리스 에번스상의 첫 번째 수상자로 선정되었다.)

1980년대 초 조직에서 여성이 집권하는 데 있어 가장 큰 장애물 중 하나는 여성이 과연 유능한 지도자가 될 수 있을까 하는 의구심이 만연한 분위기였다. 나는 두 남성 후보자와 경쟁하면서 사무적이고 중성적인 공약을 내세웠고, 이런 노력이 남성인 미생물학회 회원 대다수에게 호소력이 있으리라 믿었다. '여자'나 '여성' 같은 선동적인 단어는 조심스럽게 배제하면서 미생물학회 본부에 '전자우편'을 도입하고, 더 나은 재정 계획을 마련하며, '젊은 회원'(여성과 소수자집단을 가리키는 암호였다)을 위원회에 임명하고, '임상 미생물학자'(병원 연구소의 여성 테크니션을 가리키는 암호였다)의 위상을 높이겠다고 약속했다. 그리고 나는 선거에서 승리했다.

회장이 되면서 나는 한참 전에 시행되었어야 할 몇 가지 작은 변화를 도모할 수 있었다. 젊은 과학자와 실험실 테크니션이 학회에 참석할 수 있도록 여행 지원금을 신설했고, 호텔비가 버거운 회원을 위해 저렴한 비용의 숙박 시설(대개는 대학 기숙사였다)을 마련했다. 여성과 소수자집단(아프리카계 미국인, 라틴계, 그 외 소수 회원)을 위한 취업 박람회를 개최하는 데 필요한 자금을 지원하기도 했다. 그리고 연례총회가 열리는 곳에 보육 시설을 마련했다.

이런 변화는 앞으로 나아가는 한 걸음이라 할 수 있었지만, 장기적인 해결책을 마련하려면 우리에게는 수십 년에 한 번씩 1년 이상 회장직을 수행할 여성이 필요했다. 하지만 내가 회장을 지내고 이듬해 미생물학회 위원회 의장을 맡았을 때 다음 대의 회장 후보자 명단에 오른 두 남성은 실망스럽게도 여성을 돕는 일에 우선순위를 두지 않았다. 우리가 이대로 일상의 업무로 돌아가버린다면 또 다른 여성 회장이 선출되기까지 다시 사반세기가 지나갈 수 있었다.

누구도 공식 발표된 후보자 명단을 무시할 권한은 없었다. 후보자 명단을 바꾸려면 학회 내규를 수정해야 했다. 나는 이미 유능한 지도자가 지켜야 할 가장 중요한 원칙 중 하나가 "승산이 없는 전투는 시작하지 마라"임을 알고 있었다. 미생물학회에서 여성은 여전히 소수였고, 남성 회원들이 하나로 뭉쳐 대항한다면 우리는 패할 것이 자명했다. 나는 후보자 지명 과정의 불가사의한 규칙을 이해하는 작업에 착수했다. 내규를 알면 조용히 대립을 피하는 방법을 찾을 수 있기 때문이었다.

나는 공식적인 후보자 지명 과정을 피해갈 한 가지 방법을 알아냈다. 내가 회장 선거에 나섰던 해, 내 과학적 업적을 가장 노골적으로 비난했던 미주리대학의 의과학자 리처드 핀켈스타인이 단기명 투표 후보자*로 선거에 참여했다. 그를

* 투표용지나 후보자 명단에 이름이 기재되어 있지 않은 후보자를 말한다.

보면서 나는 미생물학회가 존속한 86년간 남성들이 어떻게 82년이나 회장직을 독점했는지 생각했다. 핀켈스타인의 사례처럼 여성들이 직접 명단에 없는 후보를 내세우면 안 될까? 다소 시간이 걸렸지만 결국 모든 것이 명확해지자 깨달음의 순간이 왔다.

여성이 한 세대마다 한 번씩 회장이 된 이유는 매우 단순하고 효율적이며 너무나 명확해 이전에는 전혀 깨닫지 못했다. 미생물학회는 후보자 등록 마감 기한이 지난 뒤 후보자 명단에 없어도 후보자로 등록하는 방법을 알려주는 뉴스레터를 보냈다. 뉴스레터가 회원들에게 도착할 때쯤이면 공식적인 후보자 명단은 이미 확정돼 돌에 새긴 것처럼 바꿀 수가 없었다. 미생물학회에서 몇 가지 공식적인 직책을 가진 핀켈스타인 같은 내부자만이 후보자 명단을 알 수 있어서 늦지 않게 대안으로 다른 후보를 내세울 수 있었다. 이 시스템은 수십 년간 완벽하게 가동되었다.

단기명 투표 후보자로 등록할 수 있는 기한이 1~2주밖에 남지 않아 시간이 촉박했다. 확고하게 정해진 규칙을 바꾸는 것은 창의적 사고, 외교적 수완 그리고 누군가의 도움이 필요했다. 다행히도 우리는 그 모든 것이 준비돼 있었다.

나는 당시 조지타운대학 의과대학에 있던 앤 모리스훅에게 전화했다.[25] 호주에서 태어난 모리스훅은 미식가들이 레스토랑 셰프를 추종하듯 오페라 가수들을 추종하는 열정적인 오페라 팬이었다. 그가 가장 좋아하는 가수는 호주 출신 소프라노 조앤 서덜랜드였다. 모리스훅은 조지타운대학에서 석사학위를 받았고, 미생물학회 산하 미생물학계 여성지위위원회의 혈기왕성한 위원이었다.

모리스훅에게 비밀에 부칠 것을 당부한 뒤, 만약 다른 여성이 가까운 시일 내에 회장이 되려면 단기명 투표 후보자로 등록해야 한다고 설명했다. 하지만 그것이 전부는 아니었다. 학회 후보자 명단을 무력화하려면 미생물학회 여성 회원들이 단 한 사람의 단기명 투표 후보자를 지지해야 했다. 표가 갈리면 절대로 이길 수 없었다. 우리는 매우 조직적이고 집중적이며 비밀리에 움직여야 했다. 이 글이 관계자로서 우리의 반란이 어떻게 일어났는지 전모를 밝히는 최초의 고백인 것도 그런 연유에서다.

오늘날에는 비밀에 부쳐야 한다는 점이 이상하게 보일 수 있다. 하지만 최근까지도, 특히 미투me too 운동이 일어나기 전까지 여성은 항상 무대 뒤에서 일해야 했다. 만약 수많은 남성(그리고 특정 여성들까지)이 우리가 하는 일을 알았더라면 나는 무수히 많은 적이 생겨 이후 어떤 일도 할 수 없었을 것이다. "페미니즘 모임에 참가하는 것만으로도 독이 되는 시절이었습니다. 죽음과의 키스나 다름없었지요"라고 모리스훅은 회고했다. "페미니스트 모임에 참가했다면 뒷이야기가 나왔을 거예요." 로스먼 역시 이렇게 말했다. "아마 두 명의 여성이 엘리베이터 앞에 서 있기만 해도 남성이 다가와 '두 분이 무슨 음모를 꾸미고 계실까?'라고 말했을 겁니다." 월터리드육균연구소 로스먼의 상관은 그가 "그런 여자들"과 어울린다며 꾸짖곤 했다.

나는 은밀히 선거운동을 시작하고 조언했지만 모리스훅은 혈기왕성한 작전 감독이 되었다. 그리고 우리에게는 단기명 투표 후보자가 돼줄 저명한 과학자이자 경험 많은 관리자인 여성이 필요했다. 세균 대사와 조절 분야의 선구적 연구자 진 블레츨리는 당시 펜실베이니아주립대학으로 옮기는 중이었는데, 대담하게 후보자로 나섰다.[26] 그를 단기명 후보로 지명하는 데 필요한 최소 50개의 서명(100개이면 안전할 테지만)을 받을 시간이 일주일밖에 없었다. 지금이야 쉽겠지만 1985년에는 팩스가 거의 없었다.

나는 모리스훅이 진정서를 복사해 나눠주도록 전화로 격식을 갖춘 문구를 몇 가지 알려주었다. "다음에 서명한 우리 미생물학회 회원들은 이로써 진 블레츨리를 회장 후보자로 추천합니다." 추천서에는 블레츨리의 이름 외에는 누구도 언급되지 않았다. "우리는 완전히 활력이 넘치고 들뜬 채로 어둠 속에서 조용히 움직였다"라고 로스먼은 회고했다.

워싱턴 지역 정부출연연구소에서 서명을 받는 일은 예상 외로 수월했다. 우리는 그 주가 지나기 전에 100명 이상의 회원에게 서명을 받아 기한 내에 미생물학회에 제출했다. 나를 1983년 회장 후보로 지명했던 나이트하르트는 남녀 모두에게 여성 후보에게 투표할 것을 독려하는 열정적인 탄원서를 미생물학회지 뉴스레터에 발표했다.

진 블레츨리는 미생물학회 역사상 최초로 여성 단기명 투표 후보자로 회장에 선출되었다.

그의 당선에 몇몇 남성들은 격분했다. 미생물학회 전 회장인 존 셰리스는 블레츨리가 위원회가 지명한 공식 후보자에 맞서 선거에 나서자 발끈했다. 그는 미생물학계 여성지위위원회에 편지를 보내 단기명 투표 과정이 "협회 내 특정 집단의 이익을 증진하는 데 악용될 수 있다"라며 우려를 표명했다(2년 전 핀켈스타인이 단기명 투표 후보자로 나섰을 때 셰리스가 불평했다는 기록은 어디에도 없었다).[27] 셰리스의 항의 편지에 여성 단체 회장 비올라 영호르바스는 답장을 보내 "블레츨리가 학회의 모든 회원을 동등하게 대표하기 위해 최선을 다할 것이다…. [이것은] 예전에도 항상 그랬던 것은 아니라는 점은 잘 알려진 사실이다"라고 신랄하게 맞섰다.[28]

사교적인 성향의 회장인 모젤리오 셰히터는 미생물학회 총회에서 미생물학계 여성지위위원회를 자신의 스위트룸으로 소집했다.[29] (대개 미생물학회 회장은 학회가 열리는 호텔에서 가장 큰 스위트룸에 머물렀다. 물론 나는 그러지 않았지만 말이다. 내가 회장이 되었을 때는 스위트룸이 사교적인 성향의 회장에게나 필요하다는 이야기를 들었다.) 셰히터는 위원회가 "아주 위험한 일"을 하고 있으며 그 일은 "학회에 많은 문제를 일으킬 수 있다"라고 말했다.

분노는 서서히 가라앉았다.[30] 저명한 과학자이자 로체스터 대학 의과대학장인 바버라 이글레우스키가 블레츨리를 잇는 후보자로 지명되었다. 미생물학회가 열리는 회의장 밖 인도에서 이글레우스키에게 밀려난 한 남성이 그의 어깨를 붙잡고 화를 내며 물었다. “당신네 여자들은 대체 뭐 하는 겁니까? 어떻게 훨씬 훌륭한 자격을 갖춘 남자들을 떨어뜨리고 이런 후보를 뽑을 수 있어요?” 결국 이글레우스키는 선거에서 승리했다.

내가 회장이 된 이후 십여 년간 블레츨리와 이글레우스키를 비롯해 여섯 명의 여성이 미생물학회 회장이 되었다. 이제까지 학회에 있었던 여성 회장의 수보다 훨씬 많았다. 처음 세 명의 여성 회장은 20년씩 기다리지 않고 곧바로 자리를 물려받았다. 블레츨리를 제외하고 나머지는 단기명 투표 후보자로도 뛰지 않았다. 그들은 모두 미생물학회가 지명한 공식 후보자 명단에 올랐다. (현재는 회원의 성비에 비례해 여성이 회장으로 선출되었다. 반란의 결과치고는 나쁘지 않다.)

하지만 아직도 할 일이 많다. 한 남성은 회장이라는 영광을 위해 선거에 출마했다고 말하기도 했지만 우리는 ‘영광만을 바라고’ 회장 자리에 오른 것은 아니었다. 우리는 학회를 영원히 민주적인 조직으로 만들고 싶었다. 이를 위해서는 앞으로 수년간 계속해서 압력을 가해야 할 것이다.

❊ ❊ ❊

1987년 바버라 이글레우스키가 회장이 되기 직전, 나는 그에게 강력하게 권고했다. "회장이 된 후 정말 여성을 위해 무언가를 하고 싶다면 중요한 일을 성취할 수 있을 만큼 임기가 긴 위원회에 들어가세요." 이글레우스키는 내 조언을 따랐음이 분명했다. 왜냐하면 그는 1990년부터 1999년까지 자그마치 9년을 매우 유능한 출판위원장으로 일했기 때문이다. 학회가 발행하는 모든 잡지 편집장이 남성이었다는 사실을 기억하는가? 게다가 이런 잡지에 게재될 논문을 심사하는 검토위원의 90퍼센트가 남성이었다. 실제로 이글레우스키는 더 많은 여성 편집자와 편집위원회 검토 위원이 탄생하기를 바라며 로비 활동을 벌였다. 앨리슨 오브라이언이 1999년《감염과 면역 *Infection and Immunity*》편집장이 되었을 때 우리는 축배를 들었다. 그로부터 10년 후, 오브라이언은 미국미생물학회 회장으로 선출되었다.

장기 캠페인의 하나로 우리 세 명의 일벌도 미생물학회에서 가장 영향력 있는 운영위원회인 정책평의원회에 위원으로 지명돼 활동했다. 이글레우스키는 출판위원장 자격으로 이사회에 참가할 수 있었고, 앤 모리스훅은 우연히 단기명 투표 후보가 돼 미생물학회 총무가 되었으며, 나는 미국미생물학술원 원장으로 선출되었다. 나는 미생물학술원을 선도적인 미생물학자들을 위한 명망 있는 명예단체로 재편했고, 이전의 남성 위주였던 회원 중 여성의 수를 늘렸다.

결국 학회의 지휘 체계에 여성이 포함되면서 미생물학회의 모든 회원이 혜택을 보게 되었다. 그러나 더 큰 전투가 계속

되었다.

* * *

서맨사 '맨디' 조이의 사례를 생각해보자.[31] 조이는 가난한 농가에서 자랐고 어린 시절 따돌림을 당했지만 누구에게도 굴하지 않았다. 1990년대 중반 조이는 아주 유명한 남성 과학자의 방에서 연구직 면접을 봤다. "그는 벽에《플레이보이》버니걸 달력을 걸어놓았고, 책상에는 아프리카에서 다산의 신을 상징하는 거대한 남근 조각상을 올려놓았습니다"라고 조이는 회고했다.

"남근 조각상이 바로 내 눈앞에 있었어요. 나는 너무 화가 나 결국 참지 못하고 말했어요. '저 조각상을 치워주세요!' '어떤 거?' 그가 태연히 묻더군요. '이 조각이요.' 나는 다시 말했어요. '당장 내 눈앞에서 치워주세요.'"

결국 조이는 다른 곳에서 박사후과정을 공부했고 이후 조지아대학에서 해양학자가 되었다. "요즘에도 내 딸들이 고등학교와 대학교에 다니면서 그런 취급을 당할 걸 생각하면 정말 안타까워요"라고 그는 말했다. "과학자가 되려면 얼굴이 두꺼워야 하지만 부적절하고 무례하게 행동할 필요는 없어요."

이 이야기도 생각해볼 필요가 있다.[32] 조이가 그 연구직에 지원하고 몇 년 후인 1999년, 오하이오주의 마이애미대학 조교수 마저리 '켈리' 카원은 시카고에서 열린 미국미생물학회 연례총회 파티에 참석했다. 한 저명한 운영위원이 다가와 자신의 리무진으로 호텔까지 데려다주겠다고 제안하자 카원은 감사하다는 인사를 건네고 차에 올라탔다. 그 남성은 기혼인데다 칠십 대였고, 카원은 삼십 대였다. 차를 타고 30초쯤 지나자 그는 몸을 숙여 카원을 붙잡고 키스를 한 뒤 가슴을 만졌다. 몇 년 후 카원이 고백하기를, 그가 충격에서 벗어나 그 남성을 밀쳐내기까지 30초가량 정신이 멍했다고 했다. 카원은 나중에 호텔 방으로 돌아와 그 남성의 행동을 어떻게든 합리화해보려 노력했다. "어쩌면 그는 술을 너무 많이 마셨거나, 치매에 걸렸을지 몰라"라고 자신에게 되뇌었다.

다른 모임에서 그 남성이 또다시 접근하자 카원은 그에게 물었다. "결혼하셨지 않나요?"

"했지." 그가 대답했다. "난 아내를 사랑해."

미생물학회의 몇몇 여성 회원들이 그 남성의 행동을 운영진에게 고발했지만, 그가 교수직을 잃었을까? 천만에! 그리하여 전투는 계속되었다. 우리의 다음 전투는 남성이 대부분인 명망 있는 공과대학에서 열대어 수조를 두고 벌어졌다.

4장

태양 빛의 힘

래드클리프대학 1964년 학부생은 하버드대학 실험실 자신의 책상에서 데이터를 분석하면서 고등 과학 연구를 하고 있었다.* 그때 문이 활짝 열렸다.

"'사적으로는' 모르지만 바로 알아볼 수 있는 과학자가 서 있었어요." 학부생 낸시 홉킨스는 그로부터 50년이 지난 뒤 처음 공개적으로 밝혔다.[1] "내가 일어서서 악수를 청하기도 전에 그는 성큼 방을 가로질러 다가와 뒤에 서더니, 내 가슴에 손을 얹고는 '무슨 일을 하는 거지?'라고 물었습니다." 홉킨스는 어느 쪽에 더 당황했는지 분간이 되지 않았다. 그 남성이 DNA 구조의 공동 발견자이며 신이나 다름없던 프랜시스 크릭이었기 때문인지, 그의 행동이 너무나 품위가 없었기 때문인지 알 수 없었다.

MIT 교수이자 미국 국립과학아카데미 회원으로 경력을 쌓은 지금도 홉킨스는 때로 이 이야기를 전혀 발설하지 않은 것을 후회한다.[2] 크릭은 제임스 왓슨을 찾아갔었다. 두 남성은 친밀했다. 그들은 로절린드 프랭클린의 엑스레이 사진을

* 래드클리프대학은 하버드대학이 남학교였을 당시 그와 협력하기 위해 개설된 여자 문리과학교였다.

사용해 DNA 구조를 밝힌 연구로 노벨상을 공동 수상했다. 왓슨은 홉킨스의 스승이자 절친한 친구였다. 홉킨스에게 박사학위를 받아야 한다고 조언해준 사람이었고, 절대 그의 몸에 손대거나 성관계를 요구하며 수작을 걸지도 않았다. 만약 그가 크릭의 행동에 대해 항의했다면, 왓슨을 당황하게 만들고 그날 밤 초대받은 파티를 망쳤을 것이다. 게다가 홉킨스가 무엇을 할 수 있겠는가? 여성은 남성이 자신을 성적 대상으로 본다는 사실을 알고 있었다. 그것은 일상일 뿐이었다.

"내가 몇 년이 지나서도 이해하지 못한 건 학생을 그런 식으로 대하는 남성은 여성의 연구에는 진정으로 관심이 없을지도 모른다는 점입니다"라고 홉킨스는 말했다.

홉킨스는 자신이 성차별적 체제 안에서 일했으며 재능, 노력 그리고 획기적인 연구만으로는 성공에 이를 수 없다는 사실을 인정하기까지 30년이 걸렸다. 데이터를 수집해 문제가 성차별에 있다는 사실을 증명한 후에도 그는 여전히 확신할 수 없었다. 과학자로서 우리는 항상 데이터가 중요하다는 것을 알고 있었다. 문제는 그것을 가지고 무엇을 하느냐였다. 동료들은 홉킨스가 이 문제의 답을 찾도록 도와주었다. 그러나 그들의 힘이 진정으로 빛을 발한 것은 관리 당국과의 감정적 대립을 조정하고 학계에 이 사실을 널리 알렸을 때였다.

비록 나중에 홉킨스가 자신의 용기에 대해 개인적으로 무거운 대가를 치르게 될지라도.

* * *

낸시 홉킨스의 반란 이야기는 1973년 MIT가 그를 교수로 영입하면서 시작된다. 홉킨스가 하버드대학 실험실에서 프랜시스 크릭을 만나고 10년이 지난 후였다.[3] 타이틀 나인이 발효되어 연방정부 지원금을 받는 교육기관에서 여성에 대한 성차별이 막 금지된 때였다. MIT는 이 문제에 대해 특히 취약했다. 학부생의 3분의 1 이상이 여성이었지만 여성 교수진은 8퍼센트에 불과했다. 게다가 MIT는 기부금이 적어 연방정부 지원금을 잃을 위험을 감수할 수도 없었다. 하버드대학에서 분자생물학에 대해 최상의 교육을 받았고, 그의 논문이 많은 사람에게 주목을 받은 덕분에 홉킨스는 MIT 교수가 되었다. 홉킨스는 자신이 타이틀 나인이 통과된 뒤 대학이 채용한 '대략 열 명의' 여성 교수 중 한 명이 되는, 긍정적인 조치의 수혜자라 생각했다.

홉킨스가 MIT 교수가 되자마자 한 여성 행정 직원이 찾아왔다. 그리고 남성 교수들이 데이트하려 추근대는 바람에 여대생들이 곤란을 겪고 있다고 알려주었다. "나는 이 문제의 심각성을 즉각 인지하지 못했습니다"라고 홉킨스는 나중에 인정했다. "남성과 여성이 한곳에서 일한다면 그들이 무엇을 기대하겠어요?"

몇 년 후, 나는 대학 인가를 관장하는 위원회에서 일하면서 MIT의 우려스러운 상황을 관찰할 기회가 있었다.[4] 위원회의 업무 중에는 대학과 학생, 교수의 관계를 관찰해서 보고하는 일도 있었다. 남성 위원들의 요청에 따라 두 여성 위원과 나는 학부, 대학원, 박사후과정, 교수진에 속한 MIT 여성들을 개인적으로 면담했다. 그리고 우리는 "MIT 여성들이 지적, 정서적, 심지어 성적 측면에서 취약하다…. 특히 종종 편견이 있고, 교활하며, 여성의 요구와 우려에 공감하지 않는 남성에게 취약하다"라고 평가했다. 여학생들은 우리에게 몇몇 남학생과 남성 교수들이 자신들을 아랫사람 대하듯 한다고 털어놓았다. MIT에 오래 있었던 여성일수록 꿈은 더 작아졌다.

1973년에 홉킨스는 아직 페미니스트가 아니었다.[5] 그는 연방정부와 여성운동이 자신의 세대에서 성차별을 없앴다고 생각했다. 그가 본 것처럼 문제는 "내가 관심을 가졌던 유일한 목표인 고등 과학은 일주일에 70시간 이상의 연구를 요구한다는 사실이었습니다. 어떻게 내가 꿈꾸던 과학자가 되면서 엄마가 될 수 있겠어요?" 엄마는 위대한 과학자가 될 수 없다는 믿음이 너무나 확고해 종신 재직권을 가진 MIT 여성 교수진의 절반 이상은 자녀가 없었다.

홉킨스는 결혼했고 박사후과정이 끝나자마자 서른이 되기 전에 아이를 낳을 계획이었다. 양수검사와 시험관아기시술은 아직 활용할 수 없어 나이 든 여성이 아이를 낳는 데 도움이 되지 않았다. 그러나 홉킨스는 남편과 이혼했고, 그 후 재혼을 하거나 아이를 낳지 않기로 했다. "돌이켜보면 인구의 절반이 평등하게 참여할 수 없고 아이도 낳을 수 없다면 그 직업은 당연히 차별적이라는 사실을 어떻게 그렇게 늦게 깨달았는지 이해가 되지 않습니다"라고 홉킨스는 2015년에 회고했다. 그가 "과학계의 경력과 제도가 구축되는 방식은 인위적이며, 따라서 전업주부인 부인이 가정을 전담해서 돌보는 시대에 남성에 의해, 남성을 위해 만들어진 변경 가능한 시스템"이라는 사실을 깨닫기까지는 더 오랜 시간이 걸렸다.

몇 년이 지나자 홉킨스는 자신이 성공하지 못한 이유를 "특히 경쟁이 치열한 직업 세계에서 충분히 공격적이지 못하거나 자기 홍보에 서툰 스스로의 결함" 탓으로 돌렸다.[6] "내가 생각한 해결책은 항상 더 열심히 일하고, 더 나은 실험을 시도하는 것이었습니다. 이론상 내가 노벨상을 탈 만한 실험을 한다면 자기 홍보를 하지 않아도 될 것이고, 모두가 내 발견을 인정해야 할 것으로 생각했어요"라고 훗날 그는 말했다.

어느 날, 홉킨스는 세계적 발생생물학자 크리스티아네 뉘슬라인폴하르트가 초파리 유전학에서 척추동물 유전학으로 연구 분야를 바꾼다는 소식을 들었다.[7] 행동유전학에 관심이 있었던 홉킨스는 안식년을 신청해 뉘슬라인폴하르트가 유전자 변화가 후손에게 미치는 영향을 연구하는 독일 튀빙겐대학에 찾아갔다.[8] 뉘슬라인폴하르트는 관상어로 인기가 높은 열대어 다니오 레리오(제브라피시) 10만 마리가 담긴 6천 개의 어항을 막 공개한 참이었다. 제브라피시는 빛이 통과할 정도로 매우 투명해 몸속 장기의 형태와 자라는 과정을 관찰할 수 있다.

홉킨스는 제브라피시를 보자마자 사랑에 빠졌다.[9] 그는 척추동물의 초기 발달 과정에 관여하는 유전자를 연구하는 데 제브라피시를 이용하기로 했다. 이 연구에는 위험 부담이 따랐고, 그에게 필요한 기술은 아직 존재하지 않았다. 만약 그가 성공한다면 기적이라 할 수 있지만 홉킨스는 시도해보기로 했다. 이 연구를 시작하려면 어항을 놓을 넓은 실험실이 필요했다. 그의 MIT 실험실은 소수의 대학원생만으로도 비좁았다.

홉킨스는 1993년 학과장을 찾아가 실험실 공간을 넓혀달라고 요청했다. 홉킨스처럼 종신 재직권을 가진 선임 교수에게 이런 요구는 일상적이었고, 대학 입장에서도 교수에게 추가 공간을 배정하는 일은 어렵지 않았다. 하지만 학과장은 그에게 제공할 공간이 없다고 딱 잘라 거절했다. 그러고는 이렇게 말했다. "이류 연구자들이나 제브라피시를 연구합니다." 일류 연구자는 초파리에 열중했다.

"하지만 이건 새로운 과학입니다." 홉킨스는 항의했다. 뉘슬라인폴하르트도 제브라피시를 연구하고 있었다.

"그 사람 이름이 뭐라고요?" 학과장이 되물었다. 학과장은 뉘슬라인폴하르트가 누군지도 몰랐다. (그로부터 정확히 3년 후, 뉘슬라인폴하르트는 노벨상을 받았다. 그는 상금 일부를 여성 과학자들이 가사, 요리, 자녀돌봄 비용으로 사용하도록 기부 했다.)

홉킨스는 이미 남성들이 그의 연구를 진지하게 생각하는지 의문을 품기 시작했다. 그가 쓴 평론을 칭찬했던 한 선임 과학자가 성관계를 제안했을 때, 홉킨스를 가장 괴롭힌 것은 자신의 평론이 선임 과학자가 칭찬한 것만큼 훌륭하지 않을 수 있다는 생각이었다.[10] 홉킨스가 개발한 새로운 유전학 강의는 그 강의를 바탕으로 책을 쓸 계획인 남성 교수들에게 넘어갔다.[11] 《사이언스》 기사에 따르면, 홉킨스는 항의하는 의미로 모든 강의를 완전히 그만두었다. 홉킨스가 매우 존경하던 또 다른 학과장은 남학생들이 "여성이 가르치는 과학 정보를 믿지 않을 것이므로" 그가 개발한 새로운 유전학 강의를 할 수 없다고 말했다.[12] 더 최악인 것은 홉킨스도 그 학과장의 말이 옳다는 사실을 안다는 점이었다.

하지만 마지막 결정타는 어항을 놓을 공간을 얻지 못한 일이 아니었다. 홉킨스는 매일 "엄청난 괴로움, 절망, 체념, 슬픔 그리고 누구도 이해하지 못하리라는 믿음"을 품고 일하러 가는 자신을 발견했다.[13] "그런데도 털어놓을 사람이 아무도 없었습니다. 누구도 내 말을 믿지 않았을 겁니다. 우리 세대 여성들은 우리가 미쳤다고 생각해야 했어요." 그는 자신이 정말로 불공평한 대우를 받는 것인지 궁금했다. MIT의 남성들은 정말로 그보다 더 넓은 실험실 공간을 사용할까? 홉킨스 같은 과학자에게 이 사실을 밝힐 방법은 명확했다. 실험실 면적을 측정하는 것이다.

홉킨스는 적을 만들고 싶지 않았다. "MIT 학과 회의에 갔더니 그곳에 30년간 싸워왔고 여전히 서로 증오하는 사람들이 있었습니다"라고 그는 회상했다. 홉킨스는 불평꾼이나 말썽꾼으로 찍힐까 봐, 나쁜 과학자로 보일까 봐 두려웠다. 그래도 그는 확인해야 했다. 다행히도 이때는 과학적 발견을 수익성 있는 특허로 전환하는 데 집중하기 전이었고, 대부분의 실험실은 서로 협력하며 동료 연구자를 환영하는 분위기였다. 홉킨스는 줄자를 들고 MIT 과학대학의 실험실들을 돌아다니며 면적을 쟀다. 이 작업은 1년이 걸렸지만, 그는 자신에게 필요한 사실을 확인했다. 그가 옳았다. 남성 교수들은 더 큰 실험실을 가지고 있었는데 대체로 홉킨스의 실험실보다 네 배가량 더 넓었다.[14] 선임 남성 교수의 실험실은 평균 279제곱미터였고, 선임 여성 교수의 실험실은 평균 186제곱미터였다. 선임 여성 교수의 실험실 면적은 대체로 젊은 남성 교수의 실험실 면적과 비슷했다.

홉킨스는 분노했다.[15] 그는 창틀에 올려두었던 실험실 면적 측정과 관련된 메모, 불만 사항, 편지 뭉치를 모두 가지고 변호사를 찾아가 이 문제가 차별이라는 확인을 받았다. 홉킨스는 MIT를 고소할 방법을 궁리하기 시작했다. 그는 '뭔가 바뀌지 않는 한 과학을 할 수 없다'라고 생각했다.

1994년 여름, 홉킨스는 MIT 총장 찰스 베스트에게 보낼 분노의 편지 초안을 작성했다. 그리고 편지를 부치기 전에 마지막으로 다른 여성의 의견을 들어보기로 했다. 그는 메리-루 퍼듀 교수를 집 근처 카페로 초대해 점심을 함께하며 조심스럽게 편지를 탁자 위에 펼쳐 놓았다.[16] 11년 전에 이미 국립과학아카데미 회원으로 선출된 퍼듀는 놀랍게도 그 자리에서 곧바로 서명했다. 두 사람 모두 서로에게 혹은 동료에게 좌절감을 털어놓은 적이 없었다. 심지어 그들은 여성 동료가 몇 명인지조차 알 수 없었다. "강의 안내서 뒤쪽을 찾아보면 어떨까요?"라고 홉킨스가 제안했다. "여성 교수 명단을 따로 올렸을지도 몰라요." (하지만 거기에도 없었다.)

퍼듀와 홉킨스는 MIT의 여섯 개 과학학과(생물학, 수학, 물리학, 화학, 지구 · 대기 · 행성과학, 뇌 · 인지과학)에 종신 재직권을 가진 남성 교수는 197명이 있지만, 여성 교수는 단 열다섯 명 뿐이라는 사실을 발견하고 놀랐다. 이 열다섯 명에는 두 사람도 포함되었다. MIT 공대에는 두 명의 여성 교수가 더 배정되었다. 홉킨스와 퍼듀가 열다섯 명의 여성 교수에게 편지를 보여주자 자신은 차별을 경험하지 못했다고 말한 한 명을 제외하고 모두가 곧바로 서명했다. 24시간이 지나기도 전에 그들은 작지만 통합된 여성 집단을 결성했다.

대체로 이 여성들은 과학대학에서 남성 교수들보다 두각을 드러냈다.[17] 이들 40퍼센트는 국립과학아카데미 회원이거나 미국예술과학아카데미AAAS 회원이었으며, 두 곳 모두 회원인 사람도 있었다. 20년이 지난 후에도 분석 결과는 거의 비슷했다. 홉킨스의 편지에 공동 서명했던 MIT 자연과학대학과 공과대학의 선임 여성 교수 열여섯 명 중 네 명은 국립 과학 훈장을 받은 반면 남성 정교수는 162명 중 일곱 명이 훈장을 받았다. 또 열한 명의 여성 교수가 전미과학공학의학한림원NASEM 회원으로 선출된 반면 남성 교수는 162명 중 열한 명에 그쳤다.

홉킨스와 여성 동료들은 여전히 말썽꾼으로 보이는 것은 싫었으므로 이 일을 비밀리에 진행하기로 했다.[18] 그해 8월, 이들은 MIT 과학대학 학장 로버트 버제노를 만나 홉킨스의 편지를 전달했다. 그 자리에 참석한 모든 여성이 차례로 자신의 이야기를 털어놓았다. 그중 한 명은 자신의 경력을 '수천 번 찔린 끝에 사망'했다고 표현했다.[19]

따듯한 마음을 가진 남성이자 매우 유능한 관리자인 버제노는 훗날 이 회의에 대해《사이언스》기자에게 이렇게 말했다. "그야말로 압도적이었으며… 종교 체험과 비슷했습니다."[20] 버제노는 이 여성들이 미국의 선도적인 과학자라는 사실을 알았지만 이들이 얼마나 괴로워하는지는 깨닫지 못했다. 만약 단 한 명의 여성이 찾아와 그런 불만을 털어놓았다면, 그는 이 편지를 해당 여성과 상관의 개인적인 문제로 치부했을지도 모른다고 말했다. 그러나 회의에 참석한 뛰어난 여성 과학자 열다섯 명의 이야기를 듣고 난 뒤 그는 홉킨스가 옳다고 생각했다. 이것은 차별이었다.

타이틀 나인에 비춰볼 때 MIT는 법적 문제를 일으키고 있었지만, 더 큰 문제는 사람 그리고 시스템이었다. 이 여성들은 자신의 전문 분야에서 더 높이 날아오를수록 더 큰 소외감을 느꼈다. 대학은 교수들과 대학 스스로를 위해서라도 이 문제를 해결해야 했다. 버제노의 사무실을 나선 여성들은 하늘로 날아오를 것만 같았다.

* * *

대부분의 대학이 여전히 여성 교수진의 불만을 무시하던 시대에 로버트 버제노는 찰스 베스트 총장의 강력한 지원을 받아 더 많은 데이터를 수집하기 위해 비밀 위원회를 결성했다. (웨스트버지니아주에서 자란 베스트는 어디에서 일어난 것이든 불평등 사건에 민감하게 반응했다.) 처음에 버제노는 홉킨스가 "너무 급진적"이라며 위원장으로 임명하기를 주저했지만, 다른 여성은 아무도 그 자리를 차지하려 들지 않았다. 버제노의 가장 큰 장애물은 대학의 남성 학과장들이었다.[21] 남성 학과장들은 대부분 한마음으로 위원회 개설을 반대했다.

홉킨스는 1994년 9월 회의를 이렇게 회상했다. 버제노가 원래는 모두 여성으로 구성하려 했던 위원회에 세 명의 남성을 지명하는 타협안을 내놓을 때까지 모든 남성 교수는 "그저 돌처럼 앉아있기만 했다." 세 명의 남성 중 두 명은 재빨리 여성 교수진과 연대했는데, 그중에는 노벨상을 받은 물리학자이자 인문주의자인 제롬 프리드먼도 있었다.

위원회는 "데이터에 근거한" 메시지를 전달했는데 나중에 버제노는 "매우 MIT다운 결과"였다고 말했다. 그 데이터는 극명했다.[22] 과학대학의 여섯 학과 중 세 학과 학부생의 절반 이상이 여성이었고, 여성 박사과정 학생 수는 미 전역에서 증가하고 있었지만, MIT의 여성 과학 교수진 비율은 20년간 8퍼센트에 묶여 있었다. 여성들은 더 낮은 봉급과 연금을 받았고 실험실 초기 정착 비용도 더 적게 받았다. 장비는 늘 부족했고 강의 부담은 더 컸다. MIT에서 수상 후보자나 학과장, 혹은 영향력 있는 위원회에 지명될 확률도 남성 교수보다 낮았다. 교수가 외부에서 일자리를 제안받으면 MIT는 남성 교수에게는 적절한 대안을 제시했지만 여성 교수에게는 그렇지 않았다. 과학대학이나 공과대학에 여성 학과장이 임명된 적은 단 한 번도 없었다. 선임 여성 교수는 학과 내에서 하찮은 존재가 된 기분과 무기력함을 느꼈다. 젊은 여성 교수는 상대적으로 만족했지만, 이들의 어려움은 주로 일과 가정의 균형을 유지하는 것이었다. 종신 재직권을 가진 여성 교수의 절반 이상은 자녀가 없었다.

버제노는 위원회가 보고를 끝내기도 전에 문제를 바로잡아 나가기 시작했다.[23] 실험실 공간과 봉급은 의외로 간단하게 해결할 수 있었다. 홉킨스는 제브라피시 어항을 놓을 465제곱미터 공간을 제공받았고 강의 시간도 줄었다. 덕분에 일주일에 30~40시간씩 여성문제와 연구에 전념할 수 있었다. 한 해 동안 봉급이 10퍼센트나 오른 여성도 있었다. 여성 교수의 수를 늘리기 위해 버제노는 후보 명단에 오른 모든 여성을 면접 볼 때까지 남성 교수 채용을 승인하지 않았다. 버제노의 재임 기간에 많은 여성 교수가 채용되면서 나중에 이 그래프에는 '버제노 상승'이라는 상승 곡선이 나타났다. 홉킨스와 위원회 여성들은 소송하겠다는 생각이 말끔히 사라졌다. 그저 평화롭게 과학을 연구하고 싶을 뿐이었다.

그러나 애초에 이런 불공평은 어떻게 나타나게 되었을까?[24] 위원회의 보고서는 "MIT에 존재하는 대부분의 차별은 남성이든 여성이든 대개 무의식적으로 이루어졌다"라고 결론 내렸다. 대부분의 과학자에게 이 사실은 뉴스거리였다. 하지만 심리학자들은 1970년대 이후 줄곧 남성과 여성 모두 무의식적으로 남성이 했다고 생각하는 일은 과대평가하고 여성이 했다고 생각하는 일은 과소평가한다고 보고해왔다. 오늘날 홉킨스는 차별이 일어나는 이유가 "남성들이 벌어먹을 짓을 하고 있기 때문입니다. 여성들은 보이지 않고, 느리지만 꾸준하게 연구 보조금을 늘려나가거나 받고 있어요. 그저 이 일은 일어났고, 누구도 살펴볼 생각을 하지 않습니다"라고 말한다.

위원회는 1996년에 150쪽에 이르는 기밀 보고서를 제출했다. 보고서 중 일부는 관련된 각 학과장에게도 보냈지만 전체 보고서는 오직 세 명만 읽었다. 베스트 총장, 로버트 브라운 공대 학장 그리고 버제노였다.

이후 3년간 위원회는 보고서를 어디까지 공개할지를 두고 논쟁했다. 마침내 1999년, 낸시 홉킨스가 처음 실험실 공간을 요구했다가 거절당한 지 5년 만에 베스트 총장의 열렬한 지지에 힘입어 MIT 교수 뉴스레터에 보고서가 공개되었다. "나는 언제나 우리 시대 대학에서 벌어지는 차별 가운데 일부는 현실이며 일부는 인식일 뿐이라 믿었다"라고 베스트는 서문에 썼다. "그러나 나는 이제 현실이 훨씬 더 큰 부분을 차지하고 있다는 사실을 깨달았다."

미국 최고의 과학공학대학인 MIT가 조직적으로 뛰어난 여성 과학자에게 공정한 자원의 공유를 막았다는 사실을 인정했다는 소식을 접했을 때, 여성 기자들은 이 이야기를 취재할 기회를 얻으려 달려들었다. 《보스턴글로브》는 일요일판에 「MIT 여성들이 편견과 싸워 승리하다. 이례적으로 대학이 성차별을 인정하다」라는 제목으로 케이트 제르니크의 기사를 내보냈다.[25] 이틀 후 《뉴욕타임스》는 캐리 골드버그의 「MIT가 여성 교수에 대한 차별을 인정하다」라는 기사를 게재했다. 이전에는 많은 독자가 여성 과학자가 받은 차별은 말할 것도 없고 여성 과학자에 대해서도 깊이 생각하지 않았을 것이다.

홉킨스는 이 같은 기사들이 없었다면 자신들의 보고서도 1983년 MIT 컴퓨터과학과 대학원생들이 작성한 보고서처럼 빠르게 잊혔으리라 생각했다.[26] 그러나 이번에는 보고서나 관련 기사를 읽은 수백 명의 여성 과학자가 자신의 경험을 공유하기 위해 베스트 총장에게 메일을 보냈다.

베스트 총장의 성명서를 읽으면서 홉킨스는 자신의 절망과 고통이 사라지기 시작하는 것을 느꼈다.[27] "대학의 권위 있는 사람들이 우리의 목소리를 듣고 '그래요, 당신이 옳아요'라고 말했다는 점이 내게 무엇보다도 중요했습니다." 그다음 주에 홉킨스가 자신의 실험실에 도착했을 때 복도에는 카메라 기자들로 북적거렸고 안에서는 전화벨이 울려댔다. 그가 전화를 받자마자 누군가가 말했다. "지금 방송 중입니다. 여기는 라디오 오스트레일리아입니다."

여성이 목소리를 높여 말하면 경력이 무너질까 봐 걱정하던 시절에 경력을 쌓기 시작한 홉킨스는 미 전역의 100개 이상 캠퍼스에서 'MIT의 기적'을 주제로 강연 요청을 받았다. 백악관에서 빌과 힐러리 클린턴은 보고서를 읽은 뒤 4월 7일에 열리는 '동일임금의 날'* 행사에 버제노와 교수진을 보내달라고 MIT에 요청했다. "당신이 가야 합니다." 베스트 총장이 홉킨스에게 말했다.

행사에서 홉킨스는 힐러리 클린턴의 옆자리, 빌 클린턴 대통령과는 두 자리 떨어진 곳에 앉아 청중과 카메라 벽을 바라보고 있었다. 홉킨스는 긴장한 나머지 대통령을 어떻게 불렀는지 기억나지 않았다. "내 생각에 '미스터 클린턴'이라 불렀던 것 같아요." 클린턴 대통령 부부는 MIT를 치켜세우고 미국의 과학과 경제에서 여성의 중요성을 극찬하는 짧은 연설을 했다. 《사이언스》와 고등교육 전문지 《더 크로니클 오브 하이어 에듀케이션 *The Chronicle of Higher Education*》은 이날 행사를 주요 기사로 자세히 다루었다.

물론 반발도 있었다. 《월스트리트저널》은 사설에서 MIT 보고서를 "'사회과학'의 정치적 이슈화"라며 맹비난했다.[28] 여성 교수진이 대학의 높은 위상을 떨어뜨렸으며, (노벨상 수

* 남녀 임금 격차에 대해 알리고 격차를 줄이고자 하는 날

상자와 국립과학아카데미 회원들을 비롯해 미국 최고 과학자들로 구성된) 위원회가 교수들의 불만을 평가하는 데 적절한 '과학적 과정'을 거치지 않았다고 평했다.

베스트와 버제노는 이 기사에 항의하는 서한을 보냈다.[29] "첫째, 우리는 여대생들이 스포츠 경기를 하는 것을 '원치' 않는다는 말을 들었다. 그리고 타이틀 나인이 통과된 덕분에 1999년 스포츠에서 가장 특별했던 사건은 미국 여성 축구팀이 월드컵에서 우승한 일이었다. 둘째, 우리는 대학에 진학할 나이의 여성들이 과학을 공부하는 것을 '원치' 않는다는 말을 들었다. 그러나 지금 MIT의 과학 전공 학과에서 여성은 50퍼센트 이상 차지하고 있다. 여학생들이 학구적인 면에서 동료 남학생들과 구별되는 유일한 특징은 이들이 더 높은 학점을 받는다는 사실이다. 이제《월스트리트저널》은 우리에게 여성들은 대학 과학 교수가 되기를 '원치' 않는다고 말하고 있다." 그들의 요점은 명확했다. 여성들은 그들이 원해서 과학계에서 과소평가된 것이 아니라는 점이다.

이후 10년간 MIT 과학대학에 관한 위원회 보고서는 MIT의 다른 학부, 미국 내 다른 대학을 재편하고 여성, 아프리카계 미국인, 라틴계 과학자에 대한 편견을 조사하는 과정에서 개혁 모델이 되었다.[30] 베스트는 다른 여덟 개 대학 총장들을 MIT로 초청해 성 편견을 없애기 위해 유사한 연구를 수행할 것을 약속했다. MIT는 남성과 여성이 동일한 봉급을 받고, 여성이 학과장에 취임하는 미국에서 몇 안 되는 대학 중 하나가 되었다. 2004년에는 신경과학자 수전 혹필드가 MIT 최초로 여성 총장의 자리에 올랐다.

가장 중요한 점은 MIT가 "남성이든 여성이든 가족 부양의무로 불이익을 받는 교수가 없어야 한다"라고 선언한 일이다. 2014년까지 새로운 가족 휴가 정책이 마련된 덕분에 여성은 종신 재직권을 얻기 전에 아이를 가지면 재임 기한이 자동 연장되며, 캠퍼스에 새 돌봄센터가 세워지고, 연구차 출장을 가면 육아 보조금이 지급되었다. 이런 정책들 덕분에 홉킨스는 젊은 여성 교수진이 아이를 갖는 것이 대학의 새로운 규범이 되었다고 보고할 수 있었다.

목소리를 높이면 말썽꾼으로 낙인찍힐까 봐 두려워했던 여성들은 소외되기는커녕 번창했다.[31] 한 여성은 이렇게 말했다. "내 연구는 꽃을 피웠고, 연구 보조금은 세 배로 늘었습니다. 이제 나는 내 직업의 모든 면을 사랑합니다. 지난 세월 동안 내가 어떻게, 왜 버텼는지 모르겠어요." 홉킨스의 연구도 날로 발전했다.[32] 그의 실험실은 15만 마리의 제브라피시와 스물네 명의 대학원생이 일하는 공간으로 확장되었다. 홉킨스 연구팀은 제브라피시의 초기 발생에 관여하는 유전자의 최소 25퍼센트를 밝혀냈다. 이런 혁신적인 연구로 홉킨스는 MIT 석좌교수가 되었고 국립과학아카데미 회원에도 선출되었다.

* * *

나는 MIT 보고서가 매우 중요한 계기가 되었다고 믿는다. 위원회가 발견한 사실을 세심하게 기록했고, 미국의 선도적인 과학대학 총장이 이를 인정했다는 사실은 여성들이 줄곧 무슨 말을 해왔는지 확인해주었다. 이 보고서는 1991년 애니타 힐과 클래런스 토머스 성희롱 사건 청문회*처럼 대학 내 성차별을 바로잡는 역할을 했다.

미국 국립과학아카데미 의장 마샤 맥넛은 MIT 보고서가 과학계 여성을 향한 가장 공공연한 차별이 종말을 맞이한 시작점이라 여겼다.[33] 이후 소녀들은 더는 "아니, 아니야, 안 돼. 넌 여기 있으면 안 돼, 넌 할 수 없어, 넌 이 학문에 해를 끼칠 거야"라는 말을 듣지 않는다고 맥넛은 말한다.

낸시 홉킨스가 시작한 반란은 어떻게 성공에 이르렀을까?[34] 로버트 버제노는 위원회의 보고서가 법적 결과 때문이 아니라 그 뒤에 버티고 있는 집단의 힘 때문에 쓰레기통으로 던져지는 불상사를 피했다고 믿었다. 위원회에서 일했던 해양학자 샐리 '페니' 치점은 여성들이 서로에 대한 개인적인 의심을 중단하고, 학문 간의 차이를 접어두는 대신 자신들의 공통된 경험에 집중한 것이 성공의 원동력이 되었다고 말한다.[35] 나는 MIT 혁명이 효과가 있었던 이유가 학계에서 처음

* 1991년 10월 11일, 클래런스 토머스 연방대법관 후보자 인준 청문회를 말한다. 당시 변호사이자 법대 교수였던 애니타 힐은 미 역사상 두 번째 흑인 대법관 후보였던 토머스가 고용평등기회위원회 위원장 시절 부하직원인 자신을 성추행했다고 증언했다.

으로 여성들이 함께 봉기해 변화를 촉구했기 때문이라 생각한다. 미투 운동은 새로운 세대에게 여성들이 공동의 목표를 향해 움직이면 강력한 힘이 된다는 동일한 교훈을 주었다.

분자생물학자이자 전 프린스턴대학 총장인 셜리 틸먼은 이렇게 말했다.[36] "소녀들에게 스스로 일어서도록 가르치세요. 만약 세상이 누구에게나 공정하다면 우리는 그럴 필요가 없습니다. 하지만 지금 당장은 공정하지 않아요. 그러니 우리는 스스로 일어서야 합니다."

낸시 홉킨스 역시 이 말에 동의했지만 적절한 곳에서 협력자를 찾는 것도 필요하다고 강조했다. "어쩌면 우리가 보고서에서 배운 가장 중요한 점 그리고 이후 수없이 반복해서 배운 점은 이런 법칙이라 생각해요. '시간이 지난다고 해결되는 것은 없으며… 강력한 관리자의 계획적인 행동이 조직을 바꾼다.' 나는 이것을 제1 법칙이라 부릅니다."[37] 홉킨스는《사이언스》와의 인터뷰에서 "마음과 생각을 차례차례 바꾸는 것은 너무 느립니다. 조직을 바꾸면 마음과 생각이 따라올 겁니다"라고 말했다.

이 말을 증명하는 사건도 있었다. 버제노가 UC버클리 총장이 돼 MIT를 떠난 뒤 MIT의 진보는 멈췄다. MIT에 신규 채용되는 여성의 수를 보여주는 그래프는 다시 평평해졌다. 이후 새 총장이 부임하고 더 많은 여성이 채용되자 그래프는 다시 상승했다.

MIT 보고서는 미 전역의 대학에서 의도하지 않았던 결과도 초래했다. 맥닛은 이를 새로운 '이중 기대'라고 불렀는데,[38] "여성은 남성이 하는 모든 일을 할 뿐만 아니라 그 이상을 해내리라는 기대를 받았습니다." 여성 교수진은 늘어나는 여학생들에게 멘토가 돼야 했고, 진보적으로 보이려 하는 모든 캠퍼스 위원회에 위원으로 참여해야 했다. 시간 여유가 있는 소수의 여성 교수진은 곧 과로에 시달리며 혹사당했다. 많은 여성 교수가 남성 동료들이 누렸던 수익성 있는 자문 직책은 말할 것도 없고 새로운 업무로 인해 연구 시간의 절반을 잃었다.

사라지지 않은 것은 "미세한 차별, 즉 남성이 자신이 가지고 있다는 것도 모르는 무의식적 편견"이었다고 맥닛은 말했다. 여성을 방해하고 그들 위에서 말하는 경향은 이에 대한 가장 눈에 띄는 징후일 것이다. 하지만 가장 끔찍한 것은 여성의 발견을 자신의 업적이라 주장하는 몇몇 남성들의 의지다. MIT 경영대학원 로테 베일린 교수가 말했듯, 이것은 "선의에 비추어봐도" 여성에게 불리하게 작용하는 새로운 21세기 미묘한 편견 중 가장 명백한 것이다.[39]

때로 미묘하지 않은 편견도 있었다. 2005년 1월 14일, 낸시 홉킨스는 하버드대학 총장 로런스 서머스가 강연하는 비공개 학회에 참석했다. 서머스는 총장으로 재직하는 동안 하버드대학의 (소수민족과 여성의 교육 기회와 고용에 있어서) 차별철폐 조치 직책을 폐지하고 여성에게 종신 재직권을 부여하는 수를 줄였다. 이날 강연에서 서머스는 수십 년간 의도적으로 그리고 의도하지 않게 여성을 배제해온 차별의 결과를 무시하면서, '최상급' 여성 과학자가 부족한 것은 타고난 적성으로 설명할 수 있다고 말했다.

홉킨스는 그의 이야기가 몹시 메스꺼워 강연장을 나왔다. 서머스의 발언과 홉킨스의 반응을 두고 언론은 여러 달 동안 논쟁을 벌였다. 많은 남성 기자가 서머스 편을 들었고, 홉킨스 학과의 몇몇 남성들은 그에게 말을 걸지 않았다. 어떤 사람은 홉킨스가 그의 사무실을 지나가자 위협적으로 소리 질렀다. 홉킨스의 메일함에는 포르노 메일이 쏟아졌다.

그러던 어느 날, 홉킨스의 오랜 친구인 제임스 왓슨이 찾아와 서머스가 옳다고 말했다. 여자들은 과학을 할 수 없으며, 서머스에게 이견을 개진한 것에 대해 홉킨스가 사과해야 한다고 했다. 그는 서머스에게 사과하지 않으면 다시는 홉킨스와 말하지 않겠다고 했다.

"나는 40년 지기 친구를 잃었습니다." 홉킨스가 말했다. 단지 진실을 말한 것뿐일지라도 남성을 괴롭힌 대가를 치러야 했다.[40]

서머스의 경우 하버드대학은 그에게 봉급을 올려주고 명예학위를 수여했으며, 2010년에는 오바마 정부의 국가경제위원회 위원장에 올랐다.

* * *

MIT 과학대학의 여성 교수 비율은 1963년의 0퍼센트에서 1995년에는 8퍼센트, 2014년에는 19.2퍼센트로 늘었다.[41] 그러나 그 이후 평등을 향한 움직임은 멈췄다. 2009년 MIT 생물학과의 여성 교수는 열네 명이었고, 10년이 지난 2019년에도 여전히 열네 명이다. 이 기간에 실제로 생물학과와 화학과 여성 교수 비율은 줄었다. 이런 추세라면 MIT는 과학대학의 여성 교수진이 남성과 동등하게 50대 50에 이르기까지 42년이 걸릴 것으로 추정된다. 그때가 되면 지금의 여성 선임 과학자들은 대부분 사라진 지 오래일 것이다.

미국은 전체 인구에서 배출된 재능 있는 과학자와 공학자를 필요로 한다. 절반은 남성이고 절반은 여성이다. 앞으로 지구에서 살아갈 100억 명의 인구를 위해 지구온난화, 안전한 물, 충분한 식량 공급이라는 까다로운 문제를 해결하고, 인공지능과 강력한 시각화 도구를 무엇보다 훌륭하고, 현명하고, 윤리적으로 사용하려면 과학자와 공학자가 필요하다. 이런 도전에는 인류 전체의 모든 재능과 비범함이 필요하다.

우리는 성 편견을 없애기 위한 제도적 개혁을 이야기했다. 하지만 개인의 수준으로 내려가면 어떨까? 여성 과학자들과 그들의 업적은 남성 과학자들과 그들의 업적만큼 높은 평가를 받고 있을까?

5장

콜레라

나는 작은 모터보트를 타고 콜레라 연구센터로 향했다. 방글라데시의 수도 다카에서 하루 정도 더 들어가야 했다. 내 첫 방글라데시 여행은 메릴랜드대학 정교수가 되고 얼마 지나지 않은 무렵이었다. 보트를 타고 갠지스강 삼각주를 가로지르는데 고속구조 보트가 통통거리며 지나갔다. 젊은 부부와 아이를 이 지역의 콜레라 병원 역할도 하는 연구센터로 데려가는 중이었다. 부모는 열다섯 살에서 열여섯 살쯤 돼 보였는데 놀라서 제정신이 아닌 듯했다. 엄마가 품에 안고 있는 아기는 아마 아들이었을 것이다. 1976년에는 많은 방글라데시인이 딸은 아파도 병원에 데려가지 않았다.[1]

고속구조 보트가 연구센터 부두에 닿자마자 젊은 부부는 캔버스 텐트 안으로 급히 달려갔다. 말아 올려놓은 텐트 출입구 한쪽으로 캔버스 천으로 만든 유아용 침대가 줄지어 놓여 있는 광경이 보였다. 각각의 침대에 뚫린 구멍으로 깔때기가 연결돼, 환자의 쌀뜨물 같은 설사가 바닥에 있는 병으로 떨어졌다. 침대 옆의 다리가 세 개 달린 탁자 위에는 대야에 토사물이 담겨있었다. 병과 대야의 액체량을 측정해 환자가 잃은 수분의 양과 보충되어야 하는 수분의 양을 가늠해냈다.

콜레라 환자의 경우 염화나트륨과 칼륨염이 풍부한 물을

6.5~7.5리터 이상 잃으면 전해질 불균형과 쇼크를 일으키면서 몇 시간 안에 사망할 수 있다. 그래서 콜레라를 "아침에 멀쩡했다가 저녁에 죽는 병"이라 말하곤 했다. 내가 처음 방글라데시를 방문하기 10년도 채 되기 전인 1968년, 미 공중보건원 팀은 저렴하고 손쉬운 질병 치료법을 발견했다.[2] 환자에게 깨끗한 물과 설탕, 소금, 칼륨, 탄산수소나트륨(우리가 보통 사용하는 베이킹소다)처럼 꼭 필요한 성분만 넣은 혼합물을 많이 먹이는 것이다. 이 치료법은 비용이 적게 들고 약물의 제조가 간단해 집에서 직접 시도할 수 있었다. 방글라데시 같은 나라에서는 이 치료법으로 이미 콜레라 사망률이 30퍼센트 이상에서 1퍼센트 이하로 떨어졌다. 젊은 부부의 아이는 수분을 적절히 보충하면 살아날 것이 거의 확실했다.

나는 45년여 전에 처음 방문한 이후 거의 매년 방글라데시에 갔다. 그 가족은 역사를 통틀어 전 세계적으로 수억 명의 사람을 죽음으로 내몬 이 질병을 완화하기 위해 평생 콜레라를 연구해온 내게 열정을 불어넣어 주었다. 나는 전염병이 어떻게 전파되고 날씨 패턴과 기후변화가 어떤 영향을 미치는지, 인공위성을 이용해 어떻게 전염병을 예측할 수 있는지에 관한 새로운 이론을 도출해냈다. 그러나 콜레라 발생 과정에 자연이 미치는 영향에 대해 동료 과학자와 의학 연구자를 설득하는 데 25년이 걸렸다. 과학계에서 경력이 쌓이면서 나는 관리자로서 존경을 받았지만 과학자로서는 종종 무시당했다.[3] 비평가들은 20년도 더 지난 뒤 마침내 과학적 표준으로 인정받을 때까지 내 연구를 공개적으로 묵살했다. 나는 성차별 때문에 내 연구 결과가 인정받는 시기가 지연되었다고 믿는다.

무슨 일이 있었는지 이제부터 들려주겠다.

❊ ❊ ❊

콜레라는 전 세계 해상과 철도 무역로를 따라 발생하는 19세기 전염병이다. 위생 상태가 좋지 않은 곳에서 사람에게서 사람으로 빠르게 퍼져나갔다. 그러나 아무도 이 질병이 어떻게 전파되는지 그 원인을 정확히 알지 못했다.

콜레라가 서유럽을 맹렬하게 휩쓴 1854년 이탈리아 피렌체의 의대생 필리포 파치니가 그 원인균을 발견했다.[4] 바로 인간의 장 내벽을 공격하는 세균인 콜레라균Vibrio cholerae이었다. 같은 해 영국 의사 존 스노는 런던에서 콜레라가 유행하자 사망률이 높은 지역을 지도에 표시했다.[5] 다수의 희생자가 브로드가에 있는 펌프에서 길어온 물을 마셨다는 사실을 발견하고 콜레라가 수인성 질병임을 밝혀냈다.

1870년대 오염수 분야 최고 권위자 에드워드 프랭클랜드는 하수나 분뇨에 오염된 물을 마시면 콜레라가 발생한다고 가정하고, 식수 표본에 오염물질이 존재하는지를 검사하는 유기질소 검출법을 발견했다.[6] 1883년 독일 미생물학자 로베르트 코흐는 음식이나 식수가 콜레라 환자의 분변에 오염되면 이 질병이 퍼진다는 사실을 규명했다.[7] 그 후 수십 년이 지난 1959년에 이르러 인도 미생물학자 삼부 나트 드가 콜레라균이 인체를 공격하는 정확한 방법을 밝혀냈다. 이 세균은 장 내벽에 달라붙어 강력한 독소를 생산해 장이 수분과 무기질을 매우 빠르게 배출하도록 만든다. 그렇게 되면 환자의 혈액량이 가파르게 줄어들어 몸에 산소를 공급하는 혈액의 능력이 저하된다.

그러나 콜레라는 수 킬로미터, 수개월, 심지어 수십 년 간격을 두고 발생했다. 코흐조차 전염병이 유행하지 않을 때 콜레라균이 어디로 사라지는지 설명할 수 없었다. 1950년대까지 콜레라 연구자 대부분은 전염병이 유행하지 않을 때 콜레라균은 건강한 사람의 장 속이나 오염된 음식과 음료에서 서식하고, 장 밖으로 나오면 모든 콜레라균이 며칠 내로 죽는다고 철석같이 믿었다. 세균은 자연에서 서식할 수 없었다. 그러나 이 주장은 한 가지 혼란스러운 사실과 충돌했다. 역학자들은 전염병이 유행하지 않을 때 건강한 사람의 장 속에서 콜레라균을 발견할 수 없었다.

그렇다면 전염병이 유행하지 않을 때 콜레라균은 대체 어디에 숨어있는 걸까? 이것이 수수께끼였다. 연구 초기에 내게 문이 굳건히 닫혀있던 분야에서 앞으로 나아갈 길을 꿰맞추며 세균학, 유전학, 해양학을 섭렵한 덕분에 나는 아무런 거리낌 없이 그 믿음을 의심하면서 이 논쟁을 멀리서 지켜볼 수 있었다. 대부분의 의학 연구자는 상상도 못 했겠지만, 대학원에서 해양세균을 식별한 경험이 있는 나는 콜레라균이 숨어 있는 곳에 관한 세 가지 흥미로운 단서를 발견할 수 있었다.

첫 번째 단서는 해양세균이 바닷물에서 생존하고 번성하는지를 식별하는 단순하고 기본적인 검사에서 발견했다. 환자의 분변에서 분리한 콜레라균으로 조잡하나마 염분 검사를 한 결과, 콜레라균이 자연 상태에서 생존하려면 염분이 필요하다고 확신하게 되었다. 따라서 콜레라균은 해양세균과 관련 있음이 분명했다. 사실 내 박사후연구원 프레드 싱글턴은 나중에 콜레라균의 세포벽이 실제로 염분이 없는 물에서는 파괴된다는 사실을 밝혀냈다.[8]

수인성 세균군에 속하는 비브리오균이 필요로 하는 영양소는 또 다른 의문을 불러일으켰다. 콜레라균을 포함해 내가 검사한 모든 비브리오균은 조개, 굴, 홍합, 게, 새우 등 갑각류나 곤충의 껍데기를 이루는 물질인 키틴을 분해할 수 있었다. 이론적으로 키틴을 먹이로 하는 생물은 사람의 장 속이 아니라 키틴이 풍부한 환경에서 살아야 한다. 나는 '인간의 병원체가 왜 키틴을 분해하는 걸까?'라고 자문했다.

실험실에서 긴 하루를 보내는 동안 세 번째 흥미로운 단서를 발견했다. 나는 실험실의 불을 끄고 눈이 어둠에 익숙해지길 기다렸다가 해양세균에 대한 기본 검사를 했다. 미세하지만 명백하게 몇몇 콜레라균이 어둠 속에서 도깨비불처럼 빛났다. 많은 해양미생물은 생물발광*하는 특성이 있다…. 전염병을 일으키는 많은 콜레라균도 마찬가지였다.

내염성, 키틴, 생물발광이라는 세 가지 단서는 전염병이 유행하지 않을 때 콜레라균의 서식지에 관해 근본적으로 다른 이론으로 나를 인도하고 있었다. 이 단서들은 사람의 장 속이 아니라 명백하게 수생환경을 가리켰다.

철학자 토머스 쿤은 『과학혁명의 구조』에서 때로 기본적인 과학적 가설을 바꾸는 데 한 세대가 걸리기도 한다고 했다.[9] 그는 1918년 노벨물리학상을 받은 물리학자 막스 플랑크를 떠올리며, "새로운 과학의 진실은 반대자들을 설득하고 이해시킴으로써 승리하는 것이 아니라 반대자들이 결국 사망하기 때문에 승리한다"라고 신랄하고 익살스럽게 표현했다.[10] 돌이켜보면 여성 과학자로서 나는 생전에 콜레라에 관한 의학계의 이해가 바뀌기를 바랄 수 있을지 자문했어야 한다.

※ ※ ※

1963년 캐나다 오타와에서 조지타운대학으로 옮긴 직후, 미국미생물학회 워싱턴D.C 지부로부터 비브리오균에 대해 강연해달라는 요청을 받았다. 나는 오타와에서 연구한 한 종의 비브리오균에 초점을 맞추어 강연했는데, 강연이 끝난 뒤 NIH 과학자 존 필리가 내 인생을 바꾸는 질문을 던졌다.

"당신은 비브리오균 전문가로 알려져 있는데 이참에 콜레

* 생물체가 빛을 내는 현상

라균을 집중적으로 연구해보는 건 어떻습니까?" 2년 전 인도네시아와 서유럽을 중심으로 7차 콜레라 대유행이 시작되었으며 이후 전 세계로 퍼져나갔다.

"임상에서 균주를 구할 방법이 없습니다"라고 나는 대답했다. 게다가 조지타운대학 내 실험실은 잠재적 위험을 내포한 병원균을 실험할 수 있도록 설계되지 않았다. 유출된 병원체로부터 연구원을 보호할 수 있는 최상급 생물학적 안전 실험대나 밀폐되고 통풍이 잘되는 작업 공간도 없었다. 학생들과 교직원들 역시 인플루엔자 같은 전염성 미생물을 연구하는데 필요한 매우 엄격한 실험 방법을 훈련받은 적이 없었다.

"배양균을 마시지만 않으면 괜찮습니다." 필리가 쾌활하게 대답했다. "제가 십여 종 정도 분리해서 보내드리지요."

아니나다를까 얼마 후 특별한 우편물 보관통이 도착했다. 그 안에는 직장 면봉법Rectal swab으로 콜레라 환자에게서 채취한 콜레라균이 담긴 시험관 열두 개가 들어있었다.

배양균이 도착할 무렵 나는 무척 바빠서 그것들을 살펴볼 겨를이 없었다. 그래서 세균이 담긴 용기를 실험실 냉장고에 넣어두었다. 거기에 두면 신선한 연구용 성장 표본배지*로 옮길 때까지 안전하게 보관할 수 있었다. 일주일 후 나는 페트리 접시에 영양분이 풍부한 세균 배양액 혼합물을 만들 짬

* 물이나 세균, 배양 세포 따위를 기르는 데 필요한 영양소가 들어있는 액체나 고체를 말한다.

을 냈다. 냉장고에서 콜레라균을 꺼내 각각의 시험관에 담긴 내용물을 배지 위에 도포한 뒤 세균을 37도로 유지하기 위해 페트리 접시를 세균 배양기에 넣었다. 37도는 건강한 사람의 체온이자 인간 병원체가 성장하기에 적절한 온도다. 그러고는 평소처럼 24시간 동안 비브리오균이 군락을 이룰 때까지 기다렸다.

24시간이 지났다. 아무것도 자라나지 않았다. 48시간이 지난 후에도 여전히 아무것도 자라나지 않았다. 나는 필리에게 전화를 했다. "보내준 콜레라균 배양액이 배달 도중에 죽은 것 같습니다."

"배양액을 냉장고에 넣어두었죠?" 그가 웃었다. "콜레라균은 바나나랑 똑같아요. 냉장고에 넣으면 안 됩니다. 새 배양액을 다시 보내드리지요."

나는 '바나나랑 똑같다고? 별 희한한 일도 다 있네'라고 생각했다. 염분을 사랑하는 세균이 어떻게 저온에서 바나나처럼 반응할 수 있단 말인가? 어쨌든 자연환경에서 서식하는 콜레라균은 겨울이면 낮은 온도에서 살아남아야 했다. 이것은 콜레라균이 특이한 성질이 있으며 상반된 환경에서 성장할 수 있다는 첫 번째 단서였다. 아직 가설이라는 원단으로 엮어낼 수 없는 생각의 실마리에 불과했지만, 전염병이 유행하지 않을 때 콜레라균이 숨어있는 곳을 찾아 국제적인 사냥에 뛰어들지를 판단하기에는 충분했다.

＊＊＊

나는 콜레라균이 담긴 필리의 친절한 두 번째 우편물을 굉장히 조심스럽게 다루었다. 세균은 언제나 매혹적이었고, 나는 현미경 아래로 보이는 그것들을 몇 시간이라도 들여다볼 수 있었다. 필리가 내 현미경 아래로 보내준 콜레라균은 전형적인 비브리오균처럼 움직였는데, 한 방향으로 돌진한 다음 다른 개체와 부딪치기 직전에 멈추었다. 다른 비브리오균처럼 그들 역시 계속 꿈틀거렸고, 채찍 모양의 꼬리가 이리저리 추진하면서 몸체가 뒤틀렸다. (19세기에 코흐는 비브리오균을 '콤마 비브리오균'이라 불렀다. '콤마'는 세균의 나선형으로 굽은 모양을 나타내며, '비브리오'는 라틴어 vibrare에서 따온 말로 '흔들다'라는 뜻이다.)

배양균을 검사하면서 나는 이 콜레라균이 오타와와 시애틀의 어패류에서 분리한 비브리오균과 동일한 생화학적, 생리학적 특성을 가졌다는 사실을 발견했다. 그런데 한 가지 의문이 들었다. '흠, 두 비브리오균이 동일한 특성을 공유한다면 사람에게 질병을 일으키는 콜레라균은 자연에 서식하는 다른 비브리오균과 어떤 연관성이 있지 않을까? 예를 들면 해양 비브리오균?'

염분이 없는 증류수 한 방울을 세포에 떨어뜨리자 콜레라균이 파열돼 사라졌다. 이것이 암시하는 바는 명백했고, 해양미생물학자에겐 근본적으로 매우 중요한 사실이었다. 내 모든 경험과 지식은 콜레라균이 조개껍데기와 외골격 구성 성분을 재활용하는 해양 키틴 분해자라는 사실을 가리키고 있었다. 이는 자연 속 탄소와 질소 순환의 일부였다. 이를 통해 복잡한 유기물질이 이산화탄소와 질소로 분해되고, 다시 새롭게 자라는 유기체에 차례로 흡수되고 통합돼 끝없이 순환하는 과정이다. 콜레라균이 없다면 지구 수생생태계는 게, 새우, 다른 생물의 껍데기 때문에 질식할 것이다.

나는 콜레라균이 사람의 장뿐만 아니라 바닷물과 민물이 섞인 기수와 염수에서 살 수 있다는 것과 그 사실을 누군가에게 설득할 수 있을지 궁금했다. 이를 위해서는 콜레라균을 어디에서 찾을 수 있는지 명확하게 입증하고, 그것이 수생환경에서 무엇을 하는지 설명해야 했다. 콜레라균은 과연 형태를 바꿀까? 어떻게 생존할까? 왜 현미경 아래로 보이는 엄청난 수의 비브리오균이 극저온에 노출되면 자라나지 않을까? 내염성을 가지고, 키틴을 분해하며, 가끔 생물발광을 하는 이 세균은 내 머릿속을 채우고 있는 퍼즐 조각이었다.

❊ ❊ ❊

어떤 고전적인 과학 탐구든 첫 단계는 이미 출간된 문헌을 조사해 아직 파악되지 않은 흥미로운 질문이 무엇인지 찾아내는 것이다. 인터넷이 생기기 전에는 이 단계가 많은 시간이 소모되는 지루한 작업이었다. 하지만 나는 운이 좋았다. 세계보건기구WHO는 1959년 서기 800년 이후 수행된 콜레라 연구에 관한 로버트 폴리처의 1019쪽짜리 개요서를 발표했다.[11]

전염병이 유행하지 않을 때 의사와 과학자들은 콜레라균을 찾기 위해 인간 보균자와 상상할 수 있는 모든 환경 자원을 탐색했다. 여기에는 깨끗하거나 오염된 항구의 물, 먼지와 흙, 천과 가죽, 고무, 종이, 금속, 담배 그리고 양파부터 마늘, 시리얼, 육류, 어류, 과일, 와인, 치커리를 넣은 커피, 우유를 넣은 커피까지 온갖 종류의 음식물이 포함되었다. 나는 과학 문헌을 더 찾아보다가 우연히 전염병이 유행하지 않을 때 콜레라균이 숨어있는 곳에 관한 네 번째 단서를 발견했다. 그것은 프랜시스 헬록이라는 예순네 살의 과학자가 발표한 세 편의 알려지지 않은 논문에 들어있었다.[12]

나는 헬록이 어떻게 생겼는지 몰랐고, 그를 만난 적도 사진을 본 적도 없었다. 헬록은 실험실이 없었고 공간과 장비를 빌려 연구했다. 과학계의 위대한 사람들은 그가 과학자가 아니라고 주장했을 것이다. 하지만 이 세 편의 논문을 검토하면서 나는 헬록을 알게 되었다. 그는 아주 영리하지만 인정받지 못한 여성, 과학계의 숨은 영웅 중 한 명이었다. 헬록은 몰랐지만 그는 내가 콜레라, 기후변화, 질병 전파에 관한 이론을 개발하도록 도와주었다.

헬록은 1876년 웨스트버지니아주에서 태어났고 뉴잉글랜드여자대학을 졸업했다. 여학교에서 6년간 기간제 교사로 과학을 가르치며 좌절감에 빠져있던 핼록은 과학을 포기하고 라틴어 교사로 전직했다. 서른한 살에 핼록은 뉴욕시립대학 헌터칼리지에서 영리한 노동자 계층 여성들을 가르칠 강사를 뽑는 시험에 응시해 합격했다. 그는 과학자가 되고 싶지 않았고, 학생들에게 과학자가 되라고 가르칠 생각도 없었다. 여성이 취직할 수 있는 연구직은 없었다. 대신 핼록은 의사 자격을 보유한 남성들이 운영하는 공중보건연구소에서 테크니션으로 일할 수 있도록 여성들을 훈련시켰다.

핼록은 "가능한 한 최고의 강의로 만들겠다는 열망에 사로잡혀" 37년간 이 일을 계속했다. 은퇴를 앞두고 그는 이런 글을 썼다. "하지만 나는 성공했다. 나는 수백 명의 이름이 담긴 목록을 기다렸고, 정부는 내 강의를 7대 미국 최고 강의 중 하나라고 평가했다…. 하늘을 날 것만 같았다! 내 학생들은 졸업 후 놀라운 성취를 이루었고, 학생들의 영광은 곧 나의 영광이었다."

다른 많은 과학자처럼 핼록도 학생들이 연구할 중요한 주제를 선택했다. 바로 콜레라를 일으키는 세균이었다. 그의 실험 실습실의 장비들은 현미경, 분젠버너*, 페트리 접시, 시험관, 고압 멸균기 등 모두 매우 원시적인 수준이었다. 하지만 핼록은 그곳에서 아주 특별한 일을 해냈다. 당시 거의 모든

* 석탄 가스를 태워 높은 열을 얻는 간단한 가열 장치를 말한다. 독일의 화학자 분젠이 발명했다.

콜레라 연구자는 현미경으로 비브리오균을 24시간 동안 관찰했다. 하지만 헬록과 학생들은 비브리오균을 6주 동안 매일 관찰하면서 '항상' 공 모양과 콤마 모양의 비브리오균이 번갈아 생기는 현상을 발견했다. 헬록과 학생들은 현미경으로 관찰한 것을 연필로 그렸다.

나를 포함한 여러 연구자는 가끔 특이한 형태의 비브리오균, 특히 동그란 공 모양의 비브리오균을 관찰했다. 그러나 헬록은 이런 현상이 우연이 아니라고 확신할 수 있었다. 자신의 학생들이 매년 같은 실험을 꼼꼼하게 수행하고 항상 같은 결과를 얻었기 때문이다. 헬록은 공 모양이 비브리오균 생애주기의 한 단계를 나타낼 수 있다고 가정했다.

한편 그즈음 미 전역의 여자대학은 업그레이드되고 있었다. 주로 높은 학위를 가진 남성을 교수로 채용하고 여성 교수는 가정경제학과로 보내거나 조기 퇴직시켰다. 어느 순간 헌터칼리지는 헬록에게 계속 일하고 싶다면 박사학위를 받아야 한다고 말했을 것이다. 헬록은 컬럼비아대학 산하의 여자대학인 버나드칼리지에서 주중 야간과 주말 강의를 들었고 1919년에 석사학위를 마쳤다. 그는 헌터칼리지에서 조교수로 승진했지만 여전히 과학자로 대접받지는 못했다. 헬록은 값비싼 휴가를 얻어 존스홉킨스대학에서 박사학위를 마치고 파이베타카파 키를 받았다. 그러나 미국 최고 기관 중 한 곳에서 받은 교육도 그가 과학 연구를 직업으로 삼을 수 있다는 증명이 되지 못했다. 헬록은 조교수로 승진했던 헌터칼리지로 돌아가 여성들을 테크니션으로 훈련시키는 일을 계속했다.

헬록은 1944년 예순여덟 살의 나이로 은퇴한 뒤, 뉴욕시 이스트 86번가의 전화도 없는 하숙집에서 검소하게 살았다. 그러나 마침내 헬록은 뉴욕시에서 나오는 교사 연금으로 연구 과학자가 될 자유를 얻었다. 그는 헌터칼리지의 실험실을 빌려 학생들에게 가르쳤던 모든 실험을 다시 하면서 콜레라균을 계속 연구했다. 그림을 그리고, 데이터를 분석하고, 결론을 도출하고, 원고를 손으로 쓰고, 이를 타자기로 타이핑하고, 식견이 높은 동료에게 원고를 검토해달라고 부탁한 뒤 그 내용을 반영해 원고를 수정했다.

그의 첫 논문은 이런 문장으로 시작했다. "75년간 유지해온 비브리오균의 개념은 수정이 필요하다." 헌터칼리지의 나이 든 여성의 이 발언은 거창해 보였을지도 모른다. 그는 이전에 식물학 박사학위를 따면서 단 한 편의 논문을 발표했을 뿐이었다. 헬록의 콜레라균 연구가 발표되는 데는 15년이 걸렸다.

헬록이 실험을 다시 점검하는 동안 논문의 기준이 바뀌었다. 손으로 그린 그림은 이제 논문의 증거로 충분하지 않았다. 대신 그는 카메라가 부착된 현미경인 현미경 사진기로 논문에서 허용되는 이미지를 생성해야 했다. 현미경 사진기가 없으면 논문을 발표할 수 있는 증거도 없었다. 그러나 뉴욕시 슬론케터링연구소 방사선영상과 수장 클래런스 홀터 박사와 친구가 되면서 행운의 여신은 헬록의 편이 돼주었다. 홀터는 자신의 실험실 일부를 헬록에게 빌려주었고, 그곳에서 헬록은 논문에 필요한 고난도의 사진을 찍었다.

1959년과 1960년에 《미국현미경학회보》에 내가 읽은 헬록의 논문 세 편이 실린 것을 보면 홀터가 헬록의 논문을 게재하라고 추천했을 수도 있다. 불행히도 이 잡지는 현미경에 관심 있는 사람들을 위한 것이었으므로 여기 실린 헬록의 논문을 본 콜레라 과학자는 몇 안 되었을 것이다. 게다가 이 잡지가 몇 달 늦게 나오는 바람에 WHO에서 정리한 콜레라 연구 총서에도 포함되지 않았다. 추측건대, 유명 학술기관이 아닌 곳에서 일하는 여성의 발견이라 보고서에 싣지 않았을 수도 있다.

헬록은 자신의 연구 결과를 더 많이 발표할 수 있으리라 기대했지만, 1961년 2월 홀터가 은퇴하면서 그의 실험실도 없어졌다. 홀터는 '가슴에 카네이션을 달고' 은 접시를 받으며 은퇴 기념식에 참석한 사람들과 악수를 했다. 헬록은 실험실을 구하지 못한 채 방치되었다. 19년 후 헬록은 롱아일랜드의 한 장로교 은퇴자 아파트에서 일백세 살의 나이로 세상을 떠났다.

* * *

나는 헬록의 논문에 완전히 매료되었다. 헬록의 논문은 오랜 기간을 들여 연구 결과를 매우 치밀하고 꼼꼼하게 기록했기 때문에 신뢰할 수 있었다. 또 논문에는 콜레라균의 '생애주기'가 언급돼 있는데, 내가 헬록의 연구를 발견했을 무렵 개발하고 있던 이론과 들어맞았다. 그의 논문이 저명한 주류 잡지에 발표되었더라면 자연에서 서식하는 콜레라균의 생태는 20~30년 전에 이미 연구되었을지도 모른다. 그리고 나도 내 가설이 옳다는 사실을 증명하기 위해 그렇게 많은 전투를 치르지 않았을지도 모른다.

나는 비브리오균의 세부 구조와 형태 변화를 더 자세히 관찰하고 싶어 1963년 조지타운대학 미생물학과 학과장 조지 채프먼과 협력 연구를 시작했다. 우리는 세균을 정교하게 얇은 조각으로 잘라 채프먼의 전자현미경으로 내부 구조를 관찰해 여러 편의 논문을 공동 발표했다. 나는 세균의 생애주기 단계라는 개념이 논란의 여지가 많다는 점을 인지하고 있었다. '전문가'들은 가끔 공 모양의 비브리오균을 죽었거나 죽어가는 세균으로 일축했다. 더 중요한 것은 내가 여성이고, 예수회 소속 남자 대학의 역사가 아주 짧은 생물학과 젊은 교수라는 사실이었다. 그런데도 채프먼과 내가 찍은 전자현미경 사진은 콜레라균이 성장과 증식을 할 수 없는 특정 환경에서는 생존을 위해 휴면 상태에 들어간다는 사실을 매우 확실하게 보여주었다.

콜레라균에 대해 내가 알게 된 모든 것이 무엇을 뜻하는지 확신할 수 없었지만 한 가지는 분명했다. 나는 뛰어난 연구

도구를 이용할 수 있었다. 컴퓨터는 물론 당시 미국 최고의 전자현미경을 구비한 실험실과 협력하고, DNA 연구에 필요한 초고속 원심분리기와 다른 성능 좋은 장비도 갖추고 있었다. 학제적, 민족적 다양성을 갖춘 연구팀과 DNA 분석에 필요한 새로운 연산 능력도 있었다.

처음 교수가 되고 2년째 되는 해인 1966년, 나는 전 세계에서 스물다섯 명의 해양미생물학자로 제한되는 나흘간의 특별한 연수회에 부러움을 한몸에 받으며 초청받았다. 연수회는 뉴저지주 프린스턴의 한 호텔에서 열렸다. 스크립스해양연구소의 클로드 조벨 교수는 아라비아 왕자와 첩에 관한 저속한 농담으로 연수회를 시작했다.[13] 1932년 스크립스해양연구소에 합류한 선구적인 해양학자 조벨은 여성 과학자가 참석하는 연수회에 익숙지 않았다. 스크립스해양연구소는 최근까지도 여성 해양학자가 야간 연구 여행에 참여하는 것을 허용하지 않았으며, 조벨의 대학원생과 박사후연구원 열아홉 명 중 단 한 명의 여성만이 연수회 참가를 허락받았다. 나는 연수회에 참가한 두 여성 중 한 명이었다. 다른 한 명은 해양과 고염분 환경 미생물학 전문가이자 나와 평생의 친구가 된 캐럴 리치필드였다. 연수회 과정을 글자 그대로 정확하게 문서로 기록하기 위해 속기사 스완슨 부인이 채용되었다.

미국항공우주국NASA(이하 '나사')은 1969년 달 착륙을 준비하기 위해 학회를 조직했다. 우주비행사들이 위험한 미생물을 지구로 가져올 우려를 제기하며 늘어놓은 과학적 조언에 불만을 품은 나사는 생물학자들이 서로 고립된 채 일한다고 불평했다. 생물학자들은 한 가지 방법, 한 가지 기술, 혹은 한 가지 관점을 주축으로 연구했고 자신의 맹점에 집착했다. 반면 나사는 과학자들이 컴퓨터에 정통한 대규모 학제 간 팀으로 함께 일하는 생물학 혁명을 바랐다. 내 생각을 말하자면, 나사의 관점이 옳았다.

내가 연설할 차례가 되자 나는 미생물학과 해양학, 유전학, 수학, 확률을 접목해 해양세균과 유전학, 서식지와의 관계를 연구하는 것이 목표라고 밝혔다. 그리고 내가 하는 이 연구를 다상적 분류Polyphasic taxonomy라는 용어로 명명했다. 나는 미생물학자들이 누구의 접근법이 가장 좋은지를 둘러싸고 벌이는 논쟁을 중단하고, 대신 가능한 모든 도구와 기술을 이용하도록 영감을 받기를 바랐다. (최근에 스완슨 부인의 이 속기록을 읽으면서 나는 열정이 넘치는 서른한 살짜리가 얼마나 요령이 없었는지 보고 혼자 웃었다.)

나는 과학적 정확성과 세심한 측정을 주장하면서 전문가들에게 차례로 질문했다. "매클라우드 박사님, 실험 방법이 정확히 무엇인지 여쭤봐도 될까요?" "당신이 말하는 '빠른'이라는 말은 어떤 의미인가요?" 나는 또 다른 연구자에게 물었다. "슈도모나스균이라고 정의하셨는데, 정확히 무슨 뜻인가요?" 그가 "나는 이 세균이 슈도모나스 타입이라 가정했습니다"라고 대답하자, 나는 "슈도모나스라고 말하는 건 좋지 않을 듯합니다"라고 경고했다. 계속 그런 식이었다.

그렇지만 연수회는 매우 환영할 만한 자금 흐름의 토대를 마련했다. 그 자리에 NSF와 해군연구소 대표자가 참석했는데, 두 기관에서 이후 15년간 내 실험실에 연구 보조금을 지급하기로 약속했다. 두 기관 모두 콜레라에는 별다른 관심이 없었지만 신기술과 새로운 과학적 방법*의 열렬한 지지자였다. 내 실험실에 대한 이들의 안정적인 지원은 매우 중요한 것으로 입증되었다. 연못, 강, 바다에 사는 야생 콜레라균이 전염병을 일으킬 수 있다는 사실을 동료 과학자들에게 확신시키는 데 수년이 걸렸기 때문이다.

하지만 전염병이 유행하지 않을 때 콜레균이 어떻게 생존하는지 알아내려면 우선 수생환경에서 세균이 1년간 어떻게 사는지를 정확히 알아야 했다.

❊ ❊ ❊

과학에서 중요한 무언가를 증명하는 것은 깨달음의 순간에 일어나는 법이 거의 없다. 과학자는 연구가 진행되는 각각의 연속적인 단계를 강연과 논문으로 발표하면서 점진적으로 성과를 쌓아올린다.

내 연구의 다음 단계는 콜레라 환자에게서 검출한 콜레라

* 문제 확인에서 관련 자료를 수집, 그에 기초한 가설을 세우고 그 가설을 사실로 확인하는 연구 방법

균과 사람 몸 밖의 자연환경에서 발견한 콜라레균이 같은 종임을 증명하는 것이었다. 두 종의 DNA 연구는 내가 지도한 첫 대학원생인 로널드 치타렐라가 맡았다.[14] 내 컴퓨터 프로그램을 이용해 두 종 사이의 진화적 거리*를 계산한 결과 두 콜레라균은 너무나 유사해 같은 종임이 틀림없어 보였다.[15]

콜레라성 설사 증상을 보인 환자의 대변에서 콜레라균의 다양한 균주가 자주 검출되었다. 콜레라 전염병을 일으킨다고 알려진 균주도 있었고, 콜레라가 자주 발생하는 지역의 지표수에서 검출한 콜레라균과 연관된 다른 균주들도 있었다. 후자의 존재는 '자연환경에서 서식하는 비브리오균이 실제로 콜레라를 유발할 수 있는가'라는 의문을 낳았다.

누구라도 이 가능성을 고려하기란 어려운 면이 있었다. 리처드 핀켈스타인 같은 의과학자들은 일찍이 동의하지 않았다. 핀켈스타인은 미주리대학의 콜레라 연구자로, 나를 비판하는 사람 중 한 명이었다(3장에서 말했듯, 1984년 미국미생물학회 회장 선거에서 단기명 투표 후보자로 나와 경쟁했던 인물이다). 핀켈스타인은 내게 자신의 박사과정 지도교수가 콜레라의 근원은 한 가지뿐이며, 이 질병은 사람 대 사람으로 전염된다고 가르쳤다고 했다. 그리고 자신은 이 두 가지 사실에 대해 생각을 바꿀 계획이 없다고 말했다.

나와 핀켈스타인의 논쟁은 임상의와 나 같은 과학자를 구

* 분자나 생물 간 진화적 유사성의 척도를 나타낸다.

분하는 '두 가지 문화의 문제'를 드러냈다. 전 NIH 원장 해럴드 바머스는 임상의와 과학자들은 목표하는 바와 데이터를 적용하는 기준, 초점을 맞추는 대상이 서로 다르다고 말한 적 있다.[16] 임상의는 환자가 어디가 아픈지 그리고 어떻게 치료해야 하는지를 되도록 빨리 알아내야 한다. 이에 반해 과학자는 근본적 진실을 찾기 위해 모든 것을 의심하고 검사해야 한다. 의과대학에서 훈련받은 비브리오 전문가들은 대부분 콜레라균은 사람에게 질병을 일으키고, 사람에게서 사람으로 전파되며, 콜레라는 환경과는 무관하다고 배웠다. 콜레라의 근원에 대한 상반된 의견은 임상의와 과학자 사이에 수십 년간 적대감을 불러일으키는 연료가 될 것이었다.

이 모든 차이점에도 핀켈스타인과 내게도 공통점이 있기는 했다. 우리는 둘 다 콜레라 연구자 단체의 외부자들이었다. 핀켈스타인은 의과대학을 나왔지만 의학박사가 아니었고 나 역시 마찬가지였다. 예를 들어 콜레라에 관한 중요한 회의가 열려도 우리는 국제 패널로 초청받지 못했다. 내가 콜레라 연구 단체에 참가하지 못한 이유는 회원이 모두 남성이고 의료계 출신인 데 반해 나는 미생물 생태학, 계통분류학, 진화론을 연구했기 때문이었다. 핀켈스타인은 거친 성격 때문에 배척당했을 가능성이 컸다. 『콜레라*Cholera*』의 저자들은 이렇게 기록하고 있다. "핀켈스타인은 젊었을 때 천부적 재능을 지녔지만 자신감이 넘쳐 학계에서 입지를 굳힌 선배들의 눈에 거슬렸을 것이다."[17] 핀켈스타인을 개인적으로 아는 사람들은 이 평가에 공감할 수 있을 것이다.

성차별도 핀켈스타인과 남성 의과학자들이 진실이라 믿는 이론에 도전하려는 내 시도를 방해했다. 1960년대와 70년대는 거의 모든 콜레라 연구자가 남성이었다. 사실상 여성이 없는 환경에서 교육받은 이들 대다수는 여성을 열등한 존재로 보도록 훈련받았다. 60개의 미국 의과대학은 아직도 여성을 '여성스러운'이나 '지배하려 드는, 요구가 많은, 남자 같은, 공격적인, 수동적인' 같은 단어로 묘사하는 산부인과 교재를 사용한다.[18] 이 책의 1973년 판에는 "여성의 핵심 성격은 여성적인 나르시시즘, 마조히즘*, 수동성에 있다…(여성들은 옷이나 외모, 아름다움에 관심이 있다)"라고 쓰여 있다.

의학 연구 자체도 남성이 지배했으며, NIH가 자금을 지원하는 유방암, 노화, 심장마비, 뇌졸중 같은 중요한 임상 연구에서 여성은 단 한 명도 실험 대상으로 참여하지 않았다.[19] 그들에겐 여성보다 실험동물이 더 중요했다. NIH는 수의사를 마흔 명 가까이 채용한 데 반해 산부인과 의사는 단 세 명에 불과했다. 콜레라를 연구하는 의사들이 신진 여성 과학자의 새로운 아이디어를 무시하는 것은 어쩌면 당연했다.

비평가들을 무시할 것인가, 충분한 데이터를 모아 그들을 설득할 것인가? 나는 선택의 갈림길에 섰다. 내게는 남성이든 여성이든 지원해줄 만한 믿음직한 동료가 없었다. 의학계가

* 피학대 성욕 도착증

열렬히 신봉하는 믿음 중 하나를 뒤엎고자 한다면 나 혼자서 해내야 했다.

결국 타고난 천성이 고집스러운 나는 데이터를 모으고 논문을 발표해 가설을 입증하기로 했다. 나는 논문이 거절당할 때마다 이를 다음 실험의 지침으로 삼았다. 직관에 반하는 이야기처럼 들리겠지만, 나는 오랫동안 과학이 스템(과학, 기술, 공학, 수학, 의학) 계열 연구에서 저평가되는 남성과 여성 모두에게 이상적인 분야라 생각해왔다. 백인이든, 아프리카계 미국인이든, 라틴계든, 아메리카 원주민이든 상관없이 과학은 역경에 맞서 싸우는 일이니까.

❈ ❈ ❈

나는 전염병이 유행하지 않을 때 콜레라균이 어디에 숨어 있는지 알 수 없었지만 수생환경 어딘가에 있으리라 확신했다. 그러나 수생환경이라는 단어는 바다, 만, 조석삼각주*, 강, 호수, 연못, 늪까지 광범위한 영역을 아울렀다. 나는 실험을 통해 거의 모든 종의 비브리오균이 염분에 반응하며 각각 선호하는 염도가 다르다는 것을 알고 있었다. 콜레라균은 조수가 밀려들 때 바닷물과 강의 민물이 만나면서 물의 염도가 약

* 밀물과 썰물이 지나는 유입구를 빠른 속도로 통과한 바닷물이 속도가 급격히 떨어지면서 운반 중이던 토사를 침전시켜 생기는 퇴적 지형을 말한다.

간 올라가는 강어귀를 선호할 것이다.

운 좋게도 나는 이 의문을 탐구하기에 지리적으로 적절한 곳에 있었다. 조지타운대학과 메릴랜드대학은 모두 북아메리카 대륙에서 가장 큰 강 하구인 체서피크만과 가까웠다. 체서피크만은 한쪽 끝은 강의 민물, 다른 쪽 끝은 대서양의 염도가 높은 조수가 공급되는 개방 수역과 습지로 이루어져 있다. 체서피크만에서 가장 큰 도시인 볼티모어는 19세기 내내 반복되는 콜레라 전염병에 시달렸다. 이런 이유로 1963년부터 체서피크만은 내 실험실의 확장 공간이 되었다.

테크니션 베티 러브레이스와 나는 연구 초기에 체서피크에서 생산되는 굴과 요각류와 관련된 비브리오균을 발견했다. 크기는 쌀알만 하지만 지구상에서 가장 많은 동물 생물량* 을 차지하는 아주 작은 갑각류인 요각류는, 해수 상층부를 표류하는 아주 작은 동물(동물성 플랑크톤)과 식물(식물성 플랑크톤)의 무리인 플랑크톤을 구성한다. 동물성 플랑크톤은 어류의 먹이가 되고 식물성 플랑크톤은 지구의 모든 숲과 초원을 합한 것보다 더 많은 산소를 생산한다.

1968년의 어느 날, 일본 젊은 남성이 조지타운대학의 교수실로 나를 찾아왔다.[20] 교수실은 책상, 의자, 책장만 간신히 들여놓을 만큼 비좁고 형편없는 곳이었다. "콜웰 박사님과 일

* 어느 지역 내에 생활하고 있는 생물의 현존량을 말한다. 중량, 에너지양으로 나타낸다.

하러 왔습니다. 콜웰 박사님을 만날 수 있을까요?" 그는 정중하게 말했다.

"내가 콜웰 박사입니다." 나는 덤덤히 대답했다. 표정을 보니 그는 깜짝 놀란 것이 분명했다. 그는 새내기 대학원생이었고 우리는 이전에 편지를 주고받은 적이 있었다. 그러나 그는 여성 교수가 자신의 대학원 과정을 지도하리라고는 꿈에도 생각지 못했다고 나중에 고백했다. 다츠오 가네코는 콜레라의 치명적인 사촌 중 하나인 장염비브리오균*을 연구하러 왔다. 이 비브리오균은 덜 익힌 어린 정어리를 먹고 심각한(때로는 치명적인) 위장염에 걸린 일본 환자에게서 처음 검출되었다. 나는 최근 체서피크만에서 채취한 수질 표본에서 동일한 비브리오균을 검출했는데, 일본이 아닌 곳에서 이 비브리오균이 발견된 최초의 사례였다. 오늘날 미국에서 장염비브리오균은 어패류로 인한 식중독의 주요 원인으로 인식되고 있다.

가네코는 장염비브리오균의 생태에 초점을 맞춘 박사 논문을 위해 체서피크만의 다양한 장소에서 물과 침전물 표본을 채취했다. 나는 연구 보조금으로 최신 기기와 표본 채취 장비가 장착된 존스홉킨스대학의 과학 탐사선 리질리 워필드호를 타고 연구 여행을 떠나는 프로젝트에 그를 합류시켰다. 가

* 오염된 물고기, 조개, 쇠고기, 채소를 먹어서 걸리는 음식물 감염성 질환의 병원체로서 두통, 오한, 위통, 설사, 발열, 구토 증상이 나타난다.

네코는 겨울에는 체서피크만의 진흙 바닥에서, 여름에는 물 속에 사는 플랑크톤에서 비브리오균을 검출했다. 그는 비브리오균과 플랑크톤의 계절적 순환을 입증하면서, 방글라데시의 콜레라 발생은 그 지역 플랑크톤의 계절적 순환과 연관 있을 가능성이 크다고 강력하게 주장하며 연구의 돌파구를 마련했다.

가네코가 메릴랜드주 동부의 갑각류에서 장염비브리오균을 발견하면서 실험실 예산에 예상치 못한 차질이 생겼다.[21] 갑각류는 식재료이자 주州의 경제적 대들보이므로 이 소식은 빠르게 퍼져나갔다. 1970년 8월 29일, 《워싱턴포스트》는 「체서피크만 해산물의 세균 감염」이라는 무서운 이야기를 주요 뉴스로 내보냈다. 초기에 우리의 연구를 지원하는 보조금 중 하나는 상업적 어업과 밀접하게 연관된 연방 기관에서 매년 2만3500달러가 나왔다. 기사가 나간 날 아침, 내가 집 앞 진입로에서 신문을 집어 들기도 전에 연방 기관 대표에게서 전화가 왔다. 공개된 뉴스가 지역 어업에 악영향을 미쳐 연구 보조금 지원이 취소된 것이었다. 관련된 보조금 액수는 상대적으로 적었지만 연구 결과가 이토록 정치적으로 비칠 수 있다는 사실에 당황했다. 하지만 모두 잘 해결되었다.

얼마 후 나는 가네코의 연구를 주요 과학 학회에서 발표했다. 그 자리에 참석한 미국 국립해양대기청NOAA 청장이 내게 보조금 지원을 신청하라고 제안했다. 나는 보조금 지원을 신청했고, 국립해양대기청은 25만 달러 상당의 새로운 연구 보조금을 제공했다. 지금의 가치로 따지자면 160만 달러에 달하는 금액이었다.

내 마음속에 하나의 가설이 싹트기 시작했다. 콜레라균은 겨울에는 진흙투성이의 강바닥에 숨어 적당한 날씨가 될 때까지 일종의 겨울잠을 자는 것은 아닐까? 아직은 검증 가능한 가설이 아니었고, 완벽한 이론은 더더욱 아니었다. 그러나 그것은 냉장된 바나나, 염분 검사, 키틴 분해자 그리고 프랜시스 헬록의 공 모양 콜레라균처럼 또 다른 생각의 실마리였으며, 언젠가는 더 큰 무언가로 엮일 수 있었다. 연구에 진전이 일어나고 있었다.

* * *

메릴랜드대학으로 옮기고 나서 몇 년이 지난 1972년, 나는 스물다섯 명에서 마흔 명에 이르는 대학원생, 박사후연구원, 방문 과학자들로 가득한, 당시로서는 상당히 큰 실험실을 운영하게 되었다. 따뜻하게 서로 지지해주는 학자들이 모인 주요 연구 대학에 합류하면서 내 연구는 엄청난(그리고 학제 간으로) 탄력을 받았다. 일반 생물학과가 아니라 미생물학과의 일원으로서 비슷한 관심사를 가진 동료들에게 둘러싸여 있다는 것은 진정한 촉매제가 되었다. 곧이어 나는 미생물의 석유 분해, 심해의 수압이 세균에 미치는 영향, 수은 저항성과 신진대사 그리고 요각류와 비브리오균까지 연구하고 있었다.

과학계에서 우리는 거의 항상 협력 연구를 하고, 가끔은 어깨를 맞대고 밤낮없이 일한다. 실험실 공간이 확장되기 전까지 얼마간 몇몇 학생들은 교대로 연구했고, 하루가 끝날 무렵에는 밤새 연구할 다른 학생을 위해 실험대를 정리하곤 했다. 내게는 더 이상 학생들을 직접 지도할 시간이 없었다. 나와 함께 조지타운대학에서 온 테크니션 제니 로빈슨이 새로 들어온 학생에게 실험실의 규칙을 알려주었다. 박사후과정 연구원이 대학원생에게 기본적인 미생물학 기법을 가르쳐주었고, 선임 박사후연구원이 그날그날 실험실을 관리했다. 신입생들은 팀원들과 논의해 연구 주제를 선택하며 과학적 상상의 나래를 펼칠 수 있었다. 만약 신입생이 이제까지 누구도 연구하지 않은 주제에 열정을 불태우고 있다면 나는 보조금 지원 신청서를 작성했다.

나는 학생들과 함께 연구하면서 적절한 방법과 도구를 사용하는지 확인하고, 데이터를 분석하고 해석하는 것을 도우며, 결과를 큰 그림과 연관 짓는 일을 좋아했다. 더 진보한 기술이 개발되면 새로운 분광광도계, 원심분리기, 가스크로마토그래프 등 가리지 않고 장비를 사들여, 더 정확한 데이터를 생성하거나 문제를 해결할 새로운 방법을 찾았다. 200만 달러(현재 물가로는 600만 달러 정도) 상당의 연방 보조금으로 나는 학생들에게 봉급을 주고, 여행 경비를 지불하고, 과학 탐사선을 예약하고, 최신 장비를 살 수 있었다.

국내외 전문가 패널로 활동하면서 나는 협력 연구를 희망하는 연구자들을 자주 만났다. 도쿄대학 해양연구소의 가즈히로 고구레 같은 일본 과학자나 기후변화가 병원성 비브리오균에 미치는 영향을 새로이 발견한 이탈리아 제노바대학의 카를라 프루초를 들 수 있다. 마르세유의 미슈린 비앙키, 브레스트의 모니크 포메푸이와 도미니크 헤르비오-히스, 몽펠리에의 파트리크 몽포트 같은 프랑스 동료들과는 함께 협력해 자연환경에 서식하는 비브리오균을 발견하기도 했다.

수년간 나는 뛰어난 박사과정 학생들을 지도하는 행운을 누렸다. 이들은 모두 학계, 정부 연구소, 산업계, 투자 업계, 심지어 와인과 예술 업계에서 좋은 자리를 찾아갔다. 현재 워싱턴대학 해양학 교수인 조디 데밍을 포함해 네 명은 국립과학아카데미 회원으로 선출되었다. 조디와 동료 대학원생 폴 타보르는 깊은 바다에서 살아가는 세균에 관해 특별한 연구를 했다.

요컨대 1970년대 중반까지 나는 내 분야에서 남성의 경멸을 피할 수 있을 만큼 학계 사다리를 높이 올라갔다고 믿을 만한 이유가 충분했다. 바쁘지만 영광스러운 시간이었다. 물론 내 분야는 인기 있는 전공은 아니었다. 이는 바꾸어 말하면 경쟁자가 많지 않아 자유롭게 내 길을 구축할 수 있다는 뜻이었다. 나는 비브리오균이 정말로 자연환경에서 서식하는 세균임을 깨닫게 되었고, 이는 세상을 보는 계시와 같았다. 나는 학생들과 내가 하는 연구가 인간의 건강과 관련된 과학 지식에 이바지한다는 사실이 기뻤다.

* * *

1975년 초, 반바지와 슬리퍼 차림의 장발 청년이 찾아와 대학원에 등록한 뒤 내 실험실에서 일하고 싶다고 했다. 제임스 케이퍼는 지역 오페라 극장에서 목수이자 무대 제작자로 일하고 있었는데, 이력서를 보니 학부 때 성적이 아주 좋지는 않았다.[22] 하지만 내 미생물 분류학 강의를 들을 때 열심히 공부해 동기생 중 가장 높은 성적을 받았기 때문에 나는 그가 영리하다는 것을 알고 있었다. 그는 단호한 성격이기도 했다.

케이퍼는 다츠오 가네코의 연구를 몇 단계 더 진전시켰다. 가네코는 체서피크만의 몇 군데만 연구했지만, 케이퍼는 체서피크만 구석구석을 누비고 다니며 표본을 채취했다. 그리고 그는 콜레라에 집중했다. 케이퍼는 체서피크만에서 채취한 65개의 물, 침전물, 조개류 표본에서 그가 콜레라균이라 생각한 것을 발견했다. 실험실로 돌아온 그는 표본에서 콜레라균을 확인했다. 콜레라균은 만의 중간 지역에서 수집한 표본에 가장 많이 들어있었는데, 이 지역은 대서양의 바닷물과 강에서 흘러온 민물이 섞여 물의 염도가 중간 정도 되었다.

그는 콜레라가 전파되는 방법에 대한 지배적인 가설에 반하는 결정적 증거로 대부분의 콜레라균을 분변으로 오염되지 않은 물속에서 발견했다. 이는 체서피크만에 있는 비브리오균이 하수나 콜레라 환자의 분변을 통해 만으로 흘러들지 않았다는 것을 시사했다.

앞서 설명했듯, 19세기에 볼티모어 지역은 무수한 콜레라 발생으로 고통받았다. 그러나 우리는 여전히 자연환경에서 서식하는 콜레라균이 전염병을 일으킨다고 단언할 수 없었다. 전문가는 DNA 분석 결과 우리가 만에서 검출한, 자연환경에서 서식하는 콜레라균이 전염병을 일으킬 수 있지만, 우리가 보낸 표본에서 나온 균주가 콜레라 독소를 생산한다고 확신할 수 없다고 말했다. (나중에 전문가는 어떤 논란에도 휘말리고 싶지 않아 확인을 미루었다고 인정했다.) 그 결과 우리는 1977년 10월 28일 자 《사이언스》에 케이퍼가 체서피크만에서 콜레라균을 발견했으며, 그 발견으로 "많은 의문이 제기되고 일부는 매우 불안해한다"라는 글을 발표할 수 있었다. 마지못한 타협안에 우리는 이 비브리오균이 "산발적으로 콜레라성 설사를 일으켰지만 심각한 전염병의 위협으로 볼 수는 없다"라고 덧붙여야 했다.

케이퍼가 체서피크만에서 콜레라균을 발견하면서 콜레라 연구계는 뚜렷하게 갈렸다. 우리는 논문을 발표하고 학회에서 강연하고 다시 또 논문을 발표하는, 일종의 연옥에서 일했다. 때로 어려움을 겪었고 그렇지 않은 때도 있었다.

물론 많은 비브리오균 과학자는 콜레라균이 인도 벵골만에서부터 미 북동부 체서피크만까지 전 세계 강 하구에 자연적으로 존재한다는 내 주장에 동의했다. 그러나 일부 의학 협회에서는 부정적인 반응을 보였다. 그들은 콜레라가 인간의 질병이라 주장했다. "전염병이 유행하지 않을 때 콜레라균이 체서피크만에 있다고? 웃기는 소리!" 콜레라 미생물학계가 너무나 분열돼 세균분류학의 바이블 『버지의 세균분류학 편람 *Bergey's Manual of Systematic Bacteriology*』의 편집자 존 홀트가 이 책의 개정판에 비브리오균에 관해 집필할 중립적인 전문가를 찾을 수 없다고 말할 정도였다.[23] 나는 논란의 중심이 있었기에 집필 요청이 들어오지 않았다.

* * *

나는 학계의 조롱거리가 되었다.[24] 퀘벡시에서 열린 학회에서 도시 관광 프로그램의 운영위원을 맡았다. 진행 속도를 높여달라는 요청을 받고 "여러분, 버스에 타세요"라고 말했다. 내 말이 끝나기가 무섭게 위엄 있는 한 영국인이 이런 뉘앙스로 말했다. "저런, 인형같이 귀여운 새가 우리를 인도하는군." 케이퍼는 미국 질병통제예방센터CDC의 유명한 연사가 라스베이거스에서 열린 학회에서 술에 취해 난동을 부린 일을 기억했다. "아무리 시끄러워도 난 말할 수 있지." 그 남자는 뭉개진 발음으로 떠벌렸다. "하지만 리타는 그냥 어린 소녀일 뿐이라고." 괴롭힘을 당한 것도 힘든데 그 자리에 학생들도 같이 있으면 믿을 수 없을 만큼 의기소침해진다.

몇몇 대학원생들은 여성 교수에게 논문을 지도받는다며 놀림을 당했는데, 이는 내 실험실 학생들만 당하는 일은 아니었다. 인기 미생물 생태학 교과서의 저자는 내 학생이 발표하는 내내 깎아내리는 발언을 공공연하게 했다. 몇 년 전 강연 도중에 내 말을 가로챘던 거만한 UC버클리 교수처럼 말이다. 리처드 핀켈스타인은 그 후에도 여전히 나를 비판했다. 내 학생 중 한 명은 지금도 핀켈스타인이 공개적으로 그에게 박사학위를 받고 싶으면 논문 주제를 바꾸라고 했던 이야기를 꺼내곤 한다. 내 오랜 협력자이자 미래의 실험실 관리자인 안와르 후크는 아직도 NIH에서 열린 학회에서 핀켈스타인이 한 말을 기억한다. 그는 내 강연 도중에 끼어들며 "맙소사, 당신 말대로라면 비브리오균이 당신 집 뒷마당에도 있겠군"이라고 말했다.[25]

"거긴 아직 검사하지 못했군요." 내가 받아쳤다.

동료들의 비판은 참기 힘들었지만 때로 내가 답해야 할 다음 질문을 알려줘서 유용할 때도 있었다. 한 학회에서 후크가 강연을 마치자, 누군가가 "방글라데시의 콜레라균이 체서피크만의 콜레라균과 똑같이 활동한다는 걸 어떻게 알 수 있습니까?"라고 물었다. 나는 강연장 맨 뒤에서 듣고 있다가 일어서서 말했다. "안와르, 딕의 말이 옳습니다. 방글라데시에 가서 그걸 알아봅시다."

우리는 방글라데시로 향했다. 후크는 벵골만과 체서피크만의 콜레라균이 모두 요각류와 연관돼 있다는 증거를 수집했다. 요각류를 포함한 플랑크톤의 생애주기는 물속에서 콜레라균이 증가하는 계절적 절정기와 일치하고, 우리가 연구했던 방글라데시 마을들에서 콜레라가 발생하는 시기와도 일치했다. 콜레라균은 실제로 세계적인 수인성 병원균이었다.

지금도 나는 내가 남자였더라면 나와 학생들이 그렇게 무시당하지 않았으리라 생각한다. 사람들이 그동안 어떻게 800편이 넘는 과학 논문을 발표할 수 있었느냐고 물을 때마다 나는 선택의 여지가 없었다고 대답한다. 여성으로서 내가 발견한 것들을 진지하게 받아들이게 하려면 그것들을 스무 번 이상 증명해야 했다. 증명하고, 증명하고, 또 증명하며 항상 시류에 역행해야 했다. 이런 상황은 사람을 금방 지치게 한다. 내가 대립을 일삼는 학회를 마치고 화가 나고 분개한 채로 집으로 돌아오면 남편 잭은 "그냥 무시해. 그러면 기분이 나아질 거야"라고 말하곤 했다. 어떨 때는 내 하소연을 들어주면서 동료들의 공격에서 불합리하거나 미친 부분을 지적해 논리적인 반박을 제안하곤 했다. 그런 다음 우리는 주말에 보트를 타러 갔다. 아이들과 함께 강한 바람을 받으며 돛을 활짝 펴고 달리면 세상은 다시 행복한 곳이 되었다.

잭과 나는 당시 거의 매주 주말이면 5미터 길이의 범선을 타고 보트 경주를 했다. 잭은 작전 대장이었고 나는 그의 선원이었다. 가끔 물에 흠뻑 젖은 채로 배에 매달려, 스피나커*를 휘날리며 지브**를 조종해 급히 방향을 바꿔 경쟁자들을 노련하게 따돌렸다. 매사추세츠주에서 벌어진 한 경기에서

* 경주용 요트에 추가로 다는 큰 돛

** 뱃머리의 큰 돛 앞에 다는 작은 돛

는 끔찍한 폭풍우를 뚫고 항해했다. 비는 퍼붓고 바람은 30노트로 불었으며 잭은 계속 소리쳤다. "스피나커가 바람을 받게 해, 잘 잡고 있어!" 스피나커가 활짝 펴지게 하려면 돛을 주시하며 바람의 방향에 따라 조종해야 한다. 부표를 돌면서 스피나커가 떨어질 뻔했을 때 뒤를 돌아보니, 경주에 참여한 보트의 절반이 뒤집혀 있었다. "그래서 당신이 뒤돌아보지 않기를 바랐는데." 잭이 활짝 웃으며 말했다.

잭은 항상 내가 배의 난간에 두 발로 버티고 서서 물 위에 매달려 있으면서도 절대로 방심하지 않는다는 사실에 놀라곤 했다.[26] 바람이 25노트에 달할 때 바짝 긴장한 채로 주먹을 움켜쥐고 모든 거친 장애물을 뚫고 나가는 해양미생물학자. 내가 거기 있었다. 나는 끈질기게 버텼다. 잭은 내가 보트 경주에서 우승하는 걸 좋아한다는 사실을 알고 있었다. 그리고 그와 함께 우승하고 싶어 한다는 사실도.

✻ ✻ ✻

나는 1976년 처음으로 방글라데시에 현장 탐사를 갔다. 자연환경에서 서식하는 콜레라균을 연구하고 새로운 균주를 검출해 실험실로 가져오기 위해서였다. 이 일은 쉽지 않으리라 짐작했다. 방글라데시의 강은 계속 요동치고 있었다. 매년 히말라야의 눈이 녹아 여러 차례 네팔과 인도의 오염된 강을 따라 내려오고, 밀물 때면 짠 바닷물이 벵골만에서 유입된다.

장마 때 내리는 폭우로 대지는 물에 잠기고 진흙투성이의 강, 연못, 늪지 바닥이 마구 뒤섞인다. 수온과 수위는 해류와 조수, 계절에 따라 오르내린다. 그리고 내 현장 실험실은 정말 기본적인 것만 갖추고 있었다. 현미경, 작은 배양기, 접종용 백금바늘을 살균하는 알코올램프 그리고 표본배지를 멸균하는 데 쓰이는 압력솥뿐이었다.

첫 현장 탐사에서 돌아오고 몇 년 후 다시 방글라데시를 찾았을 때, 나는 윌리엄 '벅' 그리노에게 몇몇 특이한 소들에 관한 이야기를 들었다.[27] 그리노는 이 장의 첫머리에서 언급한 콜레라 환자들의 생명을 구하는 경구수액요법*을 개발하는 데 도움을 준 존스홉킨스대학 의사다. 그리노는 1963년 이 놀라운 소들에서 소는 절대로 걸리지 않는 질병인 콜레라의 항체가 발견되었다고 말했다. 항체가 있다는 것은 이 소들이 어딘가에서 콜레라균과 접촉했다는 뜻이었다. 소들이 강어귀의 둑을 따라 풀을 뜯다가 바닷물과 민물이 섞인 물을 마시면서 비브리오균과 접촉한 것이 틀림없었다. "가서 확인해봅시다"라고 나는 말했다. 몇 년 후에도 여전히 그리노는 장화를 신고 나와 함께 물 표본을 채취하러 갔던 일을 기억했다.

현장 실험실로 돌아온 그리노와 나는 형광 물체를 보는 현미경으로 밝게 빛나는 막대 모양의 비브리오균을 볼 수 있었다. 물 표본에는 많지는 않았으나 비브리오균이 있었다. 메릴

* 설사로 인한 탈수증 완화 요법

랜드대학의 내 연구팀은 토끼를 이용해 콜레라 항체를 만든 다음 이를 자외선 현미경 아래에서 발광하는 분자와 화학적으로 결합했다. (항체는 세균 세포 같은 특별한 외부 물질과 반응해 체내에서 생성되는 단백질이다. 이 항체와 자외선 아래 발광하는 화합물을 결합한 분자를 이용해 연구자는 자외선 현미경으로 물 표본 속의 세균을 볼 수 있다.) 형광 항체로 뒤덮인 비브리오균은 마치 빛나는 콤마처럼 보였다. 우리는 실제로 방글라데시의 강 하구에 서식하는 콜레라균을 볼 수 있었다.

몇 년 후, 그리노는 그때 우리가 느낀 벅찬 감정을 회상했다. 회의론자들은 자연환경에서 가져온 물 표본에서 콜레라균을 검출하는 것은 불가능하다고 말했지만 우리는 해냈다. 그리노는 회의론자들을 설득하기란 쉽지 않으리라고 예상했다.

집으로 돌아와서 슬라이드에 사진을 올려놓고 1980년대 시청각 장비로 보았을 때 비브리오균은 어두운 배경에 녹색 눈송이 같았다. 회의론자라면 누구나 "저건 진짜 콜레라균이 아니다"라고 말할 만했다. 우리의 비평가들이 자연환경에서 직접 콜레라균을 검출해 자신의 실험실 시험관이나 페트리 접시에서 키울 수 있다면 그들도 확신할 수 있을 것이다. 그러나 과학자들은 전통적으로 "내가 실험실에서 배양할 수 없다면 그 세균은 살아있는 것이 아니다. 죽은 세균이다"라고 생각했다. 미생물학자들은 환자의 분변 표본이나 직장 면봉법으로 채취한 콜레라균을 배양하는 방법을 알고 있었다. 하지만 자연 서식지에서 세균을 가져다가 실험실에서 배양할 수 있을 정도로 세균이 자연환경에서 어떻게 존재하는지를 충분히 이해하지 못했다.

과학에서 재현성은 성공의 열쇠다. 사람들이 데이터를 공유하고 서로의 실험에서 중요한 관찰 내용을 재현한다면 우리가 옳다고 어느 정도 확신할 수 있다. 우리 실험실은 아무것도 숨기지 않았다. 우리는 모든 결과를 발표했고 실험실에는 항상 방문자가 있었다. 전 세계 과학자들이 모인 내 실험실은 진정한 국제연합이었다. 그러나 정작 우즈홀해양생물연구소나 스크립스해양연구소, 내가 연구를 시작한 워싱턴대학에서는 아무도 오지 않았다. 미국 주요 기관의 연구자들이 우리의 실험에 협력하지 않는다면 우리의 발견을 많은 미생물학자에게 확신시키기 어려웠다.

우리는 여전히 추운 날씨라는 중요한 문제에 대한 답도 찾아야 했다. 체서피크만과 벵골만에서 가져온 물 표본 속 요각류 숙주에 붙어있는 수많은 콜레라균은 왜 따뜻한 날씨에는 발견되지만 차가운 물 표본에서는 발견되지 않는 걸까? 회의론자들은 겨울철에는 콜레라균이 아프거나, 죽는 중이거나 혹은 죽었기 때문이라 말했다. 하지만 우리는 콜레라균의 세포가 손상되지 않은 상태이며 침전물 속에서 '겨울을 나는' 요각류에 붙어있다는 사실을 알고 있었다. 게다가 만약 비브리오균이 죽었다면 어떻게 여름에 그처럼 많은 수가 나타날 수 있겠는가? 절망스러운 상태였다. 우리는 겨울에 채취한 침전물 표본에서 콜레라균을 검출할 수 있었지만, 일반적인 실험 방법으로는 실험실에서 콜레라균을 배양할 수 없었다.

이제 나는 세균이 죽은 것처럼 보이거나, 실험실에서 배양되기를 거부할 수 있지만 여전히 살아있으며 질병을 일으킬 수 있다는 가설을 세웠다. 이 가설은 지금까지 우리가 배워온 모든 지식과 대치되었다. 당시의 과학적 정설에 따르면, 생애주기에 포자 단계가 있는 세균만이 휴면 상태에 들어갈 수 있었다. 나는 이 사실을 학부 때 배웠다. 이는 포자를 생성하지 않는 비브리오균은 휴면 상태에 들어갈 수 없음을 의미했다. 실험실에서 배양할 수 없는 병원체는 죽거나 혹은 죽는 중이라는 것도 배웠다.

그러나 나는 겨울철 생존 메커니즘으로 콜레라균이 요각류 숙주에 붙어 침전물 속에 숨어있는 것이 틀림없다고 생각했다. 콜레라균은 둥글고 주름지며 크기도 작아 겉보기에 죽은 것 같았다. 그것들을 실험실로 가져와 두루 적용되도록 만든 실험실 배양액을 넣어주어도 콜레라균은 자라거나 증식하지 않았다. 한 가지 의문이 들었다. 만약 조건을 더 적절하게 맞춰주면 콜레라균이 소생해 성장하고 증식하고 다시 치명적인 병원체가 될 수 있을까? 내 가설은 이미 받아들여진 이론과는 너무나 상반돼 과학적 견해를 양분할 수 있었다. 그래서 나는 단계별로 실험 방법을 기록하면서 신중하게 가설을 발전시켜 나갔다.

* * *

우리는 여전히 콜레라균이 왜 휴면기에 들어가는지 그 이유를 알아내지 못했다. 그러나 그 전에 먼저 우리가(그리고 우리의 비평가들이) 자연환경에서 휴면 상태에 있는 콜레라균을 볼 수 있는 검사법을 개발해야 했다. 검사법을 개발하는 데 꼬박 5년이 걸렸지만 내 실험실의 대학원생과 박사후연구원들이 결국 해냈다. 중국에서 온 방문 과학자 화이수이 쉬는 이 검사법을 현장에서 사용할 수 있도록 개선하는 데 힘을 보탰다.

새로운 검사법을 시험할 가장 중요한 기회는 넬 로버츠가 전화해 자신을 실험실 테크니션이자 루이지애나대학 공중보건학과 강사라고 소개할 때 찾아왔다. "콜웰 박사님, 저는 수년간 박사님의 연구를 지켜보았습니다." 그가 말했다. "늪지에 콜레라균이 있는지 확인하고 싶습니다. 여기 루이지애나에 몇 건의 콜레라 발생 사례가 있는데, 제 생각에 콜레라균이 어디서 나왔는지 알 것 같습니다."

미국은 1914년 이후 콜레라가 발생한 적이 거의 없었다.[28] 그런데 최근 갑자기 멕시코만을 따라 소풍 간 게잡이 어부 열한 명이 임상적으로 콜레라에 걸린 것임이 틀림없다고 확인돼 병원에 입원했다. 로버츠는 이 어부들이 루이지애나주 찰스호수 근처 늪지로 소풍 갔다는 사실에 착안해 질병을 일으키는 콜레라균이 그곳의 염분이 섞인 물에 자연적으로 존재한다고 확신했다. 로버츠는 내가 루이지애나로 와서 콜레라균을 찾아주기를 바랐고, 나는 그에게 쉬와 함께 비행기로 가겠다고 말했다.

우리 세 사람은 늪지에서 물 표본을 채취한 뒤 로버츠의 실험실로 가져와 슬라이드에 몇 방울을 떨어뜨렸다. 다음으로 콜레라균에게만 선택적으로 결합하도록 특별히 준비한 형광 항체를 더한 뒤 로버츠의 형광현미경 아래 놓고 초점을 맞추었다. 우리는 코흐가 말한 콤마 모양의 콜레라균 세포의 선명한 윤곽을 볼 수 있었다. 형광 항체로 뒤덮인 세포들은 녹색으로 밝게 빛나는 작은 별처럼 보였다. 비평가들은 자연의 물속에서 발견된 콜레라균이 죽거나 혹은 죽어가는 것이 확실하다고 말했지만 이 비브리오균은 분명 온전하게 살아있었다. 그중 일부에는 물속에서 움직일 때 사용하는 실 모양의 부속기관인 편모도 달려있었다.

미국 늪지의 물속에서 질병을 일으키는 콜레라균을 발견하고 감격한 우리는 함성을 지르며 얼싸안고 춤을 추었다. "거기 있을 거라고 제가 말했죠!" 로버츠는 연신 외쳤다. "거기 있을 줄 알았다고요!"

세상에서 가장 위대한 과학적 발견은 아니었지만 나는 그 순간을 초월적이라고밖에 표현할 수 없다. 마치 자연의 작은 부분을 엿보다 얼핏 전체를 움직이는 엔진을 본 기분이었다. 우리는 늪지의 콜레라균이 게잡이 어부들에게 병을 일으켰다는 매우 강력한 증거를 갖고 있었다. 곧이어 다른 과학자들도 전 세계의 염분이 섞인 물에서 콜레라균을 발견했다고 보고하면서 우리의 발견을 확인해주었다.

우리는 1982년 루이지애나주 게잡이 어부들에 관한 논문이 10년간 이어진 논쟁을 종식시켜주기를 바랐다.[29] 그러나 우리의 뜻대로 되지는 않았다. 비평가들의 생각을 바꾸려면 연구 결과를 동료 심사를 받는 잡지에 발표해야 했다. 매우 저명한 잡지일 필요는 없고 그저 어딘가에 발표하기만 하면 되었다. 그런 다음 우리는 주요 잡지에 분야 전체를 아우르는 논평을 쓰면서 우리의 연구 결과를 문맥 속에 잘 녹여냈다. 나는 새로 창간하는 잡지《미생물생태학 *Microbial Ecology*》의 객원 편집자로 활동하고 있는 동료에게 논문을 보냈다.[30] 이 동료는 새뮤얼 조지프로, 우리의 연구를 이해하고 사설에서 "우리는 갈수록 인간의 새로운 질병이 주변 환경 어디에나 존재하는 생물체에 의해 발생한다는 사실을 더 많이 발견하고 있다"라고 썼다. 마침내 생태학과 의학이 가까워지고 있었다.

※ ※ ※

우리는 질병을 일으키는 콜레라균을 자연환경에서 검출할 수 있음을 입증해 보였다. 그러나 여전히 내 가설의 핵심 부분, 즉 자연환경에서 서식하는 콜레라균이 특정 조건에서 휴면 상태에 들어갔다가 다시 살아난다는 것을 입증할 수 없었다. 내 실험실의 박사과정 학생 달린 로샤크는 분자 수준에서 이 문제를 연구하기로 했다.[31] 로샤크는 네 아이를 둔 30대 과부일 때 학사학위를 받았다. 이후 그는 베트남전 참전 군인

마이크 맥도널과 재혼을 했다. 그는 로샤크를 매우 자랑스럽게 여기며 지지해주었고, 그 역시 내 실험실에서 박사학위를 공부했다.

로샤크는 자연환경에서 채취한 콜레라균이 성장을 멈출 때까지 저온에 보관하는 단계부터 연구를 시작했다. 그는 콜레라균을 방사성 동위원소가 달린 아미노산에 노출시켜 비브리오균이 얼마나 많은 양의 방사성 이산화탄소를 배출하는지 확인했다. 다음으로 세포분열은 억제하나 신진대사는 억제하지 않는 항생제인 날리딕스산*을 첨가한 후 현미경으로 관찰했다. 로샤크는 비브리오균이 점점 더 길어지는 현상을 관찰할 수 있었다. 그러려면 세균이 살아있어야 했다. 가장 인상적인 현상은 로샤크가 실험을 결합해 방사성 동위원소가 달린 아미노산으로 세포를 표지標識하고 날리딕스산에 노출시킨 뒤 사진유제** 필름에 올려놓았을 때 나타났다. 세균이 대사 작용해 몸집이 커지고 길어지면서 방사성 이산화탄소를 배출해 과학계의 셀프카메라처럼 스스로 사진을 찍었다.

로샤크의 실험은 일단 세포가 저온에 노출되면 실험실에서 증식하지 않지만 죽은 것은 아니라는 사실을 입증했다. 비브리오균은 자동차 엔진의 공회전처럼 일종의 정체 상태에

* 비뇨 기관 감염증의 치료에 쓰는 항생 물질

** 사진의 감광 재료를 만드는 데 쓰는 약품

있었다. 자동차는 움직이지 않지만 멈춘 것은 아니며, 엔진이 계속 돌아가면서 기계도 계속 작동한다. 콜레라균의 경우 새 영양분이 공급되고 세포가 다시 복제될 때까지 세균은 활동을 멈추었다. 우리는 이 현상을 '살아있지만 배양할 수 없는 Viable But Not Culturable' 상태, 혹은 줄여서 VBNC라고 불렀다.

통상적인 열띤 논쟁을 거친 후 로샤크의 논문은 이 주제에 관한 대표 논문이 되었다. 미생물학자들은 그들이 생각했던 것보다 훨씬 더 많은 세균이 자연환경에 존재한다는 사실을 인정했다. 그렇게 오랫동안 연구하고도 그들은 자연환경에 서식하는 세균의 1퍼센트도 발견하지 못했다. 이 1퍼센트의 세균을 우리는 '실험실 잡초'라고 부른다. 실험실에서 너무나 쉽게 자라기 때문이다.

우리 실험실과 다른 실험실에서 진행한 일련의 연구는 우리의 '살아있지만 배양할 수 없는' 상태 가설이 옳다는 것을 입증했다.[32] 주변 환경이 나빠지면 콜레라균과 포자를 만들지 않는 다른 많은 세균은 염분이 있는 물속에서 휴면 상태에 들어간다. 주변 환경이 좋아지면 세균들은 다시 살아나는데, 만약 이때 인간이 섭취하면 질병을 일으킬 수 있다. 1985년에 내 실험실에 있던 학생 찰스 서머빌과 아이버 나이트가 당시 막 발표된 중합효소연쇄반응법PCR을 사용해 자연환경에 서식하는 콜레라균이 전염병을 일으키는 세균 균주와 연관된 독소 생성 유전자를 운반할 수 있다는 점을 보여주었다.

메릴랜드대학 의과대학의 뛰어난 과학자이자 의사이며 좋

은 친구이기도 한 마이크 러빈도 내 연구에 동참했다.[33] 우리는 치명적이지 않은 휴면 콜레라 세포를 소량 섭취하는 데 동의한 자원봉사자들을 대상으로 임상실험을 했다. 한 자원봉사자는 경미한 설사 증상을 보였고, 그 외 사람들은 미약하나마 전염병을 일으키는 콜레라균이 분변에서 나왔다.

이후 다른 연구자들은 먹이 부족, 항생제, 매우 높거나 매우 낮은 온도, 건조함, 탄소나 질소 부족, 중금속, 백색광, 자외선 등으로 인해 스트레스를 받을 때 50종 이상의 질병을 일으키는 세균이 '살아있지만 배양할 수 없는' 상태에 들어간다는 것을 증명했다.[34] 여기에는 레지오넬라 속, 살모넬라 속, 시겔라 속, 캄필로박터 속, 클라미디아 속뿐만 아니라 결핵균, 대장균, 헬리코박터 파일로리균도 포함되었다. 또한 균유전체학*이 출현하면서 자연환경에서 직접 채취한 표본에 존재하는 모든 미생물을 연구하게 되자, 이제 모두가 '살아있지만 배양할 수 없는' 세균, 즉 실험실에서 배양하기 어렵거나 불가능한 종을 찾는다.

1996년 강연용 원고를 위해 자료를 조사하면서 나는 '살아있지만 배양할 수 없는' 세균 이론에 초점을 맞춘 미생물학 논문의 수를 세어보았다.[35] 내가 '살아있지만 배양할 수 없는'이란 용어를 만든 지 10년이 지난 후였다. 그리고 굉장한 힘이 돼준 두 남성, 내 박사학위 지도교수 존 리스턴과 캐

* DNA나 RNA 등을 유기적으로 연구하는 분야

나다 미생물학자 노먼 기번스가 친족등용금지법을 피해 비브리오균 연구를 계속할 수 있도록 도와준 지 25년이 지났다. 놀랍게도 나는 '살아있지만 배양할 수 없는' 세균에 관한 논문을 수백 편이나 찾았다. 의학계의 적대감에도 내 발아래서 패러다임은 바뀌고 있었다.

갑작스러운 깨달음의 순간은 없었다. 주류였던 이론이 서서히 바뀔 때까지 각각의 실험은 소수의 마음을 조금씩 바꿔놓았다. 2015년까지 '살아있지만 배양할 수 없는' 세균에 관한 논문은 600편 이상이 발표되었고, 그 후 다른 연구자들이 '지속 생존', '배양할 수 없는', '살아있지만 아직 배양할 수 없는' 등등 '살아있지만 배양할 수 없는' 현상의 변형 사례를 발표했다.

토머스 쿤이 추측한 대로 과학 혁명은 오랜 시간이 걸렸다.

* * *

내 생각에 콜레라는 매개체 전염병이다. 모기가 전파하는 말라리아나 진드기가 전파하는 라임병과 비슷하다. 콜레라의 매개체는 아주 작은 갑각류 동물성 플랑크톤인 요각류다. 요각류 한 마리가 콜레라균 세포 5만 개를 운반할 수 있다. 요각류가 들어있는 물을 여과하지 않고 마시면, 위산이 요각류를 소화하더라도 요각류에 붙어있는 세균은 죽지 않으므로 콜레라균이 소장 내벽에 자유롭게 달라붙을 수 있다. 마치 사람이 거대한 요각류라도 되는 양 말이다.

천연두와 소아마비는 백신으로 뿌리 뽑을 수 있다.[36] 전염병이 유행하지 않을 때 이들 병원균은 주로 사람이나 동물 몸속에 살기 때문이다. 하지만 콜레라는 절대로 근절할 수 없다. 비브리오균은 전 세계 수생생태계의 일부이기 때문이다. 그렇다면 우리의 과학 연구를 어떻게 실생활에 적용할 수 있을까? 우리는 100년 묵은 의학 신조를 바꾸었지만 여전히 전 세계 콜레라로 고통받는 수천 명의 사람에게 도움이 되지 못했다.

콜레라 전염병으로 가장 고통받는 사람은 여성과 어린아이다. 이유를 알고 싶다면 방글라데시 외진 지역의 작은 연못가에 서 있다고 상상해보라. 저 멀리 연못 한쪽 구석의 임시 화장실에서 오물이 연못으로 쏟아진다. 근처에는 목동이 몰고 온 소떼가 연못에 들어가 물을 마시고 몸을 씻는다. 연못가에는 여인이 쪼그리고 앉아 그릇을 닦는다. 그 옆에서는 어린 소녀가 가족들이 마실 물을 긷는다.

모든 개발도상국에서 물긷는 일은 여성의 몫이다.[37] 여성과 학령기 소녀들은 교실에서 끌려 나와 가족들이 마실 물을 길어오고, 음식을 요리하고, 아픈 친척을 간호하고, 더러워진 침구와 옷을 빨고, 콜레라 환자들의 설사와 토사물을 처리한다. 일손이 부족한 지방 병원도 마찬가지다. 1970년대에 경구수액요법의 개발을 도운 하버드대학 공중보건대학원 연구원 리처드 캐시는 콜레라균에 오염된 물을 한 찻숟가락만 먹어도 콜레라에 걸릴 수 있다는 점을 증명했다.[38] 물 한 찻숟가락에는 100만 마리가 넘는 콜레라균이 들어있을 수 있다.

미국, 유럽 국가, 일본, 싱가포르처럼 부유한 나라는 물을 여과하고 염소 소독한 뒤 안전하게 공급해 콜레라를 통제한다. 이 과정에서 미립자에 붙은 병원균이 제거되고 여과 과정에서 빠져나와 자유롭게 활동하는 미생물이 죽거나 비활성화된다. 이런 처리 공정을 통해 상수도에서 최소한 스물일곱 종의 수인성 설사병 원인 물질이 제거된다.

1960년대에 방글라데시에서도 이와 비슷하게 안전한 식수를 제공하려는 시도가 있었다. 오염된 지표수를 지나 오염되지 않은 지하수가 있다고 추정되는 곳까지 아주 깊이 우물을 파서 물을 끌어올리는 프로젝트로, 세계은행이 자금을 지원했다.[39] 그러나 불행하게도 방글라데시는 전 세계에서 비소가 가장 풍부하게 함유된 지하수를 보유하고 있다. 이는 방글라데시 토양에 들어있는 비소의 천연 공급원 때문이다. 비소 농도가 높은 물을 마시고 그 물로 조리한 음식을 먹은 결과, 방글라데시 사람들은 비소로 인한 암 발병률이 매우 높았다. 비소 중독 부작용으로 머리카락과 이가 빠지는 사람도 많았다.

1980년대 말 후크와 나는 과학을 이용해 외진 마을에 더 안전한 지표수를 식수로 제공할 수 있는지 알아보았다. 방글라데시에서 어린 시절을 보낸 후크는 마을 여인들이 식수로 쓰기 위해 어떤 종류의 망으로 물을 거르던 것을 기억했다.

방글라데시 다카에 있는 국제설사성질환연구센터 동료들

과 함께 후크와 나는 다양한 종류의 거름망을 실험했다. 아프리카에서는 나일론 여과기를 이용해 메디나충 애벌레를 전파하는 물벼룩을 제거한다. 메디나충 애벌레는 피하 조직에서 자라는 60~90센티미터 길이의 기생충으로, 주로 발에서 발견된다. 하지만 대부분의 방글라데시 지역 주민에게 나일론 망사천은 너무 비쌌고, 그 지역 남성들이 즐겨 입는 티셔츠 천은 거름망으로 쓰기에 적합하지 않았다.

마침내 우리는 여성들의 사리를 만드는 면을 네 번에서 여덟 번까지 접으면 미립자 물질과 콜레라균이 들어있는 요각류를 걸러낼 만큼 미세한 그물망이 된다는 사실을 발견했다. 사리는 방글라데시와 인도에서 여성들이 즐겨 입는 옷이기 때문에 방글라데시의 거의 모든 가정에는 낡은 천이 있었다. 추가로 검사한 결과, 사리로 만든 체를 사용하면 콜레라 발생 건수를 절반으로 줄일 수 있다는 사실을 발견했다.[40]

그러나 낡은 사리 천은 불결하다는 고정관념 때문에 남성들이 사리 체로 거른 물을 마시는 것을 문화적으로 받아들일 수 없다고 했다. 게다가 우리는 이런 저차원적 기술 프로젝트에는 시장성 있는 기계 장치나 도구가 포함되지 않아 연구 자금을 조달하는 데 어려움을 겪었다. 하지만 트래셔재단Thrasher Foundation과 NIH 산하 미국 국립간호연구소NINR의 지원으로 우리는 방글라데시 여성들에게 사리 천으로 물을 거르는 방법을 가르칠 수 있었다.

이렇게 교육받은 여성들은 파견 연구원처럼 다른 마을의

여성들에게 물을 거르는 방법을 전파했고, 매주 찾아가서 물 거르기를 지속하도록 격려했다. 우리의 연구 결과, 사리 천으로 물을 걸러 마신 65개 마을에서 콜레라 발생률이 절반 가까이 줄었다. 5년 후 우리는 그 방법이 지속 가능하다는 것을 보여주는 7122명의 마을 여성들을 대상으로 조사한 후속 연구 결과를 발표했다. 그들 중 4분의 3 가까이가 여전히 사리 천으로 물을 걸러서 가족에게 먹이고 있었다.

❊ ❊ ❊

2010년 1월, 리히터 규모 7.6의 파괴적인 지진이 아이티를 강타했다. 50회 이상 여진이 이어졌다.[41] 20만 명이 사망했고 30만 명이 다쳤으며 100만 명이 집을 잃은 것으로 추정되었다. 아이티의 극도로 부족한 위생 시설과 물 여과 시설은 크게 파괴되었다. 지진 이후 이어진 여름에는 50년 만에 찾아온 무더위에 신음했고, 같은 해 11월에는 허리케인 토머스가 반세기 만에 최악의 폭우를 몰고 와 대규모 홍수가 났다. 난민들이 임시수용시설에 모여들었지만 안전한 물이나 위생 시설은 없었다. 이 '퍼펙트 스톰'은 콜레라 전염병이 창궐하기에 딱 알맞은 생태계의 처방이었다. 그리고 우려는 현실이 되었다. 80만 명 이상이 콜레라에 걸렸고, 1만 명 가까이 사망했다.

콜레라의 발생 원인은 무엇일까?[42] 토종 콜레라균이 어떤 역할을 했을까? 발생 첫째 주에 우리는 아이티 해안을 따라 자리한 열여덟 개 마을의 콜레라 환자 81명에게서 분변 표본을 채취했다. 환자의 절반에게서 동남아시아와 아프리카에서 전염병을 일으킨 것으로 알려진 콜레라 균주가 검출되었다. 그러나 다섯 명 중 한 명은 그렇지 않았다. 열 명의 공동 저자와 나는 아이티의 전염병을 악화시키는 데 토착 환경 세균이 미친 영향에 관해 논문을 썼다. 콜레라균이 아이티 연안 해역이나 강에 서식한다는 사실을 증명하는 것은 불가능했다. 전염병이 발생하자마자 아이티의 공항과 항구에서 표본을 운송하는 것이 금지되었기 때문이다. 우리의 논문은 거센 비난을 받았다.

2년 후 코넬대학과 버지니아대학의 영양학자들은 아이티 도심 병원에서 에이즈를 일으키는 병원체인 HIV에 노출된 117명의 유아에 관한 연구를 재논의했다.[43] 연구의 일환으로 과학자들은 유아의 분변 표본 301개를 냉동 보관했다. 최초 연구 이후 표본을 재분석하는 과정에서 과학자들은 유아의 분변 표본 아홉 개에서 콜레라균을 발견했다. 이는 지진이 일어나기 2년 전부터 콜레라균이 존재했음을 의미했다.

아이티 지진 이후 우리는 신성불가침이라 생각했던 많은 가설을 수정해야 했다. 예를 들면 이렇다.

- 콜레라 전염병이 한 종류만 있는 것은 아니다.[44] 내가 방글라데시에서 수년간 연구한 콜레라는 매년 봄과 가을에 플랑크톤 개체수가 폭발적으로 늘고 밀물 때 해안선 근처에서 나타났다. 안와르

후크와 나는 인도의 젊고 영리한 수문공학자 안타르프리에트 유틀라, 뉴질랜드의 의사이자 역사가 엘리자베스 위트콤과 한 팀을 이루어, 1876년부터 1900년 사이 인도에서 콜레라 사망자가 발생한 지역이 표시된 19세기 영국군 지도를 분석했다. 세심한 과학자이자 뛰어난 분석가인 위트콤의 데이터에 따르면, 내륙의 감조하천*에서 대규모 전염병이 간헐적으로 발생한다는 사실이 드러났다. 이런 짧지만 맹렬한 전염병은 인도 내륙 지방에서 종교 축제, 전쟁, 혹은 자연재해로 많은 사람이 모일 때마다 발생하는 경향이 있었다. 우리가 이 정보와 영국 기상 데이터를 교차 참조한 바에 따르면 폭우, 홍수, 안전한 물의 부족 그리고 위생 상태가 악화되는 극도로 더운 날씨에 전염병이 발생했다. 당국은 이런 내륙 지방의 전염병에 대한 대비가 돼있지 않았기 때문에 사망률은 매우 높을 수밖에 없었다. 아이티의 비극적인 전염병도 비슷한 궤적을 따랐다. 지진으로 많은 사람이 난민 수용소로 모여들었고 폭염과 폭우가 이어졌다.

- '콜레라'의 정의도 수정할 필요가 있었다.[45] 우리는 이제 설사하는 환자에게 콜레라 이외의 다른 질병이 있을지도 모른다는 사실을 안다. 콜레라균, 시겔라균, 대장균, 살모넬라균, 바이러스, 곰팡이 그리고 기생충에 의한 감염까지 복합적으로 발생할 수 있는데, 이를 복합균 감염이라 부른다.
- 콜레라균은 유전자의 약 80퍼센트를 인근 콜레라균이나 대장균

* 조석의 영향으로 하천의 하류부에서 수위가 변하는 강

과 같은 유사한 종에 전이할 수 있다. 이 같은 유전적 유동성은 조수간만차와 계절변화에 따른 물의 염도, 영양분, 깊이, 온도 그리고 기온 변화를 포함한 급격한 환경 변화에서 콜레라균이 어떻게 살아남을 수 있는지 설명한다.[46] 또한 어떻게 일부 콜레라균은 질병을 일으키는 반면 다른 일부는 질병을 유발하지 않는지, 최근의 악성 콜레라 균주가 어떻게 출현했는지 설명한다.

- 현재 콜레라가 유행하는 국가 넷 중 셋은 사하라 사막 이남의 아프리카에 있으며, 사망률은 아시아의 세 배에 달한다.[47] WHO에 따르면, 아이티에서는 2019년에 새로운 콜레라 발생 사례가 보고되지 않았다.
- 지구온난화와 함께 비브리오균과 콜레라를 포함해 비브리오균으로 인해 발생한 질병이 북대서양과 발트해 지역에서 북쪽으로 퍼져나가고 있다.[48] 폭염 기간 동안 발트해로 건너간 사람들은 콜레라와 그 밖의 비브리오균에 감염되어 입원했고, 그중 몇몇은 사망했다.

⁂

나는 오랫동안 콜레라 전염병을 예측하는 방법을 고민했다. 예산이 한정된 국가는 모든 면에서 사전 통보가 필요하다. 그래야 의사, 간호사, 공중보건 종사자, 경구수액 세트, 항생제, 정수 장치, 어린이와 노인을 위한 백신, 위생용품 세트 그리고 공교육 프로그램을 동원할 수 있다.

1972년 나사는 지구의 천연자원이나 환경의 관측을 목적으로 자원 탐사 위성 랜드셋을 발사했다.[49] 우주에서 위성은 열대 해안선을 따라 떠다니는 거대한 녹색 플랑크톤 덩어리를 발견했다. 이 거대한 녹색 덩어리에서는 동물의 생명이 탐색되지 않았고, 콜레라균의 숙주인 요각류의 수는 말할 것도 없었다. 그러나 위성은 엽록소의 색소와 해수면의 온도와 높이를 측정할 수 있었다.

나는 1970년대부터 콜레라균, 강우, 염분, 유효한 영양분, 대기와 수온 사이의 연관성을 연구하고 있었다. 그래서 나사의 위성 데이터를 이용해 이들의 타임라인을 만들고 이 타임라인을 바탕으로 콜레라 예보 시스템을 구축하고 싶었다. 플랑크톤 과학자들은 이미 태양 광도가 계절별로 다르다는 것을 알고 있었다. 한 지역의 일조 시간이 늘어나면 지표수 온도가 높아지고 '바다의 초원'인 식물성 플랑크톤이 폭발적으로 성장한다. 식물성 플랑크톤을 먹고 동물성 플랑크톤을 구성하는 요각류와 다른 미세 동물들도 증식하고, 약 4~6주가 지나면 동물성 플랑크톤 개체수가 절정에 이른 뒤 줄어들게 된다. 그로부터 얼마 지나지 않아 여과되지 않은 연못물을 사용하는 마을 사람들은 비브리오균이 들어있는 물을 마시게 될 것이다.

세계의 기후는 변화하고 바다는 따뜻해지고 있다. 콜레라 예보 시스템의 필요성은 이전보다 훨씬 더 커졌다. 따뜻해진 바닷물은 플랑크톤 개체군에 영향을 미칠 것이고, 비브리오균 개체수를 늘리는 결과를 초래할 수 있다. 그 결과 개발도상국에서 콜레라 유행은 점점 더 빈번하고 길게 나타날 것이다. 1980년대 과학자들은 2050년까지 해수면이 높아지면서 방글라데시 육지의 17퍼센트가 침수되리라 추정했다. 그렇게 되면 1800만 명이 이주해야 하는 대이동이 일어나면서 다른 국가도 불안정해질 수 있다. 이 모든 일이 우리 아이들과 손자들 세대에 일어날 것이다.

1982년 나는 나사 과학자 바이런 우드, 브래드 로비츠, 루이자 베크와 매우 생산적인 협력을 시작했다. 그들의 기술은 아직 전염병을 예측할 만한 수준은 아니었다. 위성 데이터를 쉽게 분석할 수 있도록 사용 가능한 형식으로 컴퓨터에 다운로드할 수도 없었다. 여전히 거대한 릴 테이프와 디스크로 데이터가 전송되던 시절이었다. 그러나 1990년대 후반에 이르자 데이터가 디지털화되었고, 나는 캘리포니아주 모펫연방비행장에 있는 나사의 에임스연구소에서 나사 팀과 함께 컴퓨터 모델을 만들었다.[50]

그 후 프랑스 박사후연구원 기욤 콘스탕탱 드 마니와 내 실험실의 다른 학생들이 전염병 유행 전 강우, 기온, 물의 염도 그리고 강의 수위 등의 요인을 활용해 콜레라 전염병을 예측하는 컴퓨터 모델을 개선했다. 강의 수위는 예상외로 매우 중요한 요인이었다. 수위가 낮아지면 강물의 염도가 높아지고 급류가 흘러 세균이 풍부한 강바닥의 침전물을 뒤섞기 때문이다. 2008년에 우리가 만든 컴퓨터 모델은 놀라운 정확도로 콜레라 발생 사례 증가를 예측할 수 있었다. 나사의 기술은 보조를 맞추었다. 2011년에는 환경 위성이 매우 정교해지면서 지구 어디에서든 매일 1제곱킬로미터 넓이의 바다 표층의 수온을 측정할 수 있었다.

4년 후 동료들과 나는 언제, 어디서 콜레라가 발생할 수 있는지를 예측하는 컴퓨터 모델을 완성했다. 여기에는 안타르프리에트 유틀라의 수학 기술, 안와르 후크의 방글라데시와 콜레라에 관한 지식 그리고 나의 미생물학, 미생물생태학, 분자생물학에 관한 이해가 활용되었다. 우리의 첫 번째 예측은 체서피크만, 짐바브웨, 모잠비크, 세네갈을 대상으로 이루어졌다. 그 후 2017년, 역사상 가장 큰 콜레라 전염병이 아주 작고, 세계에서 가장 가난한 나라 중 하나인 예멘을 강타했다.

예멘은 아라비아반도 남쪽 끝에 자리한다. 유네스코 세계유산으로 지정된 보물이 네 개나 있지만, 내전과 미국의 지원을 받은 사우디아라비아 공군의 폭격으로 위생 시설과 상수도 시설이 상당 부분 파괴되었다. 유엔UN과 WHO가 지구상에서 최악의 인도주의 위기라고 부른 콜레라가 뒤따랐다. 예멘의 전체 인구 2600만 명 중 120만 명 이상이 콜레라 진단을 받았으며 이 중 3분의 1은 어린아이였다. 현재까지 2300명 이상이 예방할 수 있으며 저비용으로 치료 가능한 질병으로 사망했다.

점점 정교해지면서 정확도가 92퍼센트까지 높아진 유틀라의 예측 모델은 예멘을 평균적인 미국 주 면적으로 나누어

각 지역의 콜레라 발생 위험도를 예측했다.[51] 영국 국제개발부의 스코틀랜드인 인도주의 고문 퍼거스 맥빈은 2017년 늦가을에 우리의 작업을 검토한 뒤 도전 과제를 제시했다. 예멘 콜레라 예보 시스템을 다음 장마가 시작되기 전까지 완성하라는 주문이었다. 우리에게 주어진 시간은 4개월이었고, 이 일을 세 명이 해냈다.

2018년 3월, 장마를 한 달 앞두고 국제개발부는 우리가 개발한 콜레라 예보 시스템을 작동시켰다. 초기 결과를 볼 때 영국 기상청 날씨 예보와 연동되는 우리의 콜레라 예보 시스템은 유니세프와 여러 구호 단체가 구호 활동이 가장 필요한 곳을 예측하고 대응하는 데 도움이 되었다. 멋진 타탄체크 무늬의 킬트를 입고 스포란을 찬 맥빈은 콜레라 전염병을 통제한 공로를 인정받아 국제개발부로부터 상을 받았다. 맥빈은 메릴랜드대학, 웨스트버지니아대학, 나사, 유니세프를 아우르는 "팀의 노고가 없었다면 이 일을 완성하지 못했을 것"이라 말했다.

현대 과학은 서로 다른 전문 분야가 협력하는 진정한 통섭의 학문이 되었다. 21세기의 복잡한 문제를 해결하려면 물리학, 화학, 생물학의 전통적인 과학과 사회과학, 행동과학의 통합이 필요하다. 연구 분야 전반에 걸친 협업과 다양한 그룹 간의 대화가 요구된다.

그럼 다음으로 여성 과학자가 연구 보조금의 통제권과 서로 돕는 자매애를 갖추면 무엇을 할 수 있는지 살펴보자.

6장

더 많은 여성
=
더 나은 과학

NSF 총재로 부임하고 얼마 지나지 않은 1998년 11월 27일, 사무실에 도착한 나는 미 해군연구소 소장이자 해군 중장인 폴 개프니와 오전 11시 1분부터 오후 12시 1분까지 약속이 있다는 사실을 떠올렸다.[1]

사적으로는 친구이기도 한 개프니 중장은 평소처럼 인사를 나눈 뒤, 하와이대학 해양학 연구팀이 2주간 미 핵잠수함에 탑승해 북극 해저 지도를 제작할 수 있도록 NSF에서 보조금을 지원하고 있다고 말했다. 그런데 문제가 생겼다며 중장은 운을 뗐다. 연구팀은 뛰어난 해양학자인 마고 에드워즈를 수석 과학자로 뽑았는데, 미 잠수함에 여성은 승선할 수 없었다.

"흠, 여성이 없으면 연구 보조금도 없습니다." 나는 단호하게 말했다.

미 해양학계와 미 해군은 1960년대 후반까지 여성 과학자를 과학 탐사선에 승선시키지 않았으며, 이때부터 간헐적으로 여성의 승선이 허용되기 시작했다. 그러나 변화는 더뎠다. "미 해군은 다른 산업계나 학계보다 여성에 대한 장벽이 훨씬 더 높았습니다." 해양학자 캐슬린 크레인은 이렇게 회상했다.[2] 크레인은 북극에서 20년 이상 연구하면서 연구 보조금을 사용해 러시아, 스웨덴, 노르웨이, 캐나다, 프랑스, 독일 선박의 정박료를 지불했다. 여성 청소부는 미 잠수함이 항구에 정박할 때 들어가서 청소할 수 있었고, 도급 업체 여성은 선박 장비를 점검할 때 하룻밤 정도 머물 수 있었다. 하지만 여성 과학자? 해군 작전을 수행하는 핵잠수함에? 어림없는 일이었다.

나는 미국이 세계 최고의 과학 국가가 되기를 바랐다. 그것은 우리가 더 많은 재능 있는 여성을 과학계에 투입해야 한다는 것을 의미했다. 많은 미국인은 차별 철폐 조치가 과학을 망치리라고 생각했다. 하지만 실제로는 더 많은 여성 = 더 나은 과학이다. 인구 100퍼센트에서 뽑은 최고의 후보자는 당연히 인구 50퍼센트에서 뽑은 최고의 후보자보다 더 나을 수밖에 없다. 지금까지 우리는 미국의 3분의 1인 백인 남성에서만 최고의 후보자를 뽑았다. 더 많은 여성은 더 나은 과학을 만든다. 이것은 양자택일의 문제가 아니다. 하나를 버리고 하나만 취할 수는 없다. 문제는 어떻게 양쪽 모두를 취할 것인가이다.

우리 여성들은 수년간 우리의 요구를 해결할 유일한 방법은 연구 보조금을 통제하는 것뿐이라고 서로 말해왔다. 그러나 경험에 비춰볼 때 과학계와 동맹들(여성과 남성 모두) 내에서 우리를 지원해줄 제도적 기반이 필요했다. 그것들이 갖춰지지 않는다면 여성들은 장벽을 무너뜨리는 대신 또다시 장벽 주변을 맴돌며 일해야 할 것이다.

내가 "여성이 없으면 연구 보조금도 없다"라고 말하자 중장은 놀란 듯 보였다. 그러고는 걱정스러운 표정을 지었다. 해군은 여전히 7년 전의 테일후크 스캔들에서 벗어나지 못했다. 테일후크 스캔들은 100명 이상의 해군 장교와 해병대원들이 라스베이거스 힐튼호텔에서 열린 심포지엄에서 '여성은 재산이다'라는 문구가 적힌 티셔츠를 입고 만취한 채 83명의 여성과 일곱 명의 남성을 대상으로 성폭행을 저지른 사건이다. 중장은 더 나쁘게 보도될까 봐 경계했다.

"우린 기사 같은 건 낼 필요 없습니다." 내가 말했다. "에드워즈는 수석 과학자입니다. 그건 결정된 사항이에요. 어떻게 에드워즈를 잠수함에 태울 수 있나요?"

해양학자들은 중요한 임무를 수행하게 될 것이다. 미 해군은 북극해 수온이 높아지고 있다는 주요 증거를 최초로 수집한 일곱 번째 핵잠수함 항해를 막 마쳤다.[3] 마고 에드워즈가 연구를 감독할 예정이며 마지막이 될 여덟 번째 항해는 '지구온난화에 대한 중요한 시사점'을 도출하는 데 결정적 역할을 할 것이라고 해군은 예측했다.[4]

에드워즈가 잠수함에 승선해야 하는 이유가 무엇일까? "현장에 있어야 연구가 예상과는 다르게 흘러가도 계획을 조정할 수 있기 때문이지요"라고 에드워즈는 말했다. "바다에 나갈 때마다… 무슨 일이 일어나고 있는지 더 정확하게 파악하게 됩니다. 연구 현장에 있으면 추출되는 데이터를 직접 볼 수 있습니다."[5]

개프니 중장과 나는 절충안을 마련했다. 해군은 에드워즈를 북극까지 비행기로 태워다주었다. 그동안 에드워즈 팀의 차석 과학자는 핵잠수함에 연구 장비를 싣고 북극으로 향했다. 북극에 도착하면 에드워즈는 13일간 미 해군 잠수함 호크빌호를 타고 해빙 아래서 연구를 수행하기로 했다.

호크빌호에서 지내는 동안 에드워즈는 기후변화에 관한 중요한 발견을 했다. 얼음층이 얇아지고, 북극 해저에서 화산이 폭발하며, 상대적으로 따뜻한 대서양 바닷물이 북극해로 밀려와 해빙이 녹는 데 일조한다는 결정적 증거를 찾았다. 약 1만2000년 전까지만 해도 두께가 1킬로미터, 길이는 수백 킬로미터에 달하는 엄청난 빙붕*이 250만 년간 존재했다는 증거도 있었다. 에드워즈는 1995년부터 1999년 사이 미 해군 핵잠수함의 여섯 차례에 걸친 북극해 탐사로 인해 이 지역에 대한 전 세계 과학 데이터가 10만 배 이상 늘어났다고 추정했다. 그는 이렇게 말했다. "저기 수중에 있지 않으면 그 어떤 것도 연구할 수 없습니다. 빙하가 길을 막고 있으니까요."

에드워즈의 보고서는《네이처》에 게재되었고, 개프니 중장은 고맙게도 하와이대학에 편지를 보냈다.[6] 에즈워드는 그 편지가 자신을 교수로 승진시켰다고 믿는다.

나도 만족했다. 나는 한 여성 과학자가 무사히 혹은 남의 시선을 끌지 않고 해군 잠수함 연구 탐사 프로젝트를 이끌 수

* 얼음이 바다를 만나 평평하게 얼어붙은 거대한 얼음덩어리로, 1년 내내 두꺼운 얼음으로 덮여 있는 곳을 말한다.

있도록 도왔다. 내 방법이 줏대 없다고 생각하는 사람도 있겠지만, 나는 항상 일을 제대로 해내려면 사람들의 눈을 막대로 찔러서는 안 된다고 믿었다. 당근과 채찍을 함께 사용하는 전략이 가장 효과적이며 외교로 해결할 수 있다면 더욱 좋다. 시스템을 이용해 모든 집단에 이익이 되도록 일을 성사시킬 때까지 기다렸다가 실행하는 일종의 게릴라전이다. 그러면 다음에 비슷한 상황에 직면한 여성에게 문제가 생기면 도움을 청할 수 있는 동맹이 생기게 된다.

그 일은 예상보다 빨리 일어났다. 6개월 후 NSF의 후원을 받고 남극 연구기지에서 일하는 의사 제리 닐슨은 가슴에서 혹을 발견했다. 미국에 있는 종양학자와 세포학자와 화상통화를 하면서 닐슨은 스스로 조직 검사를 했다. 전 세계 언론은 이 일에 대한 자세한 내막을 알아내려고 광분했다. 비행기 연료가 젤리처럼 변하는 극지방의 한겨울인 7월 10일, NSF는 빙하 위로 항암화학요법에 필요한 약품들을 공중 투하했다. 닐슨의 종양이 계속 커지자 NSF는 주방위공군 비행기를 남극에 착륙시키는, 생각만 해도 머리카락이 쭈뼛 서는 작전을 수행했다. 당시 남극에서 가장 추운 착륙이 이루어졌다.

이것은 주방위공군과 미 공군에게 위대한 드라마이자 훌륭한 홍보 거리가 되었다. 그들은 관례라며 닐슨이 귀국하는 길에 인터뷰하고 사진도 찍어야 한다고 주장했다. 하지만 많은 (남성과) 여성이 이해할 수 있는 이유로 닐슨은 귀국하는 길에 언론을 상대하고 싶지 않다고 단호히 거부했다. NSF는 닐슨의 결정을 지지했고, 나는 군에 전화했다. 여성 해양학자에 대한 처우를 놓고 군과 공공연하게 싸움을 벌이려 했다면 통화가 힘들었을 수도 있었다. 나는 안면 있는 공군 고위 장교에게 재빨리 전화해서 조용히 물었다. "장군님, 내일《워싱턴 포스트》에서 전화할 때 닐슨 박사가 인터뷰를 강요받았다고 직설적으로 말한다면 대중의 반응이 어떨지 상상이 되나요?" 잠시 침묵하더니, 장군은 공군 장교들이 "인터뷰의 필요성에 대해 착각한 것 같습니다"라고 부드럽게 대답했다. 그것이 끝이었다.

닐슨은 조용히 귀국해 치료를 받았고,『얼음에 갇히다: 남극에서 벌어진 한 의사의 생존을 위한 분투*Ice Bound: A Doctor's Incredible Battle for Survival at the South Pole*』라는 책에 자신의 이야기를 풀어놓았다.[7] 배우 수전 서랜던은 책을 원작으로 만든 영화에서 닐슨을 연기했다.

* * *

NSF 총재로 부임해 마고 에드워즈와 제리 닐슨 같은 여성 과학자들을 도울 수 있기까지는 오랜 준비가 필요했다. 나는 십여 년 전 메릴랜드대학에 두 개의 연구 조직을 설립했다. 하나는 1977년에 세운 메릴랜드고등해양연구소 프로그램이었다. 의회는 남북전쟁 이후 육지로 둘러싸인 내륙 주에 농업 연구 보조금을 지원했다. 한 세기 후 의회는 대서양과 태평양, 멕시코만, 5대호에 인접한 주의 주립대학에도 동일한 연구 기회를 제공하기 위해 대규모 연구 보조금을 할당했다.

메릴랜드대학의 선도적 미생물학자이자 당시 최고의 미생물학 교과서 저자이며 메릴랜드대학 연구부총장인 마이클 펠차르 주니어는 고등해양연구소 프로그램에 선정되기 위해 심혈을 기울였다. 이후 수년간 나와 좋은 친구로 지내는 펠차르는 체서피크만에서 광범위한 연구를 진행했던 나를 해양연구소의 초대 소장으로 지명했다. 메릴랜드고등해양연구소는 수산업, 습지, 허리케인, 육지 침수, 해수면 상승, 폭풍해일, 연안 인구, 석유 유출 오염 완화법 등 해산물 생산과 연안 지역 문제를 연구했다. 나는 어민, 굴 따는 사람, 지역민들과 대화하면서 과학 지원 활동의 대중 가치에 대한 현실적인 교훈을 얻었다. 훗날 로널드 레이건 행정부가 이 프로그램을 없애려 하자 나는 이때 배운 교훈으로 요령 있게 하원에 로비할 수 있었다.

메릴랜드고등해양연구소를 설립하면서 나는 소중한 친구를 사귀었다. 바로 연줄 쌓기의 정치에서 독보적 인사인 바버라 미컬스키 의원이었다. 볼티모어시에서 식료품점 딸로 태어난 미컬스키 의원은 노동자 계층 이웃들을 조직해 지역 공동체를 무너뜨리는 8차선 고속도로 건설 계획을 철회시키면서 정치 인생을 시작했다. 거기서 출발해 그는 볼티모어 시의회와 하원에 차례로 진출했고 결국 상원 의석을 차지했다. 민주당 소속인 미컬스키 의원은 미 의회 역사상 최장수 여성 의원이 되었고, 이 글을 쓰는 지금은 상원 세출위원회의 유일한 여성 의장이다. 그의 이야기에 따르면, 미컬스키 의원은 의사인 에드거 버만의 시대에 경력을 쌓기 시작했다. 당시 여성 건강의 권위자로 널리 알려졌던 버만은 '격렬한 호르몬 불균형' 현상 때문에 여성은 지도자가 될 수 없다고 말했다.

내가 1970년대 후반에 미컬스키 의원을 만났을 때 그는 하원 해운수산위원회 산하 조직인 해양학분과위원회 위원장을 맡고 있었다. 분과위원회는 해양생명과학으로 환경을 정화하는 방법을 찾고 있었고, 미컬스키는 메릴랜드대학에서 내가 같은 일을 시도하고 있다는 사실을 우연히 알게 되었다. 그때부터 정치적으로 복잡한 상황에 대한 의문이 있거나 혹은 프로젝트를 진전시켜야 할 때마다 나는 항상 미컬스키 의원과 보좌진을 찾아가 조언을 구했다.

미컬스키 의원은 최근 이렇게 설명했다. "최초라는 타이틀을 얻고 나면 많은 사람 중 첫 번째가 되고 싶은 법입니다. 다른 사람들이 따라올 수 있도록 문을 열어두고 싶어집니다. 그것이 우리의 책무였어요. 재능을 발견하면 우리는 그 재능을 독려하고 싶었습니다." 따라서 공화당 출신 대통령이 NIH 수장으로 버나딘 힐리를 지명했을 때 미컬스키 의원과 다른 민주당 여성 의원들은 상원을 설득해 그가 임명되도록 도왔다.

의회의 또 다른 여성 콘스턴스 모렐라는 사적으로도 내 친구로 든든한 지지자가 돼주었다. 나처럼 모렐라도 이탈리아

이민자의 딸이며 매사추세츠주에서 자랐다. 그의 자매가 암으로 사망하자 모렐라와 남편은 자매의 여섯 자녀를 입양해 자신의 세 자녀와 함께 키웠다. 이전에 지역 전문대학 교수였던 모렐라는 온건한 공화당원이었고, 1987년부터 2003년까지 하원에서 우리 지역을 대표했다. 그는 하원 과학분과위원회 위원장이 되었고, 나중에 경제협력개발기구OECD 미국 대사를 역임했다. 1990년 NIH에 여성건강실험실을 설치하기 위해 연대한 의회의 두 지도자가 미컬스키 상원의원과 모렐라 하원의원이었던 것은 결코 우연이 아니다. 두 사람 모두 여성이 테이블에 없을 때 무슨 일이 일어날 수 있는지 잘 알고 있었다.

⁂ ⁂ ⁂

메릴랜드고등해양연구소가 설립되고 몇 년이 지나자, 미국 주요 공립대학의 설립자 중 한 명이자 진정으로 존경스러운 인물인 존 톨이 메릴랜드대학 총장에 선임되었다.[8] 뉴욕주립대학 스토니브룩에서 신입생 수를 열 배 가까이 늘린 뒤였다. 메릴랜드고등해양연구소에서 내가 이룬 성과에 깊은 감명을 받은 톨 총장은 나를 메릴랜드대학시스템 교무부총장으로 임명했다. 그 결과 나는 실험실을 운영하고 1년에 한두 번 방글라데시에 가서 연구하면서 또한 교수 채용, 승진, 메릴랜드대학시스템 산하 열한 개 캠퍼스의 교육 프로그램 같은 까다로운 문제를 다루는 경험을 쌓고 있었다.

남성들이 내가 무슨 일을 하는지 전혀 눈치채지 못하는 동안, 나는 대학에서 지도자 자리를 놓고 경쟁할 때 강력한 여성 후보자들에게 공정한 기회가 주어지도록 보장할 수 있었다. 나는 젠더를 인사 결정의 유일한 기준으로 삼는 데 찬성하지 않지만 자질을 갖춘 여성 후보자들은 당면한 과제에 특별한 통찰력을 발휘할 수 있다고 생각한다. 숨은 실력자가 되기란 쉽지 않은 일이며 행동할 때를 아는 것은 마술이 아니다. 둘 다 어려운 일이다. 어떤 레버를 언제 당겨야 하는지 알아야 한다. 우리 여성들이 쓰라린 경험을 통해 배운 것은 현대 연구에서도 확인되었다. 높은 자격을 갖춘 여성과 소외된 소수자집단을 공개적으로 돕는 남성은 보상을 받았지만 비슷한 일을 한 여성과 백인이 아닌 소수자집단은 처벌받았다.[9]

부총장이라는 내 직위는 대학이 어떻게 새롭게 연구 영역을 넓힐 수 있는지에 관한 발언권도 주었다. 기술 혁명은 항상 과학 지식의 폭발에 불을 붙였고 종종 생물학도 영향을 받았다.[10] 나는 보스턴 지역이 유전체학, 컴퓨터생물학, 생물정보학을 이용해 세계적 수준의 생명공학과 유전공학 연구센터를 개발하는 과정을 지켜보았다. NIH, FDA, 그 외 연방 기관의 본거지인 메릴랜드도 보스턴처럼 될 수 있었다. 나는 톨 총장에게 생물학이 왜 미래 과학이자 경제성장의 원동력인지 설명하고, 메릴랜드대학이 생명과학 분야 선두주자가 돼야 한다고 말했다.[11]

톨 총장은 내 의견에 열광적으로 동의했고 관련 기관을 조직하는 과정에서 멘토가 돼주었다. 그는 메릴랜드 주지사와 주의회를 상대로 메릴랜드대학시스템의 대표 학교인 칼리지파크캠퍼스의 생물학과에 100만 달러를 투자하도록 설득했다. 하지만 칼리지파크캠퍼스는 그 돈을 공학과와 물리학과에 배분해버렸다. 이 과정을 지켜보며 나는 통상적인 방법으로는 생명과학이 발전할 수 없다는 결론에 이르렀다.

이듬해 나는 톨 총장에게 생명공학연구소를 세우자고 제안했다. 이 프로젝트의 핵심 지지자 세 명은 모두 여성이었다. 바바라 미컬스키, 콘스턴스 모렐라 그리고 당시 메릴랜드 주의회 예산위원회 위원장이었던 낸시 코프였다. 코프는 나중에 메릴랜드 주의회 세출위원회 위원장이 되었고 주 재무부장관으로도 선출되었다. 내게 주의회와 일하는 방법을 가르쳐준 것도, 입법자들에게 과학과 교육 프로그램 관련 지원 요청을 쉽게 할 수 있도록 도와준 것도 바로 코프였다.

내가 소장으로 재직한 11년간 메릴랜드대학 생명공학연구소는 메릴랜드주와 연방정부에서 1억 달러 이상을 지원받아 연구소를 짓고 연구 보조금으로 사용했다. 절정기에는 700명의 과학자와 직원이 생명공학연구소에서 일했다. 이 경험을 통해 나는 변화를 일으킬 수 있다는 것을 알게 되었다. 반드시 지속되는 것은 아니지만 말이다. 이후 대학 행정부는 연구소를 해체하고 예산과 교수진을 주 전역의 여러 캠퍼스에 배분했다. 내가 이 실망스러운 결과에서 배운 가장 중요한 교훈은 새로운 제도를 마련해 지속시키려면 내부 동의를 끌어내는 일이 매우 중요하다는 점이었다.

대학이 연구소를 계속 지원했다면 메릴랜드대학은 생명공학 분야의 글로벌 선두주자가 되었을 것이다. 그럼에도 연방기관이 있고, 산업 발달이 활발하며, 메릴랜드대학 열한 개 캠퍼스의 뛰어난 교수진 덕분에 오늘날 메릴랜드주는 미국 생명공학 분야에서 세 번째로 중요한 지역이 되었다. 메릴랜드대학 칼리지파크캠퍼스는 전 세계 연구 대학 중 상위권에 포함되었다.

※ ※ ※

1983년은 내가 메릴랜드대학시스템 교무부총장으로 임명되고, 콜레라 연구자들은 내 발견에 대해 계속 논쟁을 벌이며, 로널드 레이건 대통령은 정치적인 문제로 골치를 썩인 해였다. 레이건 대통령은 연방정부에 더 많은 여성을 채용하겠다고 약속했다. 하지만 그가 처음 임명한 367명의 행정 관료 중 여성은 겨우 마흔두 명뿐이자 양쪽 진영의 여성들은 모두 불만을 터트렸다. 나는 이처럼 한탄스러운 기록을 벌충하려는 레이건 대통령 노력의 수혜자가 되었다. 톨 총장의 지명으로 미국 국립과학위원회에 임명되었다. NSF가 아니라 과학정책, 기금, 방향에 관해 재단에 조언하는 기관에 들어간 것이다. 나는 곧 여성이 돈줄을 쥐지 못하면 어떤 일이 벌어지는지 직접 목격했다.

내가 극지과학위원회 위원을 거쳐 위원장을 역임하는 동안 의회는 군의 요청에 따라 북극과 남극 과학 연구 자금을 두 배로 늘렸다. 세계적으로 두 지역의 군사적, 산업적 중요성이 높아지고 있었기 때문이다. 나는 극지방의 과학 시설을 최첨단으로 바꾸는 일을 강력히 지지했다. 남극은 지구에서 가장 오염되지 않은 곳이었으며 산업화 이전의 생물이 어땠는지 관찰할 수 있었다. 그러나 나는 영향력 있는 여성 과학자들 혹은 유권자들이 나처럼 과학계 모든 여성과 다른 유색인종을 돕겠다고 동조하지 않아 실망했다. 만약 내가 그들을 위해 공개적으로 로비를 했다면 많은 남성이 내가 꺼내는 다른 주제에 관해서도 무조건 깎아내렸을 것이다. 게다가 국립과학위원회는 NSF와 연방 기관의 예산을 관리하기보다 조언하는 쪽이었다.

나는 곧 회의에서 중요한 결정을 내리는 곳이 집행위원회라는 사실을 깨달았다. 위원회가 열리기 전에 어떤 주제에 관해 의견을 말하자 한 남성 위원은 내게 이렇게 말했다. "그 작고 예쁜 머리로 그런 것까지 걱정할 필요 없습니다." 이 말을 듣고 불쾌한 사람은 나뿐이었다. 누구도 대놓고 모욕을 주지 않았지만 위원회가 열리는 내내 내가 제안할 때마다 위원들은 침묵으로 일관했다. 드물게 "흥미롭군요"라는 한 마디가 나오면 이는 내 주장으로 기록되지 않는다는 뜻이었다. 잠시 후 다른 남성 위원 누군가가 나와 비슷한 제안을 하면 갑자기 주변에서 "좋은 생각입니다"와 같은 반응이 나왔다. 이것이 1980년대 중반의 상황이었고, 미국 과학계에서 유명인사인 여성 과학자는 단 한 명도 없었다.

❊ ❊ ❊

국립과학위원회에서 일하면서 나는 과학을 연구하고 가족과 시간을 보내는 일 외에 제도를 만드는 것도 기쁨을 가져다준다는 사실을 알게 되었다. 나는 다른 과학자의 연구를 비평하는 일에는 관심이 없었고, 연구소 건물을 짓는 일에도 흥미가 없었다. 미래 세대를 위해 문제를 해결하고 사람들의 삶을 개선하는 제도를 만들고 싶었다. 그러한 제도를 '사람으로 만든 구조물'이라 생각했다.

이제까지 나는 두 가지 일을 동시에 하고 있었다. 하나는 과학 연구였고 다른 하나는 과학 행정이었다. 이 방식을 모두에게 권하고 싶지는 않다. 친구들은 나를 '에너자이저 버니'라고 부르곤 했다. 6시간만 자면 내 배터리는 절대 멈추지 않는 것처럼 보였다. 하지만 나를 지탱한 것은 가능성에 관한 깊은 신념, 모든 것은 바뀔 수 있다는 낙관주의, 지지자와 동맹이 있다면 어떤 문제든 해결할 힘이 생긴다는 깨달음이다.

여성 과학자들은 아직 과학을 개혁하기 위해 공개적으로 동맹을 결성하는 법을 배우지 못했다. 그러나 우리는 사실을 연구하고, 문제를 파악하고, 장기적인 목표를 선택하고, 자신이 하는 일에 믿음을 갖는다면 불가능해 보이는 일도 이룰 수 있다는 사실을 배웠다. 진전을 일으키기 위해서는 일을 잘 할 수 있다고 믿을 만한 사람을 찾아, 이 일이 중요하다는 확신을 심어주고, 필요한 책임을 부여한 뒤 한발 물러나서 그들이 일하도록 두어야 한다.

그렇더라도 남편 잭과 멋진 두 딸 앨리슨과 스테이시가 없었더라면 내가 손을 댄 모든 일을 이룰 수 없었을 것이다. 나를 믿어주는 정말 소중한 사람들에게 둘러싸여 있다면 당신은 운이 좋은 사람일 뿐 아니라 세계도 정복할 수 있다. 내게는 항상 한발 물러나서 치유할 장소가 있었고 그곳에서 나를 다잡을 수 있었다. 잭은 내 불평을 들어주고 내가 타인의 관점에서 보도록 일깨워주었다. 만에서 요트를 타지 않을 때면 우리는 자전거를 타거나 하이킹을 하거나 연극이나 음악회에 가곤 했다. 딸아이들이 초등학생이던 어느 날 저녁, 나는 집으로 돌아와 산더미같이 쌓인 집안일을 해치우려 했다. 내 말투는 날카로웠고 명령조로 변해갔다. 결국 잭이 "리키" 하고 항상 나를 부르던 애칭으로 불러 세웠다. "리키, 여기는 실험실이 아니야. 여긴 우리 집이라고."

* * *

의회가 클래런스 토머스를 대법관으로 임명한 뒤 내게 정부 기관에서 일할 커다란 기회가 찾아왔다. 법학 교수 애니타 힐이 토머스가 자신을 성적으로 괴롭혔다고 증언했지만 소용없었다. 성난 유권자들은 1992년에 기록적인 수의 여성들을 의회로 보냈고, 다음 대통령 선거에서 빌 클린턴을 백악관에 입성시켰으며, 클린턴 대통령은 여성들을 대거 고위직에 임명했다.

1997년 클린턴 대통령의 과학 고문이 내게 NSF 부총재 자리에 관심이 있는지 물었다. 백악관은 리타 콜웰을 과학자가 아니라 과학 행정가, 제도 수립자, 기금 모금자로 생각했다. 어떤 경우든 국립과학위원회에서 일하면서 나는 무언가를 성취하려면 누군가 책임자가 돼야 한다는 사실을 깨달았다. 나는 이미 NSF 교육국 부국장으로 와달라는 행정부의 초대를 거절했다. 그래서 이번에는 "감사합니다만, 가능하다면 총재 자리가 났을 때 불러주시면 기쁘고 영광스럽게 받아들이겠습니다"라고 답했다.

이듬해 1월의 어느 날, 비서가 메릴랜드대학 생명공학연구소의 내 사무실로 찾아왔다. "부통령께서 전화하셨습니다."

그때 매우 바빴던 나는 "어디 부통령이라고?" 하고 건성으로 물었다.

"미국 부통령이요." 비서가 대답했다.

앨 고어 부통령이 직접 전화해 NSF 총재가 될 의향이 있냐고 물었다. 나는 이번에는 "예"라고 대답했다.

나는 NSF를 사랑한다. 연방정부 전체 기관 중 최고이며 직원들은 단연 세계 최고라 생각한다. 1998년부터 2004년까지 총재로 재임한 6년은 내 인생 최고의 시간이었다. NSF는 직속 연구소가 없는 특이한 정부 기관이다. 대신 미국 대학에서 이루어지는 비의학 분야 과학 연구의 절반을 지원한다. NSF는 매년 물리학, 지구과학, 생명과학, 사회과학, 행동과학 그리고 공학과 미국의 미래 과학자 교육에 들어가는 수십억 달러의 연구 보조금을 책임진다. 당시 NSF의 연구 보조금은 매년 수천 명의 과학자, 공학자, 교사 그리고 학생을 지원했다. 나는 NSF 최초의 여성 총재였다.

NSF는 2차 세계대전이 끝날 무렵 프랭클린 루스벨트 대통령의 아이디어에서 탄생했다. 전쟁에서 이기기 위해 미국은 새로운 방위산업, 특히 전자공학과 같은 과학 분야에서 산업을 일으켰지만 전쟁이 끝나면서 이런 산업 중 상당수가 더는 필요하지 않게 되었다. 루스벨트 대통령은 임무를 마치고 미국으로 돌아온 1500만 명의 군인들이 자신이 했던 일이 더는 존재하지 않는다는 사실을 알게 될까 봐 우려했다. 그의 전시 과학 고문인 버니바 부시는 미국 과학자들의 호기심으로 추진되는 기초과학 연구에 투자할 것을 제안했고, 1950년 해리 트루먼 대통령이 NSF를 창설하는 법안에 서명하면서 부시의 제안이 실현되기에 이르렀다.[12] NSF가 자금을 지원한 발견이 모두 즉각적으로 상용화된 것은 아니었지만 일부는 새로운 기업과 일자리를 창출하기도 했다. 오늘날 많은 경제학자가 국가 경제성장의 절반 이상이 정부가 기초과학 연구에 투자한 결과라고 믿는다.

내가 총재로 부임하기도 전에 NSF의 노익장들은 나에 대한 반발이 여러 차례 있었다고 경고했다. 재단의 법률 고문은 정부 기관에서 통용되는 첫 번째 자명한 이치가 "당신이 떠나도 나는 여기 있다 I'll be here when you are gone"임을 명심하라고 조언했다. 경력직들은 나처럼 단기간 재직하는 총재보다 더 오래 일하므로 총재가 한 일을 모두 없던 일로 뒤집을 수 있다는 뜻이다. 두 번째는 내가 여성이라는 사실을 되새겨야 한다고 했다. 다행스럽게도 재단에서는 내가 여성이라는 점에 문제를 제기하지 않았다. 부임 초기에 《사이언스》 기자 제프리 머비스가 내게 전화해 "여성만 채용하실 겁니까?"라고 물은 적은 있었다. 나는 "아니요"라고 대답했다. 나는 여성에게 우선권을 부여하지 않았다. 그저 그 일에 가장 적합한 사람을 채용할 뿐이었다.

세 번째 약점은 내가 생물학자라는 것이었다. 50년 역사의 NSF를 이끄는 총재 자리에 오른 최초의 미생물학자이자 두 번째 생명과학자였다(생화학자 윌리엄 맥엘로이가 30년 전에 총재직을 역임했다). 전통적으로 NIH는 의학과 관련된 생물학 연구에 자금을 지원한 반면 NSF는 연합국이 2차 세계대전에서 승리하는 것을 도왔던 물리학, 화학, 천문학, 공학 등 소위 경성과학hard sciences을 지원했다. NSF 총재는 보통 남성 물리학자나 공학자로, 입자가속기나 천문학자들이 사용하는 망원경 같은 대규모 프로젝트에 지원을 아끼지 않았다. 남성이 지배하는 이들 분야는 내 연구 분야인 미생물생태학이나 분자

생물학보다 더 명성이 높았다. 그렇지만 생명과학은 새로운 발견들과 질병 전파, 유전체학, 기후변화, 지구 생태계, 신경 연산 등 흥미롭지만 지원이 부족한 연구들로 폭발적으로 성장하고 있었다.

한편 내게도 몇 가지 강점이 있었다. 우선 미컬스키 상원의원, 모렐라 하원의원 그리고 메릴랜드 주의회 대표단이 내 편이 돼주었다. 내가 총재로 일하는 동안 NSF가 혁신을 촉진하고 새로운 일자리를 창출했기 때문에 의회가 대체로 좋아했다. NSF가 지원한 대학 실험실에서 시작된 정보기술, 인터넷(그리고 2000년까지 구글을 포함해 웹에서 사용되는 모든 주요 검색엔진), 게놈 혁명, MRI, 레이저, 생명공학, 나노기술은 현대 생활의 토대가 되었다.

내 재임 시절, 과학에 대한 지원은 당파에 휩쓸리지 않고 정치와 무관했다. 클린턴 대통령도 조지 W. 부시 대통령도 정치적 목적으로 NSF에 어떤 프로그램을 강요하거나 없애도록 지시하지 않았다. 나는 양쪽 정당 모두와 일했고, 그들 모두를 좋아했다. 예를 들어 좌파로는 에드워드 케네디, 우파로는 트렌트 롯, 딕 체니 그리고 전 하원 의장인 뉴트 깅그리치가 있었다. 나는 깅그리치 의장과 허물없이 지냈다. 그는 많은 부분에서 나와 달랐으나 그와 함께 보내는 시간은 즐거웠다. 나는 그에게 NSF에서 과학 정책과 기금을 주제로 강연해 달라고 부탁했고, 그는 예산 통과에 도움이 필요하면 언제든 전화하라고 말했다.

깅그리치 의장이 의회를 떠나고 조지 부시 대통령이 취임했을 때 NSF의 예산을 감액한다는 소문이 들려왔다. NSF의 예산은 클린턴 대통령 시절 크게 늘었기 때문에 새 대통령은 소폭 인상에서 그칠 것처럼 보였다. 나는 깅그리치 의장에게 전화했고, 그가 백악관과 이야기해 결국 재단은 상당히 늘어난 예산을 받았다. 클린턴 대통령이 올려준 13퍼센트에는 못 미쳤지만 9퍼센트도 상당한 예산이었기에 감사했다.

내가 가진 또 다른 강점은 NSF에서 일하는 1500명에 달하는 최고의 직원이었다. 법률 고문 로런스 루돌프를 처음 만났을 때, 그는 내게 의회나 언론과 가장 충돌하기 쉬운 두 가지 방법은 개인 경비 계정을 함부로 사용하거나 《워싱턴포스트》에서 읽고 싶어 하지 않는 내용을 메일에 쓰는 것이라고 경고했다. 나는 곧바로 루돌프에게 경비 계산서를 제출하기 전에 검토해달라고 요청했고, 메일을 보낼 때마다 흠잡을 데 없이 완벽하게 작성하려 노력했다. 심지어 아이들도 내가 사적인 메일을 보내거나 전화할 때 얼마나 신중하게 처리했는지 알아차릴 정도였다.

루돌프의 조언은 강성 공화당원 짐 센센브레너 하원의원과 충돌했을 때 진가를 발휘했다. NSF에 대한 의회의 통제력을 키우고 싶어 했던 센센브레너 의원은 재단 직원 모두의 경비 명세와 5년 치 출장 기록을 요구했다. NSF 직원들은 명세서를 찾고, 복사하고, 25개 상자에 넣고, 포장하느라 주말을 모두 허비했다. 이 기록은 센센브레너 의원에게 전달되었고, 이후 그의 사무실에서는 연락이 오지 않았다.

남성이 지배하는 조직에서 여성으로 보낸 수십 년의 경험 역시 내게 한두 가지 교훈을 가르쳐주었다. 나는 여성의 목소리를 무시하는 남성의 발언을 들으며 회의를 마친 후 우리 여성들이 입을 다물고 있기를 강요당한다는 사실을 깨달았다. 전 대법관 고故 루스 베이더 긴즈버그는 자신이 법원의 유일한 여성이었을 때 그가 발언하면 아무도 주목하지 않았지만 다른 (남성) 법관이 같은 발언을 하면 주목받았다고 회고했다.[13] 긴즈버그 자신도 말했지만 그는 "불명확하게 말하는 사람은 아니었다." 하원 의장 낸시 펠로시 역시 비슷한 경험을 털어놓았다.[14] 이런 현상은 너무나 견고하다. 하버드대학 의과대학 매사추세츠종합병원의 자가면역질환 권위자인 데니즈 파우스트만은 종종 회의에 남학생을 데려가 자신의 주장을 대신 말하게 했다.[15] 회의에 참석한 사람들은 파우스트만보다 남학생의 말을 더 잘 믿었기 때문이다.

안타깝게도 이 문제는 지금도 여전히 존재한다. 몇 년 전, 나는 수년간 함께 일해온 동료들과 연구 보조금을 주제로 회의하면서 어떤 주장을 했지만 무시당했다. 그런데 몇 분 뒤, 한 남성이 나와 같은 의견을 제시했는데 그의 주장은 받아들여졌다. 그 자리에 있던 여성들은 무슨 일이 일어났는지를 알아차리고는 은밀하게 'LOL'* 메시지를 주고받았다. 물론 우

* laugh-out-loud의 줄임말로 '크게 소리 내 웃다'라는 뜻의 채팅 용어. 우리의 'ㅋㅋㅋ'에 해당한다.

리 중 누구도 그 남성에게 이 일을 알려주지 않았다.

메릴랜드대학에서 학술회의를 주재하면서 나는 절대로 결론이 나지 않을 것처럼 끝없이 계속되는 토론을 피하는 기술을 연마했다. 흥미롭게도 이 기술은 아무도 내 말을 귀담아듣지 않았던 어린 시절의 분노에서 자라났다. 불공평과 부당함은 여전히 나를 분노하게 만들지만 이제 나는 그 경험을 거울삼아 모두가 자기 생각을 말할 기회를 얻도록 두루 살핀다. 특히 요청받지 않으면 자기 의견 말하기를 꺼리는 사람들을 배려하려고 노력한다. 이런 체계는 나 역시 공정하다는 것을 보장한다.

회의가 시작되면 나는 먼저 가장 조용한 위원들도 의견을 발언하게 해 한 사람이 회의를 장악하고 반대 의견을 뭉개버리는 것을 예방한다. (흥미롭게도 카네기멜런대학의 애니타 울리 박사가 이끄는 연구팀은 집단의 효율성이 여성의 비율에 비례한다는 연구 결과를 발표했다.[16] 여성은 대화를 독점하는 소수의 말뿐 아니라 모든 사람의 의견에 귀를 기울이기 때문이다.) 그런 다음 나는 해당 주제에 관한 토론에서 나타난 의견 차이를 확인하고 실행 가능한 결론을 명확히 설명한 뒤, 누군가가(항상 예상을 빗나가지 않고 남성이) 내가 방금 말한 내용을 다시 말할 때까지 기다린다. 그 남성의 동료가 "멋진 생각입니다!"라고 말하면 마침내 이 멋진 생각에 대한 위원회 활동의 동의를 요청한다. 그 순간에는 인정받을 수 없지만 일을 마치고 나면 결국 인정받게 된다. 즉각적으로 인정받는 일에 연연하면 아무것도 이루지 못한다.

과학 행정 분야에서 20년 넘게 연마한 운영 전략 외에도 나는 두 가지 중요한 이점을 가지고 NSF에 부임했다. 첫째는 물론 잭이다. 잭은 미국 국립표준기술원에서 물리학자로 연구하다 1989년에 은퇴해 가정을 돌보며 요트를 탔다. 잭은 자신이 좋아하는 일을 할 시간이 절실히 필요하다며 그런 결정을 내렸다. 요트뿐만 아니라 자전거도 타고 아마추어로 천문학도 공부하고 우리집 근처 포토맥강 건너편에 있는 키 큰 나무 위에 둥지를 튼 독수리 한 쌍을 관찰하기도 한다. 앨리슨과 스테이시는 각각 대학원과 의과대학에 진학했고 잭의 세심한 계획 덕분에 경제적으로도 여유가 있었다. 이런 이유로 잭의 은퇴는 합리적이었고 환영받았다.

두 번째 이점은 대학원생 안와르 후크였다. 그는 아내와 아이들과 함께 콜웰 가족의 일원이 되었는데 너무나 가족 같아서 안와르와 잭은 여러 차례 병원에 입원할 때마다 서로의 병상을 지키며 간호해줄 정도였다. 안와르는 친절하고 정직하며 영리하고 미생물학의 실제적인 측면에 대해 매우 잘 알고 있었다. 안와르는 내가 NSF에서 일하는 동안 내내 우리 실험실을 운영했다.

❊ ❊ ❊

나는 이런 사람들과 기술을 뒷주머니에 넣고 목표 목록과 그것들을 달성하기 위한 명확한 전략을 가지고 NSF에 부임했다. 당면한 목표는 대학원생들과 유치원에서 12학년까지의 과학 교육을 돕는 것이었다. 이공계 대학원생들의 봉급이 너무 적어 많은 학생이 학업을 포기하거나 생활 보장을 받으면서 저소득층에게 주는 식품구입권으로 살아갔다.[17] 나는 NSF의 대학원생 연구비를 1만4천 달러에서 3만 달러로 늘리고 싶었는데, 새로운 펠로우십 프로그램을 도입해 이 목표를 달성했다. 대학원생에게 봉급을 지급하고 그들의 최신 연구 결과를 공립학교 과학 교실에서 일주일에 5시간씩 가르치게 했다. 대학원생들은 학생을 가르치는 방법을 배우고 아이들은 젊은 남녀 과학자와 공학자들을 교사로 둘 수 있었다. 우리는 이 프로그램을 'GK-12'라고 이름 붙였다. 이 프로그램의 중요한 부산물은 전통적인 NSF의 대학원생 연구비가 3만 달러로 높아졌다는 점이다. 불행히도 나중에 NSF는 GK-12 프로그램을 없애버렸고, 대학원생 연구비는 다시 줄었다.

장기적으로 나는 총재의 업무가 '첫째도 예산, 둘째도 예산, 셋째도 예산'이라는 것을 알았다. 1990년대 후반까지 NSF는 매년 과학자들이 제출하는 3만2천 건의 연구 지원서 중 겨우 9천 건만 지원할 수 있었다. 나는 NSF 예산을 두 배로 늘리고 싶었고, 이전에 다양한 자문단과 위원회에 참가한 경험 덕분에 어떻게 해야 할지 그 방법을 알고 있었다. 바로 합의였다. 모두가 나와 함께할 때 목표를 이룰 수 있다. 다른 사람들과 갈라질 만큼 저 멀리 앞서가는 것도 아니고, 밧줄로 잡아당겨야 할 만큼 뒤처진 것도 아닌 바로 옆에 있어야 한다.

NSF는 우선순위를 정해야 했다. 그렇지 않으면 의회가 우리를 대신해 우선순위를 정했을 것이다. 메릴랜드 주의회와 일하면서 나는 연방 의회에 가서 예산을 전반적으로 두 배로 늘려달라고 요청하면 기껏해야 1년에 몇 퍼센트 정도가 증액된다는 점도 깨우쳤다. 그 밖에도 나는 땅콩버터법이라 부르는 방식을 선호하지 않았다. 땅콩버터법은 연구 보조금을 동일한 금액으로 잘게 쪼개 모두에게 나누어주는 방식이다. 나는 훌륭한 과학자는 훌륭한 업적을 내는 데 필요한 돈을 받을 수 있어야 한다고 믿었다. 또 폴에게 연구 보조금을 주기 위해 피터에게 주던 보조금을 거두어서는 안 된다고 굳게 믿었다. 이미 진행 중인 중요한 연구의 보조금을 줄여 새 프로그램을 지원하는 일은 절대로 하지 않았다. 상당한 규모의 신규 자금을 유치하려면 새로운 계획을 활용해야 한다.

하지만 연구 보조금이 필요한 새로운 분야는 무엇일까? 우리는 이미 몇몇 새로운 이공계 분야는 우리가 지원한 것보다 훨씬 훌륭한 연구 프로젝트 제안을 받고 있다는 사실을 알고 있었다. 이런 분야들은 각각 미국 경제가 성장할 수 있었던, 잃어버린 기회를 나타냈다. 그래서 내가 총재로 부임한 6년간 우리는 일련의 새로운 프로그램을 개발하는 데 주력했다. 수년간 이 분야에서 저 분야로 전공을 바꾸며 전전한 덕분에 나는 우리가 새로운 시대로 나아가고 있다는 것을 알았다. 전통적인 전문 분야가 서로 겹치는 곳에 풍부한 과학 연구 과제가 놓여 있다. 나는 상원 세출위원회에서 이렇게 설명했다. "지금까지 우리는 사물을 각각의 요소로 분해해 지식을 구해왔습니다. 이제 우리는 복잡한 시스템을 이루는 부분 간의 상호작용을 계획할 수 있습니다."

1998년에는 물리학자, 생물학자, 천문학자, 컴퓨터과학자, 수학자, 공학자 그리고 사회과학자를 설득해 실험을 처음부터 끝까지 함께 설계하고, 수행하고, 분석하게 하기란 쉽지 않았다. 학과 간의 인위적인 경계를 허무는 일도 논란의 여지가 있었다. 작은 봉토처럼 분리된 학과에 안락하게 자리잡은 지식체계는 자체적으로 보조금을 관리하는 쪽을 선호했고, 보조금을 공유하는 것은 귀중한 자원을 포기하는 행위로 여겨졌다. 학제 간 연구는 다소 느슨했으며, 이전에 시도해보지 않은 것은 뭐든 좋지 않다는 인식도 남아있었다.

NSF도 오랫동안 거대한 울타리 안에서 자연과학 지지자들과 함께 움직여왔다. 이들은 생명과학 지지자들과는 별개였고, 사회과학을 옹호하는 사람들과도 달랐다. 많은 과학자는 실제로는 학제 간 연구팀에 참가하길 원했다. 나노기술 분야는 특히 연구 보조금 신청이 물밀듯 쏟아졌다. 하지만 내가 총재가 되었을 무렵 NSF는 이런 연구를 지원할 수 있는 구조가 아니었다.

나노기술은 생물학자, 공학자, 물리학자, 화학자가 협력해 한 번에 원자 하나씩 물질을 조작해야 한다. 내 전임자 닐 레인은 NSF를 떠난 뒤 백악관 과학 자문이 되었다. 나는 그와 함께 새로운 제조법과 의약품을 생산하고 만성질환 치료법을 개발하는 방법으로 의료적, 산업적 문제를 해결하기 위해 이 새롭고 흥미로운 생명공학 분야의 자금을 확보하는 데 주력했다. 나는 생물학이 경제성장의 엔진이 될 수 있다는 전망에 흥분했다. 그러나 내가 NSF에서 이룬 자랑스러운 업적 중 하나는 1990년대의 가장 큰 변화로 꼽히는 컴퓨터 혁명을 뒷받침한 일이었다.

* * *

학제 간 연구팀은 엄청난 양의 데이터를 생성하는 경향이 있다. 나는 컴퓨터가 수학부터 교육, 사회과학까지 모든 분야에서 게임 체인저가 되리라고 생각했다. 그러나 미국 대학의 고성능 컴퓨터에 대한 접근권은 평등하지 않았다. 우리가 모든 과학자를 컴퓨터화해 연결하지 않는 한 그들은 데이터를 공유하거나 비교할 수 없었다. 오랜 논의 끝에 NSF는 모든 학술기관에 고성능 컴퓨터를 설치하는 10억 달러짜리 프로젝트를 추진하기로 했다. 이를 위해서는 물리학과 공학에 투자하는 만큼 컴퓨터과학이라는 새로운 분야에 자금을 투입해야 했고, 동시에 노익장들을 소외시키지 않아야 했다. 나는 모든 관련 정부 기관장들을 내 사무실로 초청해 지원을 요청했다. 그들은 우리 모두 함께 일해야겠지만 특히 NSF가 앞장

서야 한다는 데 동의했다.

펜실베이니아대학 로봇공학과 교수 루제나 바이츠시에게 3년간 NSF의 컴퓨터정보과학공학 부국장 자리를 맡겼다.[18] 바이츠시는 히틀러가 독일 총리에 선출된 해인 1933년에 체코슬로바키아에서 태어났다. 그의 부모는 유대인이었지만 가톨릭으로 개종했다. 그러나 바이츠시가 세 살 때 반유대주의자인 가정부가 그의 어머니를 살해했고, 열한 살 때 나치가 그의 아버지와 계모를 살해했다. 그런 일을 겪은 뒤 바이츠시는 "수학과 컴퓨터를 대할 때면 마음이 편안했다"라고 인터뷰에서 밝혔다. "사람은 예측할 수 없습니다. 하지만 기계는 무엇이 나올지 알 수 있지요. 게다가 원하는 결과를 얻지 못한다면 그건 전적으로 내 잘못입니다! 그러니 어느 정도 내가 통제할 수 있다는 뜻이기도 합니다."

바이츠시는 슬로바키아공과대학에서 전자공학 학위를 받은 뒤 미국으로 건너와 스탠퍼드대학에서 1년간 장학금을 받았다. 1967년 중반 '사랑의 여름'*이 한창일 때였다. "나는 매우 보수적인 체코슬로바키아인이자 공산주의자였고, 어떤 면에서는 매우 가톨릭적인 배경을 갖고 있었습니다"라고 바이츠시는 회상했다. 그는 스탠퍼드대학 구내서점을 방문한 날 성경, 코란 그리고 『공산당 선언』이 서가에 나란히 꽂혀 있는 것을 발견하고 비로소 자유가 무엇인지 실감했다.

* 샌프란시스코를 중심으로 발달해 1960년대 후반 절정을 이룬 히피 문화

바이츠시는 처음으로 새로운 아이디어를 두려워하지 않는 환경에 놓인 자신을 발견했다. "컴퓨터과학의 모든 영역은 아직 유아기 단계였고 인공지능은 이제 막 태어났습니다"라고 그는 말했다. 나와 만났을 때 바이츠시는 슬로바키아공과대학의 전자공학 학위와 스탠퍼드대학의 컴퓨터 비전과 패턴인식 학위라는 두 개의 박사학위를 가지고 있었다. 바이츠시는 펜실베이니아공과대학에서 30년을 보냈고, 현재 미국 국립공학아카데미와 국립의학아카데미 회원이다. 그는 스타다.

NSF에서 바이츠시는 곧 프로젝트 관리자가 된다는 것은 특정 과학 분야에 관한 연구 보조금을 마련하기 위해 돈을 놓고 경쟁하는 일에 참여하는 것임을 깨달았다. 물리학과 공학은 항상 NSF 예산에서 큰 부분을 차지했으므로 의회가 재단 예산을 겨우 1.5퍼센트만 올려준 해에도 자신들은 별문제 없으리란 사실을 알았다. 하지만 컴퓨터과학처럼 예산이 작은 분야들은 그렇지 못했다. 바이츠시는 프로젝트 관리자들을 모두 모아놓고 할머니처럼 치즈와 와인을 먹이면서 무장 해제시켰다. 그러고는 모든 과학을 컴퓨터화한다는 우리의 미래상을 서서히 관리자들에게 주입시켰다.

만약 우리가 새로 늘어난 예산을 모두 컴퓨터과학에 몰아준다면 학계 질투가 더 심해지리라는 사실을 알고 나는 다소 간교한 속임수를 쓰기로 했다. 우리는 새로 따낸 예산을 컴퓨터과학과 공학에 몰아주되, 다른 과학 분야도 컴퓨터를 사용하는 데 익숙해지도록 충분히 예산을 나눠주기로 했다. 모두가 컴퓨터과학을 자기 분야에 적용하는 일에 참여하게 한 것이다. 내 생각은 맞아떨어졌다. 컴퓨터과학에 새로 부여된 수백만 달러의 보조금을 부러운 눈으로 바라보는 사람은 아무도 없었다. 대신 모든 분야가 컴퓨터 혁명에 동참했다.

수학은 학제 간 연구에서 우선순위를 가진 또 다른 학문이었다. 수학은 공학, 경영학, 사회학, 행동과학뿐만 아니라 모든 과학의 공통언어다. 에이즈와 같은 전염성 질병에 관한 위대한 통찰력 중 일부는 수학 모델에서 나왔으며, 수학은 정보기술 혁명의 생명선이다. 그러나 미국의 수학 선도력은 쇠퇴하고 있었다.[19] NSF는 박사과정 학생들을 교육하는 데 필요한 지원금의 주요 원천이지만 수학 지원금은 10년간 매년 겨우 1.5퍼센트가 증가했다. 이는 물가 상승률보다 낮은 수치였다.

전 미국 국가안보국NSA 수장인 윌리엄 오돔 중장이 1997년에 유포한 보고서는 큰 반향을 일으켰다. 미국에서 공부한 수학 박사들이 절박하리만치 더 많이 필요하다는 내용이었다. 오돔 중장과 많은 의원은 우리가 이전의 공산권 출신 이민자 수학자나 전문가들에 의존하는 것을 못마땅하게 여겼다. 나는 이미 NSF의 수학 예산을 4년에 걸쳐 두 배로 늘리겠다고 약속했는데, 그 성과로 수학 박사학위를 받는 학생이 45퍼센트나 늘어났다.

또 다른 학제 간 연구 목표는 특히 마음에 와닿았다. 나는 항상 세계를 여러 조각이 모여 곱게 짜인 조각보라고 생각했다. 나는 NSF가 수학부터 물리학, 화학, 생태학, 생물학, 사회과학까지 모든 과학적 도구와 방법을 동원해 자연환경과 동식물이 복잡한 전체론적 시스템에서 어떻게 상호작용하는지를 설명하기 바랐다. 이 프로그램의 이름을 고민하면서 '생태학', '전체론', '다양성', '환경' 같은 단어는 어떤 것이든 의회에 보고하자마자 탈락하리라 추측했다. 생물학자가 "너무 복잡한데요"라고 불평했다. 나는 잠시 고민하다가 이렇게 대답했다. "좋아요, 그럼 생물학의 복잡성이라고 합시다."

이름이 중요할 수 있다. '생물학의 복잡성'과 같은 이해할 수 없는 이름일지라도 그렇다. 그런 이름이 없으면 아무 일도 일어나지 않는다. 의원들은 유권자에게 이 프로그램이 어떻게 새로운 산업을 일으키고 새로운 일자리를 창출할지를 설명할 때 사용할 이름이 필요하다. 우리는 이미 외관상의 이유로 이름 하나를 바꾼 전력이 있었다. 스템STEMM은 원래 스메트SMET라고 불렸지만 나 같은 미생물학자에게는 '스메트'라는 단어가 스메그마균Mycobacterium smegmatis과 너무 비슷하게 들렸다. 스메그마균은 흔히 미코박테리움 '스메트'라고 불리며 인간의 생식기와 관련된 세균 종이다. 이런 이유로 우리는 단어의 머리글자를 재배열했다.

결국 의회는 내게 생물학의 복잡성이 무엇인지 물었다.[20] 나는 구체적인 사례를 들어가며 설명했다. 만약 새 고속도로를 짓는데 최대한 많은 사람에게 혜택이 돌아가되 재정을 최소한으로 들이고 싶다면, 생물학의 복잡성은 고속도로가 건설될 지역의 분기점과 지하 수면에 관한 정보, 인구가 늘어나거나 줄어드는 위치에 관한 인구통계 자료, 지역의 지질학적 역사, 동식물군과 관련된 세부 정보를 결합할 도구가 될 수 있다고 말했다. 그러고는 "이게 생물학의 복잡성입니다"라고 마무리했다. 우리는 예산을 받았다. 그리고 생물학의 복잡성 정신은 NSF의 여러 부서가 공동으로 운영하는 프로그램, 즉 재단의 새로운 운영 체계에 녹아있다.

* * *

합의가 가장 중요했다. 우리가 모든 민족의 여성을 돕고 과학계에서 저평가된 다른 소수자집단의 수를 늘리기 전까지는 말이다.

내가 NSF에 부임하기 10년 전에 이곳의 한 여성은 그가 '세상을 바꾼 메모'라고 부른 지침을 직접 발표했다. 메리 클러터는 NSF의 생물학, 행동과학, 사회과학 분야의 자금을 담당하는 책임자였으며 재단의 부총재 직무 대행을 두 차례나 맡았다.[21] 스스로 말했듯, 그는 "무언가를 하고 싶다면 그냥 하면 된다"라는 것을 경험으로 터득했다.

1989년 어느 날, 클러터는 여성 연사가 없거나 이에 대해 타당한 이유를 설명하지 않는다면 NSF는 자신이 감독하는 세 분야의 학회나 연수회를 더는 지원하지 않을 것이라고 발표했다. "모든 망할 순간마다 여성을 포함해야 한다는 뜻입니다."《더사이언티스트》와의 인터뷰에서 그가 말했다. 클러터는 이 메모가 인기 없으리란 사실을 알고 있었다. "남자들이 전화해서 '아내가 한 일을 보고해도 됩니까?'라는 식으로 말했습니다."

당시 NSF 이사였던 프랭클린 해리스가 클러터를 지원하고 나섰다. 여성은 생명과학 분야에서 이미 박사학위 소지자의 33퍼센트를 차지하고 있었다. 해리스는《더사이언티스트》에 "이런 분야의 경우 학회, 회의, 국제학술대회에서 초청 연사로서 자격을 갖춘 여성을 인정하지 않는다는 것은 부득이한 경우에만 정상참작할 여지가 있다"라고 기고했다. 슬프게도 클러터의 메모는 세상을 바꾸지 못했다. 그에게는 자신의 말을 강제할 힘이 없었다. 설령 클러터에게 힘이 있었더라도 차별 철폐 조치의 조짐만 보여도 언제든 달려들 준비가 된 의회 감독관들과 충돌했을 것이다.

10년 후 내가 총재가 되고 클러터가 생명과학국 부국장이 되었을 때 미국은 여성과 소녀들의 과학 입문을 돕는 일로 몹시 분열된 상태였다. 수십 년간 조용히 이공계 분야 여성을 지원해온 NSF 프로그램은 법적 곤경에 처했다. 너무나 많은 일의 성패가 달린 위태로운 분위기에서 합의란 불가능해 보였다.

1990년대는 이제까지 우리가 경험한 그 어떤 시대와도 달랐다. 우리 세대의 여성 과학자들은 온갖 역경에도 굴하지 않고 굳게 닫힌 문을 돌아가거나 혹은 뚫고 지나가는 길을 찾아내는 고립된 개척자였다. 그 뒤를 이은 세대는 1970년대와 80년대에 페미니즘 운동이 압력을 가하면서 몇몇 분야의 문이 열리는 혜택을 얻었다.

1990년대에는 많은 여성이 과학, 공학, 의학의 문을 열어젖혔지만 그들의 멘토가 돼주거나 연구팀에 합류시켜 줄 수 있는 선배 여성 교수가 극히 소수라는 사실을 발견했을 뿐이었다. 여성은 정교수로 승진하지 못했고, 또다시 학계에서 밀려나거나 저급 일자리에 처박혀 있었다. 박사학위를 가진 과학자 한 명을 양성하는 데 100만 달러가 들었다. 따라서 박사학위를 가진 여성 한 명이 과학계에서 밀려날 때마다 사회는 엄청난 비용을 낭비하는 셈이었다. 여성에게는 백인 남성이 항상 가졌던, 경력을 쌓을 공정한 기회가 필요했다. 여성에게는 과학계의 제도적 권력 기반이 필요했다.

이 문제에 대한 조처를 요구하는 유권자는 거의 없었지만 의회의 많은 공화당원과 민주당원 그리고 백악관은 이를 해결해야 했다. 미국은 우리 경제의 요구를 충족시킬 수 있는 숙련된 스템 연구자를 충분히 배출하지 못했고, 외국에서 온 과학자와 기술자에 대한 의존도는 국가안보에 심각한 우려를 미칠 정도였다. 여성은 아직 사용하지 않은 미국의 가장 큰 재능의 원천이었다. 2000년에 의회는 이공계 기회균등법안을 통과시켜 스템 분야에서 여성과 소수자집단의 수를 늘리는 종합적인 정부 프로그램을 요청했다. 여기까지는 아주 좋았다. 하지만 그 후 합의가 결렬되었다.

차별 철폐 조치에 반대하는 사람들이 연방 법원, 주 법원 그리고 입법부에 다양한 프로그램에 대한 법적 문제를 제기하자 NSF는 위태로운 줄타기를 하게 되었다. 1997년 사우스캐롤라이나 출신 수학 전공 백인 남성 대학원생인 트래비스 키드가 NSF를 고소했다. 대표성이 낮은 소수민족 학생들에게 특정 대학원생 연구 장학금을 제공했다는 이유였다. 부총재이자 전 펜실베이니아공과대학 학장인 조 보르도그나는 이 문제를 법정에서 해결하려 했다.[22] 나와 같은 이탈리아계 이민자인 보르도그나는 아버지가 일찍 돌아가시고 어머니가 공장 일을 하시면서 어렵게 가정을 꾸려왔다. (내 어머니가 신발 밑창을 풀로 붙이는 일을 하신 것처럼 그의 어머니는 위스키병에 라벨을 붙이셨다.) 내가 보르도그나에게 부총재를 맡긴 이유 중 하나는 우리 둘 다 대학 문화가 바뀌어야 한다고 진심으로 믿었기 때문이다. 대학이 바뀌지 않는 한 모든 여성과 아프리카계 미국인, 라틴계, 그 외 소수자집단은 절대로 채용되거나 일자리를 유지하거나 승진할 수 없었다.

그러나 법무부 소속 변호사는 키드의 소송에 응하면 우리가 질 것이라 조언했다. 소녀들을 위한 스템 캠프와 여성 과학자 연구 보조금을 포함한 여성과 소수자집단을 위한 다른 모든 프로그램도 위태로워질 것이라는 말도 덧붙였다. 마지못해 NSF는 키드와 합의하고 그와 그의 변호사에게 각각 1만4400달러와 8만1천 달러를 지불했다. 조심스러워진 대학 법률 고문들은 대학 측에 '인종'이나 '젠더' 같은 단어를 언급하지 말라고 경고하기 시작했고, 연방정부가 기금을 지원하는 교육에서 여성의 평등한 권리를 보장하던 정부 기관 넷 중 셋은 타이틀 나인 옹호를 멈추었다.

나는 40년 전에 내가 막 사회생활을 시작할 무렵 여성들이 마주했던 법적 장애물, 즉 여성이 일자리와 교육에 동등하게 접근할 기회를 막는 주법州法과 대학 규정들을 떠올렸다. 다시 한번 앞으로 나아가는 길이 막히면서 우리는 과거에 했던 일을 반복해야 했다. 장애물을 피해 돌아가거나, 뛰어넘거나, 아래로 파고들어 길을 찾아야 했다. 이외에 달리 마땅한 방법이 떠오르지 않았다.

나는 NSF 프로그램 책임자들로 구성된 특별 위원회를 소집해 과학계에서 여성의 지위 향상을 국가의 우선순위로 만들고 싶다고 말했다. 이를 위해서는 대학의 여성 혐오 문화부터 바꿔야 했다. 나는 그들이 이 일을 해낼 합법적인 방법을 찾아주기를 바라며 "이 일을 어떻게 해야 할지 알려주세요"라고 말했다.[23]

그들은 내게 방법을 알려주었다.

해결책은 믿을 수 없을 만큼 단순했다. 우리는 새로운 유형의 보조금을 만들었다. 대학 법률 고문이 농담한 것처럼 "인류의 100퍼센트"인 남녀 모두 지원금을 놓고 경쟁할 수 있었다.[24] 그들에게 주어진 목표는 과학계 여성 조교수, 부교수, 정교수의 지위를 높이고 대학 문화를 바꾸는 것이었다. (나는 이 프로그램에 박사후연구원들도 포함시키고 싶었지만 박사후연구원이 없는 분야도 있어서 그 계획은 폐기되었다.) 보조금은 각각 200만 달러에서 500만 달러에 이르는 대규모로 5년에 걸쳐 지원되었다.

하지만 이런 보조금이 얼마나 효과가 있었을까?[25] 보르도그나와 나는 함께 일하는 6년간 많은 것을 두고 논쟁을 벌였다. 그가 말한 것처럼 "우리는 둘 다 이탈리아인이었다!" 그러나 우리는 딱 한 번 심한 의견 차이를 보였다. 전 펜실베이니아공과대학 학장으로서 보르도그나는 대학 학장, 교무처장, 총장이라면 누구나 대학을 개혁할 기회를 향해 뛰어든다고 믿었다. 반면 대학 운영자들과 함께했던 내 경험에 따르면, 현실은 그렇지 않았다. 나는 상당수의 뛰어난 여성 과학자들에게 거액의 보조금을 지급하면 편견에 사로잡힌 대학 운영자들에게 여성이 뛰어난 과학 연구를 할 수 있다는 사실을 증명해주리라고 생각했다.

보르도그나와 나는 끝까지 싸우기보다 타협하기로 했다. 우리는 보조금을 나눠 절반은 개별 여성에게, 절반은 수뇌부의 운영자에게 주었다. 우리는 이 프로그램을 어드밴스ADVANCE라고 부르고 의회에서 좋아할 만한 '21세기 노동 인구'라는 이름의 프로그램 패키지로 감쌌다. 프로그램 책임자인 앨리스 호건은 대다수가 남성인 각 대학의 총장, 교무처장, 학장의 서명을 받아 그 결과에 대해 책임지도록 하자는 아이디어를 내놓았다. 나는 처음에는 회의적이었지만 몇 년 지나지 않아 보르도그나의 계획이 분명 더 성공적이었다. 이에 따라 개별 여성 과학자들에게 거액의 보조금을 지급한다는 생각을 조용히 접었다.

2001년부터 2018년 사이 NSF는 100개가 넘는 고등교육기관과 계약을 맺고 캠퍼스에서 과학, 기술, 공학, 수학 계열의 여성이 경험하는 특별한 문제를 해결하는 프로그램을 설계하는 데 2억7천만 달러를 지원했다. 모든 대학이 어드밴스 보조금으로 큰 성과를 거둔 것은 아니었지만 2011년까지 처음 열아홉 개 대학은 여성에게 더 공평한 봉급을 지불하고, 더 많은 여성을 고위 관리자로 승진시키고, 더 많은 젊은 여성 교수를 채용하고, 더 많은 여성을 정교수로 올렸다. NSF 과학자원통계부에 따르면, 이 프로그램의 가장 놀라운 성과는 해당 기간에 미국 여성 정교수의 수가 8939명이나 늘어났다는 사실이다. 만약 내 제안대로 진행했다면 여성 정교수의 수는 겨우 540명 늘어나는 데 그쳤을 것이다. 보르도그나의 방식은 더 빠르고 생산적이었으며 현재까지도 유지되고 있다. 그때 보르도그나가 고집을 꺾지 않아 정말 다행이다.

❊ ❊ ❊

큰 변화를 일으키려면 외부의 도움이 필요하다. NSF 총재 임기 초기의 어느 날, 나는 뉴트 깅그리치 의장과 회의하던 도중 이렇게 말했다. "깅그리치 의장님, NSF 예산은 두 배로 늘려야 합니다. 두 배가 돼야 해요."[26]

"콜웰 총재님, 그건 그렇지가 않습니다."

그 순간 '오, 맙소사. 이건 좋지 않은 조짐인데'라는 생각이 들었다. 그러나 곧이어 그는 "세 배는 늘려야지요"라고 대답했다. 또 다른 위원회 회의에서 보르도그나는 존 매케인 상원의원에게 같은 말을 들었다.[27] 전 우주비행사 존 글렌 상원의원도 의회 위원회에서 NSF의 예산이 "다섯 배는 늘어야 합니다"라고 진술했다.

미컬스키 상원의원과 미주리주 출신의 공화당원인 키트 본드 상원의원은 NSF의 예산을 증액하기 위해 초당적 협력에 동참할 준비가 돼있었다. 우리는 수학, 컴퓨터과학, 생태학 그리고 여성 프로그램을 포함해 우리가 지원하고자 하는 중요한 새로운 과학 분야의 목록을 뽑은 다음 의원들에게 각각의 분야에 관해 알리기 시작했다. (재단이 의회에 '로비'하는 것은 불법이기 때문에 나는 '알린다'는 표현을 사용한다. 우리는 로비하는 대신 우리가 하고 싶은 일에 대해 의원들에게 '알린다'.)

나는 NSF 총재가 된 순간부터 항상 양쪽 정당과 함께 걸어왔고, 내가 의회를 다루는 핵심 역할을 맡을 것이라고 스스로 생각했다. 그러나 NSF 법률 담당 부서가 이의를 제기했다. 전통적으로 총재가 돈 이야기를 하기 위해 국회의사당에 간 적은 없었기 때문이다. 하지만 법률 담당 부서가 내게 알리지 않고 의회 보좌관들과 예산 합의를 마쳤다는 사실을 알았을 때, 나는 의회에 직접 가서 말하겠다고 고집했다.

의회 홀을 걸어가는데 메릴랜드 주의회 의사당을 거닐던

예전으로 돌아간 기분이었다. 의회는 좀 더 고상해졌고, 의원들은 청문회 도중에 우적거리며 점심을 먹지 않았다. 하지만 낡고 저급한 편견은 여전히 남아있었다. 나는 보르도그나와 함께 증언했는데 몇몇 의원들과 그들의 남성 보좌관들은 내가 아니라 부총재 보르도그나에게 질문하기도 했다. 그럼에도 내가 만난 대부분의 정치인은 어느 정당이든 근본적으로 호의를 품고 있었다. 여기서 나는 의회 대표가 해당 지역의 대학과 기타 과학 시설을 방문해 진행 중인 연구를 더 잘 이해할 수 있도록 과학자들이 시간을 할애해야 한다는 교훈을 얻었다. 물론 친절하게 대하고 존경심을 보이는 것도 중요하다. 개인적인 관계, 이것이 가장 중요하다.

결국 나는 NSF 예산을 두 배로 늘리지 못했다. 대신 63퍼센트를 증액시켰는데, 이렇게 늘어난 예산으로 생산적인 사회 관련 프로그램을 지원했다. 여기에는 전산, 대학원생 봉급, 수학, 여성 교수, 대규모 물리학과 천문학 프로젝트(이 중에는 아인슈타인의 일반상대성이론을 확인하는 프로젝트도 있다), 고고도 연구에 필요한 새 비행기, 지진연구소 등이 포함되었다.

내가 재임 초기 2년간 예산 증액에 성공할 수 있었던 가장 큰 이유는 전임 총재인 닐 레인이 백악관 과학기술국에 있었기 때문이라 확신한다. 나는 더 많은 일을 하고 싶었다. 그럼에도 이 글을 쓰는 지금, 돌이켜보면 이때가 NSF 50년 역사상 가장 위대한 성장기였다고 생각한다. (늘어난 예산에 관한 상세한 설명은 이 책의 마지막에 수록된 주석에 기록해두었다.)[28]

여성과 과학계 경력에 관해 이야기할 때마다 나는 항상 여성 과학자로서 정부에서 일할 기회를 놓치지 말라고 강조한다. 여성이 정부 기관을 이끌고 남성처럼 정기적으로 의회와 주의회에서 일할 때까지 실질적이고 지속 가능한 변화는 일어나지 않을 것이기 때문이다. 이공계는 계속해서 어려움을 겪을 것이고 대중도 마찬가지일 것이다. 나는 위원회 의장이 돼 생물테러에 관한 미국의 방어 전략을 조사하면서 이 점을 몸소 뼈저리게 느낄 수 있었다. 그 경험은 내 삶을 바꿔놓았다.

7장

탄저균 편지

나는 미국 중앙정보국CIA 정보과학위원회의 회의에 참석하고 있다. 9·11 테러 이후 설립된 이 위원회는 국가정보국 책임자에게 독자적으로 과학적 조언을 제공해왔다. 회의는 기밀이기에 여기서 무엇이 논의되고 있는지 정확히 말할 순 없다. 하지만 내가 뭐라 말하든, 다른 위원들이 세균이나 바이러스 같은 생물무기*가 가지고 있는 위험성에 주목하게 할 수 없었다는 점은 밝힐 수 있다. 사실 이런 생물무기는 일단 방출되면 성장하고 퍼질 수 있기 때문에 폭탄이나 폭발보다 더 치명적일 수 있다.

위원회의 구성원은 거의 모두가 남성이고 대부분 스탠퍼드대학과 아이비리그 출신 공학자, 물리학자, 화학자였다. 처음에 나는 위원회의 유일한 생물학자이자 몇 안 되는 여성 중 한 명이었다. 전 NSF 총재 자격뿐만 아니라 생물테러bioterrorism 전문가로 이 자리에 초대되었다. 남성들은 무례하지 않다. 오히려 유쾌하고 매우 헌신적이다. 그저 내가 창단 위원이 아니라는 이유로 내 말에 관심을 기울이지 않

* 각종 병원균을 포함한 생물학 작용제를 발사, 분산, 전파해 사람과 동식물을 살상하거나 고사시키는 무기

을 뿐이다. 다른 두 명의 여성 생물학자가 위원회에 합류하고 생물위협에 초점을 맞춘 특별 회의가 열리고 있지만, 우리는 동료 위원들에게 생물테러가 매우 심각한 위협이라는 사실을 납득시킬 수 없었다.

이 책에는 이처럼 여성의 말을 듣지 않거나, 여성이 회의 탁자에 앉거나 지도자가 될 수 없는 사례가 다수 소개돼 있다. 이번 장에서는 이 규칙의 예외가 된 아주 특별한 사례를 소개하려 한다.

이제부터 들려줄 이야기에서 책임자는 나였다. 이런 일이 일어나려면 비상사태가 벌어졌을 것이다. 바로 내게 그런 일이 일어났다. 하지만 그 사실을 모른 채 나는 경력을 쌓아가는 내내 2001년 가을 미국을 공포에 떨게 한 탄저균 편지에 대비해왔다. 내 경력의 모든 것이 이 시점을 향해 쌓아올려졌다. 탄저균의 유출 경위를 추적하는 7년간의 조사에서 나는 무엇을 해야 할지, 어떻게 해야 할지 몰라 두려웠던 적은 한 번도 없었다. 주의 깊게 생각하고 체계적으로 행동하라는 내면의 차분한 목소리가 기억난다. 서로 다른 배경을 가진 남녀로 구성된 조사 위원들은 각자가 가진 다양한 관점 덕분에 서로의 말을 경청하고, 함께 일하며, 국가 안전을 위협하는 엄청나게 복잡한 문제를 해결할 수 있었다.

이 이야기를 제대로 전하려면 처음으로 돌아가야 한다.

※ ※ ※

내가 미국 정보공동체(CIA를 비롯해 열일곱 개 연방정부 산하 정보기관으로 구성된 집단)와 인연을 맺은 것은 1970년대 초 조지타운대학 부교수 시절이었다. 당시 나는 아파르트헤이트*가 남아있던 남아프리카, 베를린장벽이 무너지기 전의 체코슬로바키아, 그 외 정치적으로 혼란스러운 곳에서 열린 회의에서 몇몇 국제생물학 단체의 회장으로 선출되었다. 내가 그곳에서 이루어지고 있는 연구에 관해 과학 잡지에 글을 기고 하자 정보공동체에서 주목하기 시작했다. 내가 콜레라를 연구한다는 사실 역시 그들의 흥미를 끌었다. CIA는 역사적으로 엄청난 정치적 불안을 초래한 가뭄과 전염병 같은 환경 문제에도 관심을 가졌다. 1980년대와 90년대에 콜레라는 한 세기 동안 심각한 전염병이 발생하지 않았던 남아메리카와 중앙아메리카 전역에서 문제가 되기도 했다.

나는 콜레라를 연구하면서 CIA가 관심을 보인 요인이 아닌 다른 것을 우려했다. 그것은 바로 누가 어딘가에서 고의로 미생물을 이용해 사람들을 해치는 일이었다. 나는 연방정부가 생물무기, 생물재해 그리고 생물테러에 대처하는 방법을 연구해야 한다고 확신했다. 누군가가 합법적인 과학 연구를 군사 목적이나 사회적 혼란을 일으키는 도구로 이용할 가능

* 남아프리카공화국의 인종 차별정책

성을 걱정했다.

1990년대 후반 나는 화학박사이자 CIA 최고기술책임자인 존 필립스(곧 정보공동체 전체의 수석 과학자가 될 사람)를 만나 "생물테러를 대비하는 위원회가 있습니까?"라고 물었다.[1] 그가 현재 활동 중인 곳은 없다고 대답했을 때 나는 "하나 정도는 있어야 하지 않을까요?"라고 되물었다.

몇 달이 지났지만 병원균 데이터베이스 구축을 지지하는 우리 중 누구도 큰 진전을 이루지 못했다. 혹은 그렇게 생각했다. 2001년 1월, 과학자이자 매우 유능한 행정가인 필립스가 화학테러와 생물테러에 대응하기 위한 주요 연구와 프로그램 개발을 시작하기 위해 의회로부터 지원금을 확보했다는 소식을 전해왔다. 우리 모임의 첫 회의가 9개월 동안 열리지 않았음에도 나는 이 프로젝트의 자문위원으로 초청받아 기뻤다.[2]

그사이 끔찍한 일이 벌어졌다.

* * *

9월 11일 오전 8시 45분, 나는 버지니아주 알링턴시에 있는 NSF 사무실에 있었다. 직원이 급히 뛰어 들어왔다. 비행기가 뉴욕시 맨해튼에 있는 세계무역센터 쌍둥이 빌딩 중 하나에 충돌했다고 했다. TV를 켜자 두 번째 비행기가 또 다른 빌딩에 부딪히는 광경을 볼 수 있었다. 우리는 이것이 사고가 아니라는 사실을 깨달았다. 한 시간 후 공중납치를 당한 세 번째 비행기가 우리 사무실에서 차로 불과 10분 거리에 있는 펜타곤에 충돌했다는 소식을 들었다. 네 번째 비행기는 백악관을 향해 날아가다 펜실베이니아에 추락했다. 많은 미국인처럼 나도 속수무책이었다. 도무지 현실 같지 않았다.

3주 후인 10월 5일 금요일, CIA 본부에서 생물테러위원회의 첫 회의가 열렸다. 9·11 이후 추가 공격에 대비해 미 전역에서 경계 태세를 강화한 가운데 우리는 화학테러와 생물테러 그리고 대응 방법에 관해 이틀간의 긴박하고 비공식적인 연수회를 마쳤다. 그 자리에서 오갔던 이야기는 여전히 기밀사항이지만 연수회는 매우 생산적이었다. 하지만 내 기억에 오래도록 남은 것은 그 이후에 들은 어떤 말이었다.

보도자료에는 충격적이고 머리카락이 쭈뼛 서는 뉴스가 포함돼 있었다. 플로리다주의 로버트 스티븐스라는 남성이 흡입성탄저병*으로 사망했다는 소식이었다. 흡입성탄저병은 폐에 감염되는 위험한 질병으로 몸 전체에 빠르게 퍼져 종종 사망에 이른다. 스티븐스는 1975년 이후 미국에서 발생한 첫 탄저병 사망 사례였으며 20세기 들어 열여덟 번째 사례였다. 보통은 간단히 탄저균Bacillus anthracis이라 부르는 이 균에 대해서는 위원회의 모든 사람이 잘 알고 있었다. 위원회는 스티븐스의 탄저병이 악당 국가, 미국 내에서 자생한 테러 조직, 혹

* 5마이크로그램 이하 입자형의 탄저균 포자를 흡입해 발생하는 탄저병

은 고립된 미치광이의 소행일 수 있다고 생각했다. 나를 비롯해 회의에 참석한 많은 사람과 정부는 9·11 테러 직후임을 고려할 때 알카에다가 세계무역센터와 펜타곤을 공격한 데 이어 생물학전을 일으키고 있다고 추정했다.[3]

우리의 추정에는 그럴듯한 논리가 있었다. 9·11 테러에 가담한 테러리스트 중 일부는 플로리다주에서 살거나 그곳에서 비행기 조종법을 배웠다. 이런 이유로 그들이 자신들의 첫 번째 생물테러 희생자로 플로리다 주민을 선택했을 가능성이 커 보였다. 게다가 탄저균은 1차 세계대전 당시 무기로 사용되었고, 지금도 테러리스트들이 채택할 가능성이 가장 큰 생물무기 중 하나로 여겨진다.[4] 탄저균 포자는 자연에서 쉽게 발견되고, 실험실에서 대량 생산될 수 있으며, 생활환경에서 수십 년 이상 생존할 수 있기 때문이다. 미국 정부는 9·11 테러에 생물테러 요소가 개입되었을 가능성을 크게 우려해 일주일 동안 매시간 펜타곤 주변의 공기 표본을 채취해 탄저균 검사를 했다.

스티븐스의 탄저병에 대해 보고받은 대통령은 그것을 생물무기 공격의 일부라고 생각했다. 그러나 공식적으로 정부 보건 관계자들은 발 빠르게 움직여 국민에게 걱정할 필요가 없다고 안심시켰다. 보건복지부 장관 토미 톰슨은 TV에 출연해 스티븐스의 병은 명백하게 '개별적인 발병 사례'라고 여섯 번이나 반복해서 말했다. 톰슨은 스티븐스가 노스캐롤라이나에서 하이킹하는 동안 시냇물을 마셔서 병에 걸렸을 수 있다고 주장했다. 이런 이야기는 정부에 아무런 정보가 없고, 단서조차 못 찾고 있다는 방증이 될 수 있었다. 탄저균의 생애주기를 조금만 알면 그 이유를 알 수 있다.

❊ ❊ ❊

탄저병은 주로 대형 방목 동물이 감염된다. 소, 양, 염소, 돼지, 코끼리 그리고 캐나다 북부의 들소가 해당한다.[5] 탄저균은 생애 대부분을 홀씨 껍질이라 불리는 단단한 캡슐에 둘러싸여 휴면 상태(동면한다고 생각하면 이해가 쉽다)로 흙 속에서 보내는데, 이 캡슐이 자연의 위협으로부터 세균을 보호하는 역할을 한다. 동물이 오염된 흙에서 자라는 풀을 뜯어 먹으면 그 포자를 흡입해 폐로 들어갈 수 있다. 영양분이 풍부한 동물의 몸속에서 홀씨 껍질이 열리면서 세균이 배출된다. 세균이 폭발적으로 증식하고 혈류로 들어가 동물의 면역계를 제압한다. 건강한 동물이라도 탄저병에 걸리면 2~3일 만에 죽을 수 있다. 사체가 부패하거나 청소부 동물들이 사체를 열어젖히면 탄저균 세포가 공기 중으로 분사된다. 영양분을 빼앗긴 탄저균은 빠르게 굶주리게 되고 다시 휴면 상태에 들어간다. 휴면과 감염을 반복하는 생애주기를 통해 탄저균은 수십 년, 어쩌면 수 세기 동안 생존할 수 있다.

사람은 보통 탄저균에 감염된 동물과 직접 접촉하거나 감염된 동물로 만든 음식이나 물건을 통해 감염된다. 피부에 상처가 난 채로 감염된 동물의 불결한 가죽이나 털을 만지면 상대적으로 가벼운 증상의 피부탄저병에 걸릴 수 있다. 감염된 동물의 고기를 먹으면 심각하고 때로 치명적인 탄저병에 걸릴 수 있다. 그러나 가장 두려운 형태의 탄저병은 스티븐스를 죽인 흡입성탄저병이다. 최근까지도 흡입성탄저병에 걸린 사람은 90퍼센트 이상 사망한다고 추정되었다. 강력한 공중보건 제도를 구축하고, 소나 양 같은 가축에 백신을 접종하며, 오염된 동물 사체는 모두 즉시 소각하면서 서구 세계에서는 사람들 사이에서 탄저병이 사라졌다. 이제 우리는 현대 항생제를 투여해 신속하고 적극적으로 치료하면 탄저병 환자의 절반 이상을 구할 수 있다는 사실을 알고 있다.

NSF를 이끈 최초의 미생물학자인 나는 이 문제에 내 과학적 전문지식을 활용할 특별한 기회가 왔다는 사실을 깨달았다. 미생물학자로서의 내 모든 경험이 스티븐스의 죽음은 우연이 아니며, 그를 죽인 세균의 정확한 유전자 구성을 확인하지 못하면 그의 살인범(혹은 살인범들)을 절대로 찾을 수 없다고 내게 말했다. 게다가 연구소에서 의도치 않게 세균의 DNA가 변형되기 전에 곧바로 염기서열분석*을 시작해야 했다.

NSF는 과학 연구를 지원한다. 재단 직원은 모든 관련 과학 분야에서 미국 최고 연구자가 누구인지 알고 있었고, 재단은

* 유전 형질을 구성하는 염기의 서열을 분석하는 일

연구자들의 지적 자본을 동원할 수 있는 독특한 위치에 있었다. 이 일은 NSF의 새로운 영역이 될 것이다. 재단의 임무는 범죄 수사가 아니었다. 그런 일은 미국 연방수사국FBI의 몫이다. 그러나 우리는 유전과학을 이용해 살인범이 사용한 정확한 생물무기를 밝힐 수 있었다.

나는 재빨리 필립스와 정보공동체에 NSF의 전문지식을 제공하겠다고 제안했다. 그는 악수를 청할 새도 없이 즉시 내 제안을 받아들였다. 우리는 9·11 테러 이전에도 효율적으로 협력했다. 필립스, CIA의 린다 잘 그리고 나는 서로 협력해 냉전시대 첩보 위성이 찍은 수천 장의 북극해 빙하 사진을 기밀 자료에서 해제시켰다. 북극해 빙하 사진들은 너무나 충격적인 기후변화의 초기 증거를 제공했다.[6] 이 사진들은 1979년에서 2013년 사이 텍사스주 면적의 두 배에 이르는 북극해 빙하가 사라졌다는 사실을 보여주었다. 필립스와 나는 CIA의 막강한 자금을 동원해 NSF가 자체적으로 감당할 수 없는 과학적으로 가치 있는 프로젝트에 보조금을 지원하는 프로그램도 만들었다. 이 프로그램은 공적인 사업이었고 아무 조건도 붙지 않았다. 우리는 1998년에 구글 공동창업자 래리 페이지와 세르게이 브린에게 첫 번째 보조금을 제공했다. 당시 두 사람은 아직 인터넷 웹페이지를 연결하고 정렬하는 검색엔진을 연구하는 대학원생이었다.

나는 9·11 테러 이후 CIA가 그 후유증에 대처하기 위해 우수한 과학자들과 접촉할 필요가 있다고 생각했다. 그래서 필립스를 내 사무실로 초청해 스무 명에서 스물다섯 명에 이르는 NSF 프로그램 관리자들과 만남을 주선했다.[7] 필립스와 그의 과학 담당 직원들(그중 절반은 여성이었다)은 필립스의 아내가 매일 가방 가득 구워 보내는 쿠키를 입에 달고 밤낮으로 일하면서 몸속에 당분이 최고조에 달해 있었다. 정보가 국가에 쏟아지고 있었고, 과학자들은 대통령과 국가안보위원회에 전달할 정보의 중요성을 평가했다. NSF는 필립스와 최고의 연구자들을 연결하는 일을 도울 수 있었다.

"우리가 어떻게 당신을 도와주면 될까요?" 필립스가 도착하자 내가 물었다. "당신이 다루고 있는 문제들이 뭔가요?" 이후 두 시간 동안 NSF 프로그램 관리자들은 필립스에게 자신이 맡은 업무를 설명했다. 그중 한 명이 "나는 KDD, 즉 지식의 발견과 보급Knowledge Discovery and Dissemination을 맡고 있습니다"라고 말했을 때 필립스는 특별한 관심을 보였다. KDD는 분석가들이 서로 다른 정보 출처에서 빠르게 정보를 발견할 수 있도록 돕는다.

그사이 필립스는 수사를 돕겠다는 내 제안을 FBI에 전달했다. 믿기 어렵겠지만 2001년 FBI에는 미생물학자가 단 두 명뿐이었고 생물테러에 이용될 수 있는 세균이나 바이러스의 전체 유전자 구성을 확인할 수 있는 시설도 없었다.[8] 세균의 전체 유전물질의 염기서열을 분석하는 일은 범죄를 해결하기에는 신뢰성이 지나치게 낮아 보였다.

그러나 NSF는 세균의 DNA 가닥에 있는 모든 염기쌍*의 순서를 확인할 수 있는 최고의 과학자들을 알고 있었다. 재단은 그들 중 다수에게 보조금을 지원했거나 혹은 지원하고 있었다. 이런 이유로 우리는 FBI와 흔치 않은 협력관계를 맺는데 동의했다. 우리가 가진 과학 지식은 뭐든 FBI와 공유했고, FBI는 범죄 수사의 세부 사항을 가능한 한 상세하게 제공했으며 이 자료는 최종적으로 법정에서 재판에 사용되었다. 이후 7년간 연방정부의 과학 기관, CIA, FBI 그리고 법무부 사이의 협력관계는 그야말로 훌륭했다. 제임스 본드 영화에 나오는 것처럼 내 사무실에는 비상사태에 대비해 CIA에 직통으로 연결되는 빨간 전화가 놓이기까지 했다.

NSF가 CIA, FBI와 협력하는 동안 백악관과 의회는 생물학전이 일으키는 심각한 위협에 대한 교육을 받고 있었다.[9] 전 백악관 언론 담당 비서관 애리 플라이셔는 조지 부시 대통령과 "대통령 집무실에 앉아 탄저병과 탄저병이 퍼지는 방법, 집단 공격이 이루어질 때 방어할 수 없는 이유에 관해 매우 섬뜩한 브리핑을 들었던 일"을 기억했다. 한 각료는 우리 중 많은 사람이 수년간 논쟁해온 것을 확인했다. 미국은 "생물무기 공격에 전혀 대비돼 있지 않았다." 대통령과 영부인 모두 시프로플록사신**을 복용하라는 조언을 들었다. 시프로플록사신은 FDA가 승인한 세 가지 항생제 중 하나로 흡입성탄저

* 핵산을 구성하는 염기 가운데 서로 수소 결합을 할 수 있는 두 개의 염기를 말한다.

** 독일 제약회사인 바이엘이 개발한 항생제로, 브랜드명은 '시프로'다.

병 치료제다. (우리는 당시 미국의 도시 세 군데에만 탄저균이 동시에 살포되었어도 민간인을 치료할 시프로가 부족했으리라는 것을 알게 되었다.)

우리에겐 생물테러가 발생할 때 필요한 과학적 연구개발을 주도할 국가 전략 시스템이 없었다. 군의 과학 고문들은 대부분 공학이나 물리학 교육을 받았고 핵폭탄과 다른 폭발물에 의한 위협에 집중했다. 방사능을 대비하는 데 익숙한 그들은 몇 주 안에 수십만 명은 아니더라도 수천 명을 죽일 수 있는 전염병에 문외한이나 다름없었다. 그들은 핵폭탄이든 탄저균 포자가 장착된 무기든 파괴력은 거의 비슷하다는 점을 전혀 이해하지 못했다. 혼자 고립된 테러리스트는 폭탄보다 탄저균 무기를 훨씬 쉽게 만들 수 있다는 점도 알지 못했다.[10]

앞으로 몇 달, 몇 년 동안 나는 CIA 정보과학위원회에서 미국이 직면할 가능성한 모든 유형의 공격에 대비하기 위해 노력해야 했다. 전통적인 위협만 감시하면 전통적인 위협만 찾을 수 있었다. 하지만 그해 10월, 내 최우선 과제는 누가 일으켰든 이미 진행 중인 생물테러를 추적하는 것이었다.

* * *

탄저병은 흔치 않은 데다 매우 난해하기까지 한 과학 문제를 던져주었다. 그것은 세계의 한 지역에서 발견된 탄저균은 다른 지역에서 발견된 탄저균과 유전적 차이가 거의 없다는 점이었다.[11] 대부분의 세균은 시간이 지나면 새로운 환경에 적응하면서 돌연변이가 발생한다. 하지만 탄저균은 생애 대부분을 DNA를 복제하지 않는 휴면 상태로 보낸다고 알려져 있다. 게다가 탄저균은 일반적으로 빨리 죽는다. 휴면 상태에서 맹렬한 독성을 나타내고 다시 휴면 상태로 돌아가는 과정이 빠르게 진행된다. 이 과정에서 매우 드물게 변형이 나타나고, 그 변형도 발견하기가 매우 힘들다.

나는 그런 차이점을 발견할 수 있는 과학자들은 오직 크레이그 벤터, 클레어 프레이저 그리고 이들이 이끄는 연구팀뿐이라 생각했다. 벤터는 NIH 원장 프랜시스 콜린스와 함께 그해 초 인간 유전체의 염기서열을 보고했고, 프레이저는 최근 《사이언스》가 "논란의 여지 없이 미생물 유전체학 분야의 세계적 선도자"라고 공언한 바 있었다.[12] 프레이저와 나는 하나의 병원체를 다른 병원체와 구별할 수 있는 완전한 분자 지문 molecular fingerprint을 확보하려면 세균 DNA에 있는 모든 염기쌍의 순서를 확인하는 전체 유전체 염기서열을 분석해야 한다고 믿었다.

2001년 가을, 유전자 염기서열분석에는 아직 엄청난 비용과 시간이 소요되었다. 대부분의 연구자는 세균 DNA의 1퍼센트만 최소로 염기서열분석을 한 뒤 이 작은 조각이 전체를 대표한다고 가정했다. 그렇다고 우리가 아무런 사전 준비 없이 시작한 것은 아니었다. 미국의 비영리 연구기관인 유전체연구소TIGR는 이미 마이코플라즈마 제니탈리움Mycoplasma genitalium과 헤모필루스 인플루엔자Hhaemophilus influenzae라는 두 가지 세균의 전체 유전체의 염기서열을 분석했으며, 탄저균의 유전 암호를 구성하는 500만 개 이상의 염기서열을 분석할 방법을 검토하고 있었다.

스티븐스의 사망 소식을 들은 날 오후, 나는 서둘러 사무실로 돌아와 유전체연구소의 프레이저에게 전화하기 위해 자리에 앉았다. 하지만 내 위치가 미묘했다. 법적으로 NSF 총재는 연구 보조금을 제공할 수 없었다. NSF 전문가들이 제출된 연구 지원서를 면밀히 검토해 승인 여부를 결정해야 했다. 나는 사적인 대화로 여겨질 시간인 오후 6시까지 기다렸다가 프레이저에게 전화했다. NSF 법률 고문의 조언에 따라 그에게 만약 아직 지원금을 받지 못한 탄저균 유전체 염기서열분석 연구 지원서가 있다면 NSF에서 공정하게 평가하겠다고 조심스럽게 말했다. 그러면서 우리는 비상 자금을 몇 달이 아니라 1~2주 안에 신속하게 사용할 수 있다고 덧붙였다.

불행히도 내가 너무 돌려 말하는 바람에 프레이저는 내 뜻을 이해하지 못했다. 다른 많은 미국인처럼 톰슨 장관의 발표를 뉴스로 접한 그는 스티븐스의 사망이 '매우 기묘한 사건'이라 생각했다.[13] 그래서 나는 그다음 주 내내 도착하지 않을 연구 지원서를 기다려야 했다.

* * *

고뇌의 나날을 보내면서 미국은 스티븐스와 그의 탄저병에 관해 더 많은 사실을 알아냈다. 스티븐스는 슈퍼마켓 타블로이드 신문《내셔널인콰이어러》와《더선》의 사진 편집자였다. 10월 2일 오전에 병원에 실려 온 그는 의식이 거의 없었고 말을 할 수도 없었다. 의료진은 세균성수막염*이라 생각하고 진단을 내리기 위해 요추 천자**를 실시했다. 실험실 테크니션들은 이 병원의 감염병 전문가 래리 부시 박사에게 응급 자문을 요청했다.[14] 현미경으로 척수액을 관찰한 부시 박사는 탄저균처럼 보이는 커다란 세균이 사슬처럼 줄줄이 늘어선 모습을 보았다.

부시 박사는 탄저병 환자를 한 번도 본 적이 없었다. 그러나 의학 잡지《미국의사협회지JAMA》에서 대량 학살에 이용되는 다양한 생물무기에 관한 최신 기사를 읽은 적이 있었다. 당시에는 이라크가 생물무기 프로그램을 운영하고 있었고, 러시아 예카테린부르크***에 있는 생물무기 공장에서 사고로 탄저균 포자가 유출돼 바람을 타고 4킬로미터 떨어진 곳까지 날아가 66명이 사망했다는 최근 보도 이후 탄저균에 대한 우려가 퍼져있었다.[15]

* 세균 감염으로 뇌와 척수를 둘러싸고 있는 수막에 생기는 염증

** 신경계통 질환을 진단하는 데 필요한 척수액을 얻거나 약제를 척수강에 주입하기 위해 허리뼈 사이에서 긴 바늘을 거미막밑 공간으로 찔러 넣는 것

*** 러시아 서부의 이세트강 연안에 있는 공업 도시로 1924년에 스베르들롭스크로 개명했다가 1991년 9월에 전 이름을 되찾았다.

《미국의사협회지》의 탄저균 기사에는 이 세균의 컬러 사진도 실려 있었는데, 부시 박사가 스티븐스의 척수액에서 본 세균도 같은 종류로 보였다. 예카테린부르크 사건 이후 확립된 절차에 따라 CDC는 FBI에 이 사실을 통보했다. 플로리다 TV 뉴스는 곧 FBI 요원들이 방호복을 입고 스티븐스의 사무실에서 증거를 수집하는 장면을 내보냈다. 탄저균 포자가 섞인 하얀 가루가 스티븐스의 컴퓨터 키보드와 책상, 건물 우편물실에서 발견되었다. 우편물실 직원 두 명은 탄저균에 양성 반응을 나타냈으나 무사히 치료받았다. 짐작건대, 스티븐스와 그의 동료들은 발송된 편지나 택배를 통해 탄저균 포자를 접촉한 것으로 보였지만 그런 편지나 택배 상자는 발견되지 않았다. 이 회사는 정기적으로 쓰레기를 소각하고 있었다.

스티븐스가 사망하고 일주일 후인 10월 12일, 갑자기 상황이 돌변했다. NBC 뉴스 앵커 톰 브로코우에게 배달된 우편물 봉투 안에서 회백색 가루와 복사물이 나왔다.[16] 서명도 없고 철자도 틀린 복사물에는 블록체 대문자*로 다음과 같이 쓰여 있었다.

다음 차례는 여기다

당장 페나실린을 먹어라

미국에 죽음을

* 단어 각각의 글자를 대문자로 쓴 것

이스라엘에 죽음을

알라는 위대하다

THIS IS NEXT

TAKE PENACILIN NOW

DEATH TO AMERICA

DEATH TO ISRAEL

ALLAH IS GREAT

3일 후 워싱턴D.C. 민주당 상원 원내 대표 토머스 대슐 의원 사무실에서 인턴으로 일하는 젊은 여성 그랜트 레슬리도 비슷한 편지를 받았다. 곧바로 탄저균일지도 모른다는 사실을 깨달은 레슬리는 도움을 청했고 팔을 쭉 뻗은 채 조심스럽게 봉투를 들고 있었다. 그의 재빠른 대응으로 폭넓은 검사를 할 수 있을 만큼 충분한 하얀 가루 표본을 확보했다. 상원 의원회관인 하트 빌딩에서 세균에 노출되었을지도 모르는 625명이 넘는 사람들이 비강 표본 채취에 협조하기 위해 길게 늘어섰고, 때에 따라 항생제를 투여해 생명을 구할 수 있는 신속한 조처가 이루어졌다.

이후 며칠 동안 탄저균 편지가 더 많이 도착했는데 하나는 《뉴욕포스트》에, 다른 하나는 패트릭 레이히 상원의원에게 왔다.[17] 레이히 의원에게 온 편지는 열어보지도 않은 채 회수되었는데, 봉투에 1그램에 가까운 포자가 묻어있어 분석하기에 충분했다. 모든 편지는 미국 우체국을 통해 배달되었다. 이 편지들이 모든 것을 바꾸었다. 이제 스티븐스가 살해당했다는 사실은 의심의 여지가 없었다. 우리는 테러를 상대하고 있었다.

프레이저는 위기의 규모를 깨닫자마자 유전체연구소를 통해 연구 지원서를 제출했다.[18] NSF는 일주일 이내에 이 지원서를 승인했는데, 연방정부 기관으로서는 매우 이례적인 속도였다. 스티븐스의 질병이 밝혀지고 3주가 지난 10월 26일, 프레이저와 그의 수석 공동 연구자 티머시 리드는 "플로리다에서 발견된 탄저균 균주의 염기서열을 분석한 다음 다른 균주와 비교하는" 연구를 위한 자금을 지원받았다. 한 세균 종에서 나온 두 개 이상의 균주를 대상으로 전체 유전체의 염기서열 비교를 시도하는 연구는 이번이 처음이었다. 유전체연구소의 연구 계획은 빠르게 발전하는 두 과학 분야인 비교유전체학과 미생물 포렌식Microbial forensics의 참신한 결합을 요구했다.

보조금이 지급되기 하루 전날, 미국인은 더 충격적인 뉴스를 접했다. 국토안보부 장관 톰 리지가 기자회견 도중에 무심코 편지에 묻은 탄저균이 에임스라는 균주에서 나왔다고 밝혔다.[19] 이는 편지에 묻은 탄저균 가루는 알카에다가 만든 것이 아니라는 뜻이었다. 미국 내에서 만들어졌을 가능성이 가장 컸는데, 어쩌면 군사연구소일 수 있었다. FBI는 스티븐스가 입원한 후이자 사망하기 전인 10월 5일부터 이 사실을 알고 있었다.

CDC가 FBI에 플로리다에서 발생한 탄저균 사건을 알리자마자 FBI 요원들은 발빠르게 스티븐스의 척수액 표본을 가져갔다. 그런 다음 요원들은 로스앨러모스국립연구소에 있는 탄저균 유전학의 권위자 폴 잭슨에게 이후 어떻게 해야 할지 물었다.[20]

"이 탄저균의 균주를 밝히십시오"라고 잭슨은 대답했다. "그렇지 않으면 누군가가 다른 사람을 살해했을 때 '범인은 인간이다'라고 말하는 것이나 마찬가지입니다." 스티븐스가 탄저병으로 죽었다고 말하는 것은 그만큼 모호하다는 뜻이었다.

잭슨은 "일부 반발이 있었습니다"라고 회상했지만, FBI는 곧 그의 조언을 따라 스티븐스의 척수액 표본을 두 명의 대표적 탄저병 전문가에게 보냈다. 바로 노던애리조나대학의 폴 카임과 애틀랜타 CDC의 탄야 포포빅이었다.

다음 날 아침 일찍 카임과 포포빅은 충격적인 소식을 전했다.[21] 스티븐스의 탄저병은 메릴랜드의 한 육군연구소에서 만들어진 에임스라는 균주에서 비롯되었다는 소식이었다.

"이런 젠장." 잭슨이 탄식했다.

⁂ ⁂ ⁂

10월 25일, 리지 장관이 이 소식을 발표했을 때 세균학자들은 에임스 균주가 어디서 나왔는지 정확히 알고 있었다.

1981년 텍사스 남부에서 생후 14개월 된 암송아지가 탄저균에 감염되고 얼마 후 죽었다. 암송아지의 장기에서 배양된 세균은 메릴랜드주 프레더릭시 포트 데트릭에 있는 미국육군전염병연구소USAMRIID로 보내졌다. 그곳 과학자들은 암송아지의 탄저균 균주가 특히 강력해 1차 걸프전 때 미군에게 투여할 백신을 포함해 탄저균 백신의 효능을 검사하는 데 사용하면 이상적이리라 판단했다. 암송아지에서 추출한 세균 표본이 '아이오와주 에임스'라고 표시된 상자에 담겨 왔기 때문에 '에임스'라는 이름이 붙었다.

나는 이 소식을 듣고 안도할 수 있었다. 프레이저가 말했듯, 균주가 연구소에 나왔다는 사실은 "우리가 가진 것과 비교할 다른 균주를 찾기 위해 탄저균의 자연 서식지인 오염된 흙 한 삽을 뜨려고 세계 곳곳을 뒤질 필요가 없다"라는 뜻이었다. 한편으로 병의 원인이 에임스 균주로 밝혀진 뒤 스티븐스의 죽음은 살인보다 더 나쁜 상황으로 인식되었다. 그것은 흡사 국가안보의 위기에 가까웠다. 한 전문가가 설명했듯, 말 그대로 전 세계 '어느 연구소든' 연구 목적으로 탄저균 에임스 균주의 표본을 보관하고 있었다.

에임스 균주는 명백히 거대한 과학 문제를 제기했다. 2001년 당시에는 누구도, 말 그대로 그 누구도 스티븐스를 죽인 에임스 포자가 어느 연구소에서 나왔는지 알 수 없었다. 과학자들은 모든 에임스 균주 표본이 정확하게 똑같아 보이고 똑같이 활동한다는 데 의견을 같이했다. 연구소에서 어떤 실험을 했든 탄저균을 변형시킬 수 없었다. 에임스 균주를 편지로 보낸 사람이 누구든 그는 분명 자신이 완벽하고 추적 불가능한 살인 무기를 가졌다고 생각했을 것이다.

나는 여러 연구소에서 보관 중인 에임스 균주를 구별할 방법을 찾아야 한다는 사실을 깨달았다. 이 일은 건초더미에서 바늘 찾기보다 더 어려웠다. 우리는 즉석에서 새로운 과학을 창조해야 했다. 쉽지 않은 일이었다.

❊ ❊ ❊

이론적으로 세균이 증식하면 자기 복제해 두 개의 동일한 개체가 만들어진다. 현실에서는 자연스러운 변이가 일어날 수 있다. 연구소에서 세균을 여러 달, 혹은 여러 해 배양하면 세균이 자기 복제를 거듭하면서 실수할 기회, 즉 돌연변이가 나타날 확률이 높아진다. 40여 년 전 대학원생이던 나는 박사학위 논문을 위해 세균을 배양하면서 다양한 현상을 관찰했다. 세균은 형태나 모습을 바꾸거나, 젖당을 발효하는 능력을 잃거나 얻거나, 수개월 혹은 수년간 실험실에서 배양되면서 그 외 다른 대사 특성이 변화했다. 수많은 세균 종과 균주를 배양한 후 나는 명확한 패턴을 볼 수 있었다. 각각의 영구적인 변화는 유기체의 DNA 변화를 동반했다. 즉 스티븐스의 탄저균 염기서열을 즉시 분석하지 않으면 원래 균주가 아니라 실험실에서 배양된 돌연변이 균주의 염기서열을 분석할 수 있었다. 프레이저는 에임스 표본 분석을 서둘러야 했다.

레이히 상원의원, 대슐 민주당 상원 원내 대표 그리고《뉴욕포스트》에 배달된 편지들이 드러난 직후 FBI 국장 로버트 뮬러가 내게 자기 사무실로 와달라고 요청했다. 그는 편지에 들어있던 하얀 가루의 고해상도 사진을 내밀며 내 의견을 듣고 싶어 했다. 뉴욕, 워싱턴, 플로리다, 어느 곳에 배달된 것이든 모든 하얀 가루에서 탄저균 양성 반응이 나왔다. 모두 에임스 균주에서 파생된 것이다. 표본이 어디서 왔는지 알지 못했지만 하얀 가루가 서로 다른 두 개의 배양액에서 만들어졌다는 점은 분명하게 알 수 있었다. 조지타운대학에서 전자현미경 전문가 조지 채프먼과 함께한 초기 연구가 그 사실을 알려주었다.

첫 번째 배양액에서 자라는 포자(플로리다와 뉴욕에 배달된 봉투에서 나온 것)에는 많은 불순물이 붙어있었다. 두 번째 배양액에서 자라는 포자(뉴욕과 워싱턴D.C. 어딘가에 전달돼 더 많은 사람을 감염시킨 것)는 깨끗하고 형태가 명확하며, 색이 연하고, 보송보송하고, 유난히 순도가 높고, 독성이 강했다. 이런 정제된 포자는 그것을 봉투에 넣은 사람이 연구소에서 일한 경력이 있고 대학, 기업체, 군대에서 운영하는 연구기관에서만 볼 수 있는 장비를 보유하고 있다는 것을 암시했다.

FBI 조사 결과, 곧 에임스 균주가 우리가 들은 것처럼 '모든' 연구 시설로 보내지진 않았다는 사실이 밝혀졌다. 에임스 균주는 영국, 캐나다, 스웨덴의 3개국 실험실에만 전달되었기 때문에 알카에다가 범인일 가능성은 더욱 낮아졌다.[22] 2월 9일, FBI는 정보를 얻기 위해 대중에게 공개수배를 발표했다. FBI가 발표한 프로필에 따르면 테러범은 외톨이이고, 탄저균을 손에 넣을 수 있는 미혼의 성인 남성이며, 그것을 정제할 만한 전문지식과 기술 그리고 연구 시설에 접근할 수 있다고 추정되었다. 에임스 균주에 대해 약간의 지식이라도 있는 사람은 모두 용의자가 될 수 있었다. 오하이오주 콜럼버스에 있는 바텔연구소의 마이클 쿨만 박사가 한 FBI 요원에게 탄저균 가루가 가진 에어로졸 특성을 기술적 측면에서 설명해주겠다고 하자, 요원은 정중하게 거절하며 이렇게 말했다.[23] "이해하지 못하신 것 같군요. 박사님은 지금 용의자입니다."

그러나 우리도 모르는 사이에 우리는 이미 첫 번째 변곡점을 맞고 있었다.

＊＊＊

스티븐스가 사망한 지 2주가 지났을 때 육군전염병연구소의 숙련된 민간인 테크니션 테레사 '테리' 애브셔는 이미 NBC의 브로코우에게 배달된 편지에서 나온 가루의 세균을 배양하고 있었다.[24] 그의 말에 따르면, 이미 "어마어마하게 많은" 에임스 균주를 배양해온 애브셔는 포자를 영양이 풍부한 한천배지가 깔린 페트리 접시 열두 개에 담고 살아있는 동물

몸속과 비슷한 온도의 배양기에 넣었다. 이런 환경이라면 세균이 보호막을 깨고 나와 분열하고 증식할 준비를 마칠 수 있다. 대개는 24시간 이내 한천배지가 깔린 페트리 접시에서 회백색의 탄저균 군락을 볼 수 있다. 하지만 애브셔는 분석해야 할 표본이 너무 많아 브로코우 페트리 접시를 들여다볼 시간이 없었다. 결국 브로코우 페트리 접시는 평소보다 두 배나 긴 48시간 동안 배양되었다. 그동안 계속 성장하는 세포는 성장주기의 후기 단계에 이르러 다른 형태와 질감을 나타내야 했지만, 이 배치는 예상했던 것처럼 보이지 않았다. 애브셔는 한 군락이 특히 이상해 보인다고 생각했다. 균이 확대 렌즈로 보지 않더라도 보통의 회백색보다 더 눈에 띈다는 사실을 알 수 있었다.

오염물질이 아닐까 의심하면서 애브셔는 황갈색을 띤 세포 군락이 100퍼센트 탄저균인지 확인하기 위해 일련의 검사를 했다. 세포 군락은 탄저균이 맞았다. 애브셔의 상관은 탄저균 포자가 발아하면서 비정상적인 군락을 형성하는 현상을 연구한 미생물학 박사 퍼트리샤 워셤에게 조언을 구해보라고 했다. 애브셔와 워셤 박사는 브로코우 표본에서 더 많은 가루를 확보해 검사했는데, 이 포자는 확실히 48시간 이상 배양되면 이상한 형태의 황갈색 군락이 나타났다.

레이히 상원의원, 대슐 민주당 상원 원내 대표 그리고 《뉴욕포스트》에 배달된 편지 속의 포자를 배양했을 때도 애브셔와 워셤은 똑같은 이상한 돌연변이를 발견했다. 그리고 다양한 특성을 가진 더 많은 변형 군락을 발견했다. 이것은 공들여야 하는 매우 어려운 작업이었으며, 고도로 숙련된 두 여성의 헌신과 지성을 과소평가해서는 안 될 것이다. 두 사람은 하얀 가루가 연구소에서 변형을 일으키기 전에 변종을 발견하면 곧바로 보관했다. 그리고 그들은 변종을 매우 빨리 발견했으므로 편지가 발송되었을 때 이미 탄저균 가루에 이런 특성이 나타났으리라는 점을 알 수 있었다. 이것은 텍사스 암송아지의 원래 탄저균과 스티븐스를 죽인 탄저균 사이에서 발견된 첫 번째 차이점이었다.

워섬은 특이한 세포 군락을 채취해 정제한 뒤 새로운 한천배지 접시에 여러 번 옮겨 담았다. 아니나다를까 군락의 형태와 색깔 차이는 사실로 드러났다. 스티븐스가 사망한 지 두 달도 채 지나지 않은 11월 말까지 연구자들은 여러 연구소에 보관된 에임스 균주 표본이 서로 구별될 수 있다는 점을 알아냈다. 이것은 결정적 증거였다. 그러나 우리는 '황갈색'과 '회백색' 세균을 관찰한 두 조사관의 법정 증언이 반대 신문을 견뎌내지 못하리라는 것도 알고 있었다. 우리는 이런 가시적 변화를 특별한 유전적 변화와 연결해야 했다.

⁂ ⁂ ⁂

나쁜 소식은 계속 쏟아졌다. 11월 21일까지 네 명이 더 사망했다. 두 명은 우체국 직원, 한 명은 뉴욕의 병원 직원, 나머지 한 명은 우편함이 알 수 없는 경로로 탄저균에 오염된 94세의 코네티컷주 여성이었다. (나중에 조사해보니 우체국의 고속 우편물 분류 기계가 너무 세게 누르는 바람에 편지 속의 탄저균이 봉투 틈새로 새어 나가 공기 중에 퍼졌고, 이것이 다른 우편물을 오염시켰을 수 있다는 사실이 밝혀졌다.) 뉴욕, 워싱턴, 코네티컷, 플로리다, 어디로 배달되었든 모든 가루는 탄저균 검사에서 양성 반응을 나타냈다. 탄저균 편지를 받은 언론과 의회 사람들은 대중의 관심을 받았지만 탄저균을 흡입한 환자들은 대부분 일터에서 노출된 우체국 직원들이었다. 경각심이 높아지고 항생제와 중환자실에서의 공격적인 치료 덕분에 탄저균을 흡입한 희생자 열한 명 중 여섯 명이 살아남았다. 피부 탄저병에 걸린 사람도 열한 명 이상이었지만 그들도 모두 살아남았다.

스티븐스가 탄저병을 진단받은 후부터 11월 말까지 탄저병에 노출되었을 가능성이 있는 약 1만 명의 사람들이 항생제를 복용했고, 세균 제거를 위해 사무실 건물 전체가 폐쇄되었다. 우체국은 소량의 우편물을 방사선으로 소독하고 있었다. 백악관 과학기술국 책임자 잭 마르부르크 박사가 구성한 관계부처합동위원회가 신속하게 만든 절차였다. 소문, 날조, 위협, 공포가 전 세계를 휘감았고, 워싱턴 사람들은 탄저균 대피소를 만들고 라텍스 장갑과 마스크로 무장한 채 우편함을 열었다. "우리는 공황 상태에 빠졌다."《워싱턴포스트》칼럼니스트 리처드 코헨은 이렇게 썼다.[25]

이런 위기 상황이라면 가능한 한 빨리 최고의 과학자들을 모아 해결책을 모색하기 위한 정부 지침이 있었으리라 생각할 수 있다. 하지만 그런 것은 없었다. 다만 인간 유전체 프로젝트에 익숙한 정부 생물학자들의 이구동성은 점점 커졌다. 그들은 미래의 생물테러에 대비하려면 탄저균뿐만 아니라 모든 위험한 미생물 병원체의 유전체 염기서열을 완전하게 분석해야 한다고 생각했다. 내가 참여했던 관계부처합동위원회도 정부에 동일한 압력을 행사하고 있었다.

살아있는 유기체의 DNA 염기서열분석은 NIH 주관사업에 속했다. NIH는 이미 인간 유전체와 전염성 병원체의 유전체 염기서열분석을 하는 데 상당한 자금을 투자했을 뿐 아니라 수많은 탄저균 균주를 포함해 생물테러용 병원체 유전체도 분석할 계획이었다. 스티븐스의 사망 사건 직후 내가 NIH 산하 미국 국립알레르기전염병연구소NIAID 소장 앤서니 파우치 박사에게 전화한 이유도 여기 있었다. 우리는 스티븐스에게 채취한 탄저균 유전체를 가능한 한 빨리 분석해야 한다는 데 의견을 같이했다.

최근 해체된 백악관 관계부처합동위원회가 급히 유전체 분석 전문가를 보강해 재결성되었다.[26] 관계부처합동위원회가 세균성 병원체의 염기서열분석에 집중할 것이라는 점이 분명해지자 나는 위원회에 열정적으로 헌신했다. 위원회의 첫 회의는 12월 18일 저녁으로 정해졌다. 보통 관계 부처 회의는 백악관 과학기술국의 승인을 받아야 했다. 하지만 인간 유전체 프로젝트를 시작한 미국 에너지부 책임자 아리스티데스 패트리노스는 시간이 중요하다는 것을 알고 있었다.[27] 이 일을 성사시킨 놀라운 사람 중 한 명인 패트리노스는 규정을 무시하고 NIH, NSF, 에너지부의 관련 인물들을 통상적인 채널을 통하지 않고 회의에 초청했다.

우리는 탄저병 위원회가 변종 탄저병의 출처를 찾는 데 국가 자원을 결집할 수 있기를 바랐지만 더 원대한 계획도 가지고 있었다. 미국이 위험한 전염병이나 미래의 생물테러 가능성에 대비하게 하고 싶었다. 파우치의 사무실에서 열린 첫 번째 회의에서 우리는 병원성 미생물의 유전자 정보 데이터베이스가 필요하다는 데 신속하게 합의했다. 그러려면 병원성 미생물의 DNA 가닥에 있는 모든 염기서열을 분석해야 했다. 몇 군데 표면 영역에 의존하는 것으로는 충분지 않았다. 완전한 정보가 없다면 보건당국은 전염병, 공격, 사고, 범죄, 사기의 정확한 생물적인 원인을 찾는 데 귀중한 시간을 낭비하게 된다. 게다가 완전한 유전체 염기서열분석만이 법정에서 효력을 발휘할 완벽한 증거가 될 수 있었다.

패트리노스는 만족했다. 그는 강도 높은 회의에서 두 종류의 메모를 했다. 하나는 근처에 있는 사람들이 어깨너머로 볼 수 있는 영어로 쓴 것이고, 다른 하나는 모국어인 그리스어로 써서 자신만 알아볼 수 있는 비밀 메모였다. 회의가 끝난 뒤 패트리노스는 그리스어로 결과에 매우 만족한다고 썼다. 상관들과 상의하지 않고 소집한 회의는 위험을 감수할 만한 가치가 있었다.

그러고는 아무 일도 일어나지 않았다.

나는 초조하게 일주일가량 기다렸다. 스티븐스를 죽인 탄저균 DNA를 분석하는 데 사용해야 할 시간이 하릴없이 흘러가고 있었다.

나는 파우치에게 다시 전화했다. "이봐요, 나는 이 일을 할 겁니다."

"좋습니다." 파우치가 대답했다. 그는 국립알레르기전염병연구소의 재능 있는 유전학자 마리아 조반니를 자신의 연락 담당자로 위임했다. 잭 마르부르크도 곧 레이철 레빈슨을 백악관 연락 담당자로 위임했다. (영민한 독자들은 우리의 노력에서 주도적인 역할을 한 여성 과학자의 수를 눈치챘을 것이다.) 전화를 끊자마자 9·11 테러 이후 줄곧 느껴왔던 무력감이 사라졌다. 내게는 할 일이 있었다. 무슨 일을 해야 하는지 알았고, 행동하는 데 필요한 것도 갖추었다. 마침내 나는 건설적인 일을 할 수 있었다. 내게는 자금력과 인간 유전체 염기서열분석을 직접 해본 경험을 가진 관계 부처 간 전문가팀이 필요했다. 자신이 속한 기관을 대변할 만큼 직위가 높아야 했지만 그렇다고 직위가 너무 높아도 곤란했다. 대부분의 기관장이 유전자 염기서열분석에 관해 얼마나 알고 있을까? 별로 없다.

나는 곧 이 팀이 공식 위원회가 되지 못하리라는 점을 깨달았다. 공식 위원회가 되면 정보공개법의 적용 대상에 포함되었다. 우리는 조용하고 은밀하게 비공식적으로 일하는 데 전

념하는 사람들이 모인 비공식적인 기구로 남아야 했다. 열일곱 개가 넘는 기관 수장들은 그들의 유전체 전문가들이 매주 금요일 오후 한 시간 동안 사라지는 이유를 알았겠지만, 우리가 속한 위원회에 관한 기록은 어디에도 남지 않았다.[28] 우리는 회의록도 작성하지 않고 공청회도 열지 않는, 수상쩍은 고성소* 같은 부서였다. 수십 명의 사람이 위원회의 존재를 알았지만 위원회 명부는 없었다. '단순히' 일주일에 한 번 모이는, 생각이 같은 사람들의 모임이었지만 우리는 스스로를 '국립관계부처간유전체과학협력위원회'라고 불렀다. 우리는 2002년부터 시작해 3년간 매주 금요일마다 한 시간씩 모였고, 이후 4년간은 격주로 금요일마다 모였다. 그 후에도 3년 더 존속했다. 위원회 사람들은 안건이 생길 때마다 발언했고, 그 시간이 끝날 무렵이면 모두가 행동 계획을 손에 쥔 채 사라졌다.

2002년 초에 열린 첫 회의에서 한 남성(특수 통신정보시설에서 나왔다고 알려졌다[29])이 회의실 입구에서 우리의 블랙베리 휴대전화를 수거해갔지만 내부는 평범한 회의실과 다를 바 없었다. 사람이 너무 많아 답답했고 의자도 모자랐다. 나는 화이트보드에 위험한 세균과 바이러스를 식별한다는 위원회의 장기 목표 개요를 그려 보였다. 우리는 국가 자원을 결집

* 죽은 뒤에 천국이나 지옥, 연옥 그 어디에도 가지 못한 사람들의 영혼이 머무는 곳

해 스티븐스의 탄저병 출처를 찾아내고, 위험한 전염병에 대비하고, 생물테러 대비에 필요한 정보를 제공하는 세 가지 임무를 동시에 수행할 것이다. 첫 회의의 목적은 가장 위험한 병원성 유기체와 염기서열분석에 필요한 자금을 지원할 의지와 능력을 갖춘 기관을 연결하는 것이었다.

나는 가장 위험한 병원성 미생물 목록을 작성했다. 국토안보부의 베스 조지가 자신의 기관에서 탄저균 염기서열분석에 필요한 자금을 지원할 수 있다고 말했다. 그는 나중에 에볼라와 천연두 유전체 염기서열분석에 필요한 자금도 마련했다. NIH의 마리아 조반니는 추가로 여러 탄저균 균주의 염기서열분석에 자금을 지원하겠다고 제안했다.[30] "국립알레르기전염병연구소는 NSF나 에너지부 같은 다른 정부 기관과 협력할 수 있습니다." 조반니가 말했다. 국립알레르기전염병연구소는 이미 유전체 염기서열분석 능력과 데이터 분석 플랫폼을 갖추고 있었다. 따라서 이제 막 유전체 염기서열분석을 시작한 미생물뿐만 아니라 추가로 여러 탄저균 균주와 그 외 생물테러 병원체도 염기서열분석을 할 수 있었다. "우리 기관도 자금을 지원할 수 있습니다"라며 예산이 적은 기관들도 나섰다. 각 기관은 자체 절차에 따라 외부 연구자에게 보조금을 제공했다.

처음 3년간 우리의 최우선 과제는 탄저균이었다. 우리는 연구소에서 계속 실험하고 재배양하는 과정에서 에임스 균주가 변이를 일으킨다는 점을 증명해야 했다. 몇몇 전통적인 미생물학자들은 우리가 불가능한 일을 시도한다고 생각했을지도 모른다. 육군전염병연구소의 탄저균 백신 전문가 브루스 이빈스는 애브셔가 발견한 첫 번째 변종에 대해 듣고 나서 그의 발견을 묵살했다.[31] 그는 눈에 보이는 특이성이 특정 유전자 변형으로 연결된다고 생각하지 않았다. "에임스 균주 하나하나를 구분한다는 건 말이 안 됩니다"라고 그는 상관에게 말했다. 이 시점에서 나온 우리의 조사 결과, 이빈스의 말이 절대적으로 옳았다. 우리 일에 회의적이었던 한 '전문가'는 우리가 "스타워즈처럼 허무맹랑한 일"을 하려 든다고 말했다.[32] 그렇더라도 우리는 시도해야 했다.

하지만 어떤 균주와 비교해야 할까? 처음에 FBI는 유전체연구소의 클레어 프레이저와 티머시 리드에게 스티븐스를 죽인 에임스 균주와 미 국방성의 의뢰로 유전체연구소가 이미 분석하는 중인 에임스 균주를 비교해달라고 했다. 후자의 균주는 포턴다운에 있는 영국 국방과학기술연구소에서 보관하고 있던 균주였다.

내 생각에 FBI의 대표적 DNA 전문가인 브루스 부도울은 FBI의 과학수사를 현대화하는 데 가장 큰 공헌을 한 인물이다. 그는 9·11 테러 당시 휴가를 내고 현장으로 달려와 희생자들의 신원을 확인하는 일을 도왔다. 부도울은 곧 포턴다운 표본이 비교 대상으로 적절하지 않다는 사실을 깨달았다. 영국인들은 탄저균의 독성 유전자를 제거하기 위해 강한 열, 강력한 항생제 그리고 독한 화학물질을 사용했다. 이런 처치는 연구소에서 실험하기에는 안전했겠지만 동시에 독특한 돌연변이를 유발했다. 포턴다운의 에임스 균주는 더 이상 텍사스 암송아지의 탄저균에 가까운 대용물이 아니었다. 부도울과 내가 참석한 FBI 회의에서 그는 자신의 상관들에게 나쁜 소식을 전했다.[33]

우리는 스티븐스에게서 채취한 표본과 텍사스 암송아지의 원래 표본을 비교해야 했다. 다행히도 유타주에 있는 미 육군 더그웨이생화학병기실험소DPG는 1981년에 암송아지가 죽은 이후 탄저균 원본 표본을 냉동 보관하고 있었다. 이 균주는 연구소에서 한 번도 변형한 적이 없는 순수한 에임스 균주였다. 그때부터 우리의 기본 균주는 포턴다운이나 스티븐스의 균주가 아닌 텍사스 암송아지의 원본 에임스 균주가 되었다. 유전체연구소의 프레이저 연구팀은 새로 시작해야 했다.

그러나 모든 사람이 애브셔와 워셤이 발견한 눈에 보이는 변화가 DNA가 변형된 결과라고 확신한 것은 아니었다. 나는 DNA가 변형된 결과라고 믿었다. 세균을 장기간에 걸쳐 서로 다른 배지에서 배양하면 그 형태와 대사에 변화가 일어날 수 있다는 사실을 박사과정에서 발견했기 때문이다. 워싱턴 D.C. 우체국 직원을 병들게 하고 죽인 탄저균에 관한 연구에 따르면, 세균에서 자란 세포 중 일부만 독특한 특징을 보이는 것으로 나타났다. 하지만 이 특정 세포는 연구소에서 분리해 재배양한 후에도 독특한 특징을 잃지 않았다. 이는 우체국 직원에게서 나온 탄저균 일부가 돌연변이를 가지고 있음을 시사했다.

돌연변이를 찾기 위해 유전체연구소는 먼저 기준 표본(텍사스 암송아지의 원래 균주)에서 채취한 탄저균의 전체 유전체 염기서열을 분석한 다음 편지 속 탄저균 가루의 유전체 염기서열을 분석했다. 이후 두 탄저균의 유전체 중 어느 부분에 돌연변이가 나타나는지를 확인한 뒤 마지막으로 FBI가 미국, 영국, 스웨덴, 캐나다 연구소에서 수집한 에임스 균주 표본 1070개 중 같은 돌연변이가 하나, 혹은 그 이상 있는 균주를 찾아내야 했다. 상당히 어려운 일이었다.

우리는 탐정 일을 하면서 동시에 새로운 분석 기술을 개발해야 했다. 성공하리라는 보장은 어디에도 없었다. 나는 우리가 비행기를 탄 채로 비행기를 설계하고 제작하는 기분이었고, 일의 진행 속도는 느렸다. 무엇보다 우리는 테러범이 또다시 공격할까 봐 걱정되었다. 나는 잭에게조차 이 사실을 털어놓을 수 없었다. 그는 내가 탄저균 편지 수사를 돕고 있다는 것을 알면서도 아무것도 알고 싶지 않다고 말했다. 한편으로는 다행이었는데, 어차피 나는 잭에게 아무 말도 할 수 없었다. 우리는 국가적으로 매우 막중한 임무를 맡고 있었고, 그 일이 더디게 진행되는 것 같아 답답했다. 그러나 모든 것이 신중하고 정확하게 이루어져야 했다. 너무 많은 것이 여기에 달려있었다.

* * *

프로젝트 진행 과정이 결정되었다.[34] 먼저 플래그스태프시에 있는 노던애리조나대학의 폴 카임 연구팀이 표준 세균 검사를 시행해 각 표본이 탄저균 에임스 균주임을 증명했다. 다음으로 그들은 열, 효소 그리고 다른 화학물질을 사용해 세균 세포벽을 녹인 뒤 DNA를 꺼내 불순물을 제거하는 방법으로 DNA를 정제했다. 이후 이 DNA는 유전체연구소와 다른 연구소로 보내졌고, 과학자들은 최근에 인간 유전체 프로젝트를 위해 개발한 반자동 기술을 사용해 DNA를 분석했다. DNA는 무작위 길이로 자르고 크기별로 분류한 뒤 클로닝*을 거쳐 가장 가능성이 큰 순서로 재배열되었다. 궁극적으로 정부, 대학, 민간 연구소 스물아홉 곳이 조사에 참여해 포자 가루, 봉투 그리고 우체국 장비에서 나온 표본을 분석했다. 모두 비밀리에 진행했다.

예전에 내 학생이었던 자크 라벨은 2002년에 유전체연구소의 클레어 프레이저와 티머시 리드 연구팀에 합류했고, 리드가 다른 곳으로 옮긴 뒤 실험실 책임자가 되었다. 컴퓨터생명공학자 스티븐 잘츠버그는 미하이 포프와 애덤 필립피에게 생물정보학 분석으로 실험실에서 나오는 결과를 해석하도록 이끌었다.

한 가지 세균에서 나온 여러 균주의 전체 유전체 염기서열을 분석하는 일에는 새로운 종류의 데이터와 새로운 컴퓨터

* cloning, 인공적인 방법으로 부모와 유전적으로 똑같은 아이를 만드는 일을 일컫는다.

알고리즘을 생성하는 신기술이 동반되었다. 몇몇 과학자들은 전산 기법과 염기서열분석 기계가 오류를 일으킨다고 믿었다. 다른 미생물학자들은 유전적 변이가 정말로 나타났다면 일시적인 우연이며, 몇 주 이내 복원되리라 생각했다. 기계로 인한 염기서열분석 오류를 줄이기 위해 잘츠버그와 그의 연구팀은 염기서열 내에서 가능성이 가장 낮은 구성을 제거하는 알고리즘을 만들었다. 그런 다음 돌연변이를 찾을 가능성이 가장 큰 영역의 염기서열을 반복해서 분석했다.

한편 포프는 다양한 DNA 조각을 완전한 공격성을 가진 하나의 탄저균 유전체로 조립하는 알고리즘을 개발했다. 그러나 어느 날 책상 위에 놓여 있는 데이터를 보고 포프는 자신의 프로그램에 오류가 있다고 생각했다. 프로그램이 각기 다른 위치에 있어야 할 두 개의 DNA 서열을 하나로 연결해놓았던 것이다. "누구도 프로그램을 믿어서는 안 됩니다"라고 포프는 말했다. "우리는 이것이 진짜 생물 암호인지 아니면 프로그램 오류인지 알아내야 했습니다." 생물정보학 연구팀은 곧 유전체연구소가 실험 단계를 생략했다는 사실을 알아냈다. "우리는 분석할 수 있는 DNA가 많지 않았습니다"라고 포프는 회상했다. "모든 실험 단계마다 DNA가 조금씩 손실되었어요. 그래서 연구소는 실험 과정 중 하나를 건너뛰기로 했던 겁니다." 그때 유전체연구소 팀은 어셈블러*가 공격에 사용된 균주에서 중요한 돌연변이(1000 염기쌍의 대규모 DNA 복제)를 놓쳤다는 사실을 발견했다.

* * *

작업은 엄청나게 까다롭고 더뎠다. 라벨과 유전체연구소의 몇몇 동료들은 NIH가 지원하는 최첨단 기술과 생물정보 플랫폼을 사용해 FBI와 함께 꼭 필요한 정보를 알려주는 방식으로 작업했다. 유전체연구소 과학자들은 FBI 요원들이 주최하는 많은 회의에 참석했고, 포프는 총을 찬 사람들로 가득한 청중 앞에서 말하는 데 어느 정도 익숙해졌다. 그러나 진전은 이루어지고 있었다. 1년 가까이 프로젝트에 깊이 관여한 끝에 라벨과 유전체연구소 사람들은 애브셔와 워셤이 발견한 이상하게 생긴 변종 군락과 관련된 점점 더 많은 수의 돌연변이 시그니처를 찾기 시작했다.

라벨과 생물학 박사학위를 가진 몇몇 FBI 요원들은 가장 독특한 네 개의 돌연변이를 선택해 집중적으로 살피기로 했다.[35] FBI 규정에 따라 표본은 비밀리에 암호화돼 오직 두 명의 FBI 요원만이 표본이 어디서 왔는지를 알고 있었고, 라벨과 유전체연구소 사람들은 몰랐다. 이후 5년간 라벨은 미국, 영국, 캐나다, 스웨덴 연구소에서 수거한 1070개의 에임스 균주 표본에서 이 네 개의 돌연변이를 찾았다. 그는 네 개의 돌연변이가 모두 있는 표본을 찾으려 했다.

탄저균 공격이 발생한 지 6년 가까이 지난 2007년 9월, 라

* 명령을 기계어로 전환하는 프로그램

벨은 여러 FBI 요원에게 자신의 최근 연구 결과를 보고했다.[36] 그들 중 한 명이 "아무개 표본은 어떻습니까? 보여줄 수 있나요?"라고 물었을 때 라벨은 이미 그 표본에 세 개의 돌연변이가 있다는 사실을 알고 있었고, 그달에 네 번째 돌연변이도 발견했다. 라벨은 새로운 결과를 접하자 요원의 무표정한 얼굴이 크게 기뻐하는 표정으로 바뀌는 것을 볼 수 있었다. "나는 특정 표본이 요원에게 어떤 의미가 있다는 것을 알 수 있었습니다"라고 라벨은 회상했다.[37]

프랑스인 라벨은 여느 때라면 실험실의 모든 사람과 샴페인을 마시며 성공적인 결과를 축하했을 것이다. 그러나 이번에는 아무에게도 말할 수 없었다. 심지어 자신의 연구팀에도 요원이 표본 결과를 보고 웃었다고 말할 수 없었다. 그 일은 1년 더 기밀로 유지돼야 했다. "하지만 나는 5년간의 연구가 무언가에 기여했다는 사실을 알았습니다." 라벨이 말했다. "때로 과학계에서는 전 세계에서 극소수만이 흥미를 보이는 논문을 발표할 때도 있습니다. 하지만 이번에는 우리의 영향력이 꽤 크리라는 점을 알았습니다."

우리의 유전체 사냥은 마침내 생생한 증거를 만들었다. 전체적으로 네 개의 유전적 변화가 우편물에 묻어 있던 포자의 분자 지문으로 확인되었다. 그리고 FBI가 수집한 1070개의 에임스 표본 중 여덟 개는 네 개의 돌연변이를 모두 가지고 있었다. 이런 지식으로 무장한 FBI는 전통적인 수사 활동을 통해 네 개의 돌연변이를 가진 탄저균 포자가 담긴 편지를 우편으로 보낸 사람, 혹은 사람들을 찾을 수 있었다.

곧 FBI는 네 개의 돌연변이를 모두 가진 유일한 에임스 균주 표본이 육군전염병연구소의 특정 플라스크에서 나왔다고 지목했다.[38] 애브셔와 워섬이 첫 번째 돌연변이를 확인한 곳이었다. 플라스크 RMR-1029는 보안용 마그네틱 카드가 있어야만 접근할 수 있었으며, 탄저균 백신 전문가 브루스 이빈스가 일하는 생화학격리연구소의 대형 냉장고에 보관되었다. 2008년 중반에 FBI는 해당 플라스크의 탄저균 표본에 접근해 혼자 작업할 수 있는 인물은 이빈스뿐이라고 만족스럽게 결론지었다. 이 플라스크에 절대 접근할 수 없었던 FBI의 오랜 용의자는 풀려났다.

우리는 정확하게 무슨 일이 일어났는지, 이빈스 단독이었는지 아니면 다른 공범이 있었는지 절대로 알 수 없었다. 이빈스가 진짜로 테러에 관여했는지조차 알 수 없었다. FBI가 체포하려 하자 이빈스는 과량의 타이레놀을 먹고 혼수상태에 빠졌다. 3일 후인 2008년 7월 29일, 그의 죽음은 자살로 판가름났다.

이빈스는 걸프전 참전 군인에게 투여한 탄저균 백신을 공동 개발했다. 백신을 맞은 군인들은 피로감, 관절통, 두통 같은 만성 증상을 호소했다. 많은 사람은 만약 이빈스가 진짜로 편지를 보냈다면 자신이 개발한 백신 프로그램이 취소될 두려움에 테러했으리라고 추측했다. 탄저균 편지에 대한 공포가 탄저균 백신이 계속 필요하다는 점을 증명해주리라고 생각했을 것이라는 이야기도 나왔다. 그러나 이빈스의 죽음은 그의 동기와 의도를 조사하기는커녕 이해할 수조차 없게 만들어버렸다. 2008년 8월 18일, FBI는 기자회견을 열고 FBI 역사상 최대 규모였던 수사 이면의 과학을 설명했다. FBI가 거의 모든 설명을 도맡았고, 나는 "유전체 염기서열분석을 위한 대부분의 지원금을 제공한" 전 NSF 총재로 소개되었다. 나는 "미생물 포렌식이라는 정당하고 새로운 학문"을 만들기 위해 함께 일했던 관계부처합동위원회에 대해서만 짧게 언급했다.

이빈스가 사망한 뒤 FBI는 수사를 기밀 해제했고, 우리는 7년간 곤혹스럽게 매달려왔던 문제에 대한 가장 그럴듯한 답을 얻었다. 탄저균 DNA가 변형을 거의 일으키지 않는다면 왜 편지 속의 포자에는 변형된 유전자가 그렇게 많았을까? 답은 아마도 이빈스의 합법적인 연구에 탄저균 백신을 만드는 일이 포함되었기 때문인 듯했다. 이빈스는 백신을 만들 때 여러 연구소의 에임스 균주를 혼합해 사용했다. 다양한 탄저균 균주를 수집하면서 그는 각 연구소의 조작으로 생성된 다양한 스트레스가 유도한 돌연변이도 함께 수집했다. 에임스 균주의 양이 증가하면서 이빈스의 혼합 에임스 균주 자체에서도 순전히 우연에 의해 돌연변이가 나타났던 것이다.

오랜 시간이 흐른 뒤 나는 민감한 정보가 삭제된 이빈스의 정신질환 분석 보고서를 볼 수 있었다. 이빈스가 자살한 후에 작성된 이 보고서는 아홉 명의 위원이 모두 반대 의견 없이

"심각하고 오래된 심리 장애와 정신질환을 앓고 있었다…. 만약 이 사실이 알려졌다면 기밀 수준의 보안 등급에서 그를 배제했을 것이다"라고 진단했다고 적혀 있었다.

변호사들이 그를 데려간 후 이빈스는 아마도 기소되었을 것이다. 이빈스는 집단 치료에 참여해 무심결에 동료들을 살해할 계획이라 말했다고 한다. 그는 재빨리 지역 병원에 강제 입원을 당했고 이후 일주일 이상 정신병원에 수용되었다. 정신의학 분야 위원은 이빈스를 입원시키는 것은 "총기 난사 사건이나 '영광의 불꽃' 속에 몸을 던지겠다는 약속을 완수할 기회를 예방하는 일과 같다"라고 결론지었다.[39]

이빈스가 사망하고 2년이 지난 후 FBI는 92쪽 분량의《아메리스랙스 수사 개요*Amerithrax Investigative Summary*》*라는 보고서를 발표해 7년간 이어진 수사를 개괄했다.[40] 첫 페이지에는 "이 사건을 위해 특별히 획기적인 과학 분석법을 개발했으며", 공격에 이용된 탄저균 가루를 추적해 이빈스의 플라스크까지 수사팀을 이끈 이름 없는 개인 혹은 기관에 감사한다는 말이 적혀 있었다.

※ ※ ※

* 아메리스랙스는 'America'와 탄저균의 'anthrax'를 합성한 말로 2001년 탄저균 테러를 일컫는다.

국립관계부처간유전체과학협력위원회(이하 과학협력위원회)의 과학수사는 우리의 예상보다 훨씬 더 긴 7년간 이어졌다. 우리는 처음에 순진했다. 병원체 염기서열 데이터가 거의 없어서 한 종에 대해 균주 세 개, 어쩌면 다섯 개까지 염기서열을 분석하면 테러에 사용된 탄저균이 어디서 나왔는지 알아낼 수 있을 것으로 생각했다. 그러나 탄저균은 돌연변이가 매우 드물어 차이점을 찾아내려면 훨씬 더 많은 균주의 염기서열을 분석해야 했다. 분석 과정은 지루했고, 심각할 정도로 많은 시간과 비용이 들었다.

오늘날 전체 유전체 염기서열분석법은 수많은 전염병과 싸우는 데 사용되고 있다.[41] 여기에는 2003년 유행했던 사스SARS(중증급성호흡기증후군)를 비롯해 코로나19, 리스테리아Listeria, 연쇄상구균, 메티실린 내성 황색 포도상 구균MRSA, 돼지독감H1N1, 폐렴간균, 에볼라바이러스, 지카바이러스 등이 포함된다. 유전체 염기서열분석은 이제 전염병을 추적하는 데 폭넓게 이용되며 새롭게 부상하는 정밀의학의 기초가 되고 있다. 라벨과 유전체연구소 사람들은 비슷한 접근법을 적용해 뉴욕 시장 시절 마이클 블룸버그가 받은 협박 편지에 들어있던 리신을 찾아냈다. 리신은 피마자 씨앗 속에 들어있는 위험한 단백질이다.

많은 관계자에게 과학협력위원회는 경력의 정점에 오르는 자리였으며, 몇몇 위원들은 위원회에서의 공로를 인정받아 훈장을 받기도 했다. CIA는 존 필립스와 그의 전문가팀, 로널드 월터스(매우 유능했던 위원회 간사) 그리고 나를 포함한 많은 위원에게 훈장을 수여했다. 나는 위원회가 해체되는 2011년까지 위원회 의장직을 맡았다.

과학협력위원회는 탁월한 팀워크가 무엇을 이룰 수 있는지를 보여준 특별한 사례였다. 클레어 프레이저는 우리를 '멋진 오케스트라'라고 불렀다. 협력은 어떤 위기든 해결할 수 있는 열쇠였다. 우리는 합리적이고 공정하게 일했고, 누구도 독재적으로 명령하지 않았다. 젠더는 논의된 적도 없었고, 문제가 되지도 않았다. 우리는 오직 끔찍한 문제를 해결하기 위해 우리가 무엇을 할 수 있는지에만 집중했다.

과학협력위원회의 과학수사는 상상할 수 있는 모든 비상사태에 대응하는 데 필요한 전문지식을 갖춘 단 하나의 기관, 연구기관, 혹은 산업계가 없다는 증거이기도 했다. 그러나 은퇴, 예산 삭감 그리고 정치적 제약 때문에 이제 연방정부 직원을 모아 막강한 과학팀을 구성하는 일은 불가능할 것이다. 이 경험을 되돌아볼 때 나를 가장 기쁘게 하는 것은 인간유전학에 관한 기초과학 연구가 치명적인 탄저균 수수께끼를 푸는 데 도움이 되었다는 점이다. 그러나 이 수사는 개인적으로도 지적 보람이 매우 컸다.

탄저균 수사가 끝나자 나는 국제 과학계에 위험한 병원체를 식별할 수 있는 빠르고 정확한 방법이 절실히 필요하다는 사실을 깨달았다. 그리고 이제 그 방법을 개발해야 할 때가 되었다고 생각했다.

나는 민간 기업의 자금과 지원을 의지하기로 했다. 여기서 나는 새로운 기회를 찾았다. 더불어 이제는 놀랍지도 않은 여성 과학자와 관련된 완전히 새로운 문제를 발견했다.

8장

올드 보이 클럽에서
영 보이 클럽,
다시 자선사업가로

탄저균 수사는 진정 내 인생의 전환점이었다. 살인 무기를 찾는 데 6년이 걸렸다. 그동안 무고한 사람들이 죽거나 다치고 엉뚱한 사람이 범인으로 기소되었다. 관련된 위험한 미생물을 더 빠르고 정확하게 찾아낼 수 있었다면 그런 비극 중 일부를 막을 수 있었을 것이다.

대학원 이후 줄곧 미생물을 식별해온 나는 DNA 염기서열을 이용해 거의 모든 종류의 표본에서 모든 병원성 미생물을 몇 분 이내에 식별하는 방법을 고안하기 시작했다. 표본이 체서피크만의 물이든 생활하수든, 환자의 직장 면봉 검사 표본이든 혈액 채취 표본이든, 땅에서 떠온 흙이든 공기 중에서 채집한 먼지 부스러기든 상관없었다. DNA 분석은 세균, 바이러스, 기생충 혹은 곰팡이의 존재와 상대적 함유량 그리고 이들의 종, 균주, 아주*, 특성을 파악하는 데 이용할 수 있다. 컴퓨터, 유전학, 확률수학 등을 이용해 표본에서 염기서열을 분석한 병원체와 데이터 라이브러리를 비교하자는 것이 내 아이디어였다. 나는 이 방법이 많은 생명을 구하고 미생물학에

* substrain, 어떤 세포주에서 한 개의 세포 분리 혹은 콜로니 분리로 얻을 수 있는 것으로, 원주와는 다른 특성을 갖고 있는 계를 말한다.

혁명을 일으킬 수 있다고 믿었다. 그것은 내 꿈이기도 했다.

2004년은 NSF 총재가 되고 6년 차에 접어드는 해이자 임기 마지막 해였다. 그해가 저물기 몇 달 전에 나는 총재 자리에서 물러나 미생물 식별법을 개발하자는 아이디어를 토대로 데이터 관리 시스템을 구축하면서 여러 달을 보냈다. 하지만 실행 가능한 방법으로 알고리즘을 개발하는 일은 NSF나 NIH에서 지원받은 보조금보다 더 큰 비용이 들었다. 나는 도전할 생각이 없던 분야에서 내 운을 시험해보기로 했다. 바로 사업과 기업가정신의 세계였다.

이후 10년간 나는 거대한 다국적 대기업에서 내 회사, 비영리단체에 이르기까지 기업 세계의 한 분야에서 다른 분야로 옮겨 다녔다. 나는 대학과 정부보다 기업의 여성혐오증이 더 강하다는 사실을 깨달았다. 하지만 여성 기업가를 지원하는 여성 벤처투자회사와 과학자가 중요한 세계 문제를 해결할 수 있는 비영리단체도 발견했다. 방대한 학습을 경험한 10년이었다. 이제부터 들려줄 그때의 내 경험이 오늘날 학계와 정부를 떠나는 많은 과학자에게 도움이 되었으면 한다.

연방정부와 주정부 보조금이 대폭 삭감되면서 과학자는 고위험 직업군으로 바뀌었다. 박사학위를 소지한 과학자의 절반은 이미 학계를 떠났다. 2017년에는 생명과학 분야 박사학위 소지자 네댓 명 중 한 명만이 대학에서 종신 재직권이나 종신 재직으로 이어지는 직위를 받았다.[1] 다른 분야의 박사학위를 소지한 과학자들도 정부 기관을 떠나고 있다. 실험실을 운영하고 학생을 선발할 보조금이 필요하거나 혹은 자신이 일할 곳이 필요한 과학자는 나이가 많든 적든 자금을 조달하기 위해 민간 기업, 벤처 자본가, 재단 그리고 군부에 굽실거렸다. 이런 곳들은 모두 남성이 지배하는 세계로 보통 여성은 연줄이 없다. 이제 교수들은 연구 생산성, 논문, 강의뿐만 아니라 보유한 특허 수, 차지한 위원회 자릿수, 관여하는 스타트업 수로 평가받는다. 이런 이유로 교수들도 기업과 일하는 법을 배워야 한다.

나는 미국이 과학 분야 박사학위 소지자를 너무 많이 배출하고 있다고 말하는 사람들의 의견에 동의하지 않는다.[2] 고도의 기술 경제가 지속적으로 성장하려면 그들 모두가 그리고 더 많은 전문 인력이 필요하다. 그러나 오늘날 과학계에서 성공하려면 모든 사람이 자신의 미래를 계획할 수 있어야 한다. 그리고 많은 사람의 미래에는 기업이나 산업계에 체류하는 시간이 포함될 수 있다.

* * *

나는 내 앞에 놓인 길에 대해 준비되지 않은 상태였다. 사업을 시작하는 많은 여성 과학자처럼 나도 기존 기업에 합류했다. 광학 제품과 이미징 제품을 전문적으로 생산하는 일본의 다국적 대기업 캐논은 생명과학 시장에 진출하면서 내게 새로 설립한 의료 진단 자회사의 자문을 맡아달라고 요청했다.

내게 잘 맞는 일 같았다. 나는 그 회사에서 신속한 미생물 식별법을 개발하면서 학술 연구도 계속하고 과학 단체에서 자원봉사도 할 수 있었다. 그리하여 나는 캐논미국생명공학의 회장이자 수석 고문으로 새로운 경력을 시작했다.

직책은 그럴듯했다. 그러나 다국적 대기업의 자회사를 설립하면서 나는 대기업이 학계나 정부보다 한층 더 관료적이고 독재적일 수 있다는 사실을 깨달았다. 명망 있는 비영리단체인 캐털리스트의 경고를 굳이 떠올리지 않더라도 젠더에 따른 불평등은 기업의 세계에 만연했다.[3]

오늘날에도 여전히 엘리트 대학 MBA 출신 여성은 남성 동기보다 봉급과 직급이 뒤처진다. 2019년 3월 말까지만 해도 S&P500지수*에 편입되는 기업에 여성 CEO는 스물네 명에 불과했다.[4] 여성이 최고 직급에 임명될 때는 회사에 남성이 책임지기 싫어하는 심각한 문제가 있기 때문이라는 의혹이 짙어지고 있다. 유럽중앙은행 최초의 여성 총재인 크리스틴 라가르드는 이를 '유리 절벽'이라 불렀다.[5] 여성이 실패하면 주변 남성들은 책임을 면하게 된다.

특히 일본 기업에서 고위직 여성은 제대로 성과를 내지 못했다. 사실 나는 1990년대 초 일본 정부 기관에서 고문으로 일하면서 주요 연구소를 둘러볼 기회가 있었다. 그때 박사학위를 받고도 실험실의 하급 테크니션으로 일하는 여성을 만

* 세계 3대 신용평가기관 중 하나인 스탠더드앤드푸어스가 작성하는 주가지수

난 적이 있었다. 나는 이것이 관례라고 들었다. 오늘날 일본 정부는 의식적으로 고위직에 오르는 전문직 여성의 수를 늘리려 노력한다. 성공한 대부분의 일본 기업처럼 캐논도 그런 노력을 기울이고 있지만 전통적인 관습과 태도에서 벗어나는 데 어려움을 겪고 있다.

이미 밝혀진 바와 같이, 검증되지 않은 새로운 의료 진단법을 개발하는 일은 위험 부담이 매우 컸다. 캐논에서 3년을 보낸 후 나는 이 회사가 이미징 제품 개발과 카메라 제조 분야의 강점을 살리는 길을 따르기로 했다는 점을 확실하게 알 수 있었다. 내게도 새로운 도전에 나설 적절한 시기였다. 기업가가 되겠다고 생각한 적은 없지만 나는 나 자신의 사장이 될 필요가 있었다. 대학과 정부에서 수년간 배웠듯 자금을 움직이는 일은 중요하다. 나는 내 회사를 만들어야 했다. 이 일이 어려우리라고는 생각하지 않았다. 나는 수십억 달러를 움직이는 NSF의 총재였고, 재임 동안 NSF는 최고의 정부 기관으로 선정돼 예산관리국으로부터 수정 독수리상도 받았다. 게다가 나는 여러 기업 이사회에서 일했다.

나는 2007년 대담하게 내 회사인 코스모스아이디를 세웠다.[6] 내 목표는 억만장자가 되는 것이 아니었다. 단지 미생물학과 진단법을 현대화하고 의료 서비스를 개선할 방법을 개발할 충분한 자금을 모으고자 했다.

❊ ❊ ❊

나는 기업과 학계가 근본적으로 다르다는 점을 깨닫지 못했다. 윤리와 목적부터 신뢰할 수 있는 사람과 데이터, 공개해야 할 것과 말아야 할 것, 의심의 여지 없이 따라야 하는 사람의 명령에 이르기까지 모든 것이 달랐다. 표면상으로 대부분의 과학자는 장엄한 자연의 법칙을 밝힌다는 동일한 목표를 공유한다. 기업에도 규칙이 있지만 상사, 회사, 업계에 따라 통용되는 윤리가 다르다. 대학에서는 남성이든 여성이든 지성이 이상적인 기준이지만, 기업에서는 회사를 위해 벌어들이는 돈으로 사람의 가치가 매겨진다.

오늘날 기업의 세계에서 여성을 지지하는 많은 집단은 아직 존재하지 않았거나 2007년에 이르러서야 나타나기 시작했다. 나는 누구에게 조언을 구해야 할지 막막했다.[7] 사업에 관심 있는 여성 생물학자들을 돕는 단체의 초청으로 강연할 기회가 있었는데, 그들과 대화하면서 나는 기본적인 사업 전략을 세우는 일부터 도움이 필요하다는 점을 깨달았다. 나는 이미 업계, 학계, 정부 그리고 재계 투자가를 끌어모아 박식하고 뛰어난 자문위원회를 구성했다. 하지만 슬프게도 사업이라는 낯선 영역에서 나를 이끌어주었던 초기 투자가이자 고문인 로버트 포터와 로드 프레이츠는 회사가 설립되고 얼마 안 돼 세상을 떠났다. 두 사람은 따뜻한 마음을 가진 훌륭한 사업가였고 언제나 나를 지지해주었다.

그들을 잃고 나자 나는 두 명의 변호사를 계속 고용해야 하는지와 같은 중요한 문제에 대해 조언을 구할 사람이 없었다.

한 명은 회사 일을 위해 고용한 변호사였고 다른 한 명은 내 개인사를 대변하기 위해 고용한 변호사였다. 무엇보다 새 투자가가 들어오면서 나는 더는 주요 투자가가 아니었다. 고문들을 잃은 초짜 CEO인 나는 세 가지 심각한 실수를 저질렀고, 이로 인해 코스모스아이디는 첫 9년을 필요 이상으로 어렵게 버텨야 했다.

먼저 나는 전략적 실수를 저질렀다. 코스모스아이디는 주요 투자가에게 200만 달러를 투자받고, 위험한 미생물을 신속하고 정확하게 식별하고자 하는 국토안보부에서 200만 달러라는 거액을 지원받았다. 회사에는 임원 한 명, 수석 과학자 한 명 그리고 대부분 컴퓨터과학자와 공학자인 직원 몇 명이 있었다. 초짜 CEO인 나는 즉시 수익을 창출하는 것이 최우선 과제라 믿었고, 제품 개발에 주력하느라 초기 투자금을 너무 빨리 소진해버렸다. 사업 초기에는 추가 개발 자금을 조달하고, 우리의 발견과 병원체 검출에 성공한 결과를 발표하고, 회사의 명성을 쌓는 데 초점을 맞춰야 했다. 그런 다음 제품 출시를 위한 토대를 쌓아올려야 했다.

둘째, 능력 있는 회사 임원을 발굴하는 일이 중요한데, 초창기였던 당시에는 생명공학 회사를 운영하기에 충분한 과학 지식을 가진 CEO를 찾기란 쉽지 않았다. 예일대학, 컬럼비아대학, UC산타바바라의 연구자들은 일반적으로 남성은 자신의 능력을 최대 30퍼센트까지 과대평가한다는 연구 결과를 발표했다.[8] 하지만 불행히도 이 연구 결과는 내가 회사 임원을 선택해야 할 시기에 맞춰 발표되지 않았고 결국 내게 도움이 되지 못했다. 예일대학 경영대학원의 빅토리아 브레스콜은《디애틀랜틱》과의 인터뷰에서 "남성은 자신의 능력을 과신하고 '나를 원하지 않는 사람은 없을 거야'라고 생각하며 모든 상황에 뛰어든다"라고 말했다. 컬럼비아대학 경영대학원의 어네스토 루번은 남성의 자기 능력에 대한 과신은 최고 직위로 승진하는 여성의 수가 적은 이유를 설명하는 데 도움이 된다고 결론지었다.[9] 실망스럽게도 몇몇 연구자들은 남성이 자신의 가치를 더 정확하게 평가하는 것이 이 문제의 해결책이라 생각하지 않는다. 오히려 그들은 여성이 남성처럼 자신의 가치를 실제보다 과장해야 한다고 말한다.

내가 채용 실수를 저지른 또 다른 중요한 이유는 과학자들이 대개 자신의 동료를 신뢰하기 때문이었다. 과학자들의 논문은 동료들의 검토를 거쳐 잡지에 발표되며, 다른 전문가들이 비평하고 재확인하거나 혹은 오류를 밝혀낸다. 사업에는 이와 같은 동료 검토 과정이 없다. 과학에서는 논문이 정확해야 한다. 사업에서는 수익성이 있으면 만사형통이다. 초기에 나는 너무 쉽게 참고문헌을 액면 그대로 받아들였다. 지금은 나도 이런 점을 잘 알고 있으며 참고문헌, 참고문헌의 참고문헌 그리고 그 참고문헌까지 샅샅이 확인한다.

마지막이자 가장 중요한 실수는 회사가 한 팀이 돼야 한다는 내 철학이었다. 과학계와 정부에서는 이것이 통했다. 사실 코스모스아이디의 과학 분야 직원들은 여전히 서로 영감을 주고받는 팀으로 일하고 있다. 그러나 나는 동지애를 느끼며 회사에 대한 그들의 헌신이 나만큼이나 강렬하다고 생각하고 초기에 주요 간부들과 회사의 소유권을 나누어 가졌다.

내부적으로 문제가 발생할 때 유리한 위치에서 협상하는 법을 아는 것은 매우 중요하다.[10] 나는 조직을 위해 성공적으로 협상해왔지만 노동조합이나 기부자들과 능숙하게 협상하는 여성일지라도 자기 자신에 대해서는 제대로 협상하지 못한다. 이에 대해 린다 뱁콕과 사라 래시버는 공저서 『여자는 어떻게 원하는 것을 얻는가』에서 여성은 다른 사람을 돌보고 옹호하는 사람이 되라고 교육을 받지만 여성이 고삐를 잡는 순간, 우리는 권위적이고 까다로운 사람으로 낙인찍힌다고 말했다.

사업에서 내가 정말 실망한 점은 아이디어를 훔쳐 가는 거친 서부식 관행이었다. 나는 잘 알려진 재단의 연구 지원서를 살펴보다 재단이 기금으로 개발된 모든 지식재산의 소유권을 주장하는 조항을 발견했다. 왜 아이디어와 발견이 그것을 사용하지도 않거나 혹은 조직의 다른 제품과 경쟁한다면 그것을 묻어버릴 수 있는 재단에 소유돼야 하는가? 아이디어는 공유돼야 하고 무엇보다 가장 필요한 사람들을 돕는 데 사용돼야 한다. 나는 내가 이윤을 추구하는 사람이 아니라 과학자라는 사실을 깨달았다.

그러다가 《디애틀랜틱》에 실린 캐티 케이와 클레어 시프먼의 글 「자신감의 격차」를 읽었다.[11] 케이와 시프먼은 사업에서 자신감은 능력만큼 중요하지만 여성은 성공하는 데 필요한 자기 확신이 너무 부족하다고 논했다. 이 글을 읽고 나는 50년간의 경험으로 볼 때 내가 병원성 미생물 식별에 관한 한 엄선된 전문가 중 한 명이라는 점을 깨달았다. 그리고 우리가 미생물 식별법을 정말로 현대화할 필요가 있다는 생각에 이르렀다. '제기랄.' 나는 자신에게 말했다. '이 회사는 내 아이디어였고, 꼭 성공할 거야.' 코스모스아이디가 설립된 지 12년이 지난 지금, 회사는 여러 가지 의료, 식품, 수질 안전용품을 개발했고 미래는 밝다.

* * *

여성 과학자는 사업하지 말아야 할까? 절대 그렇지 않다.

나는 여성과 소수자집단에 대한 기업 세계의 태도가 전환점에 이르렀다고 생각한다. 여성과 소수자집단이 경제를 확장할 수 있다는 사실을 경영진이 깨닫고 있기 때문이다. 문화 변동은 수십 년이 걸린다. 여성에 관한 사회의 관점을 근본적으로 바꾸는 일은 꼭 필요하지만 오랜 시간이 걸릴 것이다. 하지만 권력을 쥔 많은 남성이 역사상 최초로 여성과 지도력을 공유하면 회사가 더 많은 이윤을 창출할 수 있다는 사실을 깨닫는 중이다.[12] 크레디트스위스, 맥킨지앤드컴퍼니, 블룸버그, 언스트앤영, 뱅크오브아메리카증권 같은 금융 서비스 거인들이 메시지를 전파하고 있다. 국제통화기금IMF이 200만 개의 유럽 기업을 대상으로 조사한 결과, 첨단 기술 제조업이나 지식 집약적인 서비스 기업은 고위직 여성 한 명이 추가되면 자산수익률이 34~40퍼센트 늘어나는 것으로 나타났다.[13] 왜 그럴까? 그런 조직은 독립적인 관점으로 강화되는 '높은 창의성과 비판적 사고'가 필요하기 때문이다. 그렇다면 여성이 기업 세계에서 모든 고위직을 독식해야 할까? 그건 아니다. IMF 보고서는 이상적인 비율은 여성이 고위직의 60퍼센트를 차지할 때라고 결론지었다.[14] 이윤을 높이는 것은 여성 그 자체가 아니라 새로운 발상을 유도하는 다양한 관점이다.

S&P500지수 편입 기업 중 여성 임원이 없는 마지막 기업이 2019년에 한 명을 추가했다. 그렇다고 여성이 하룻밤 사이에 남성과 동등해진다는 의미는 아니다. 사실 임원 회의실의 이직률은 매우 낮아 연구 결과에 따르면, 여성은 앞으로 40년 이상 남성과 동등한 대표성에 도달하지 못할 수 있다.[15] 이사회가 젠더나 인종과 관계없이 신입 구성원의 말에 귀 기울이기까지도 오랜 시간이 걸린다.

새로운 여성 이사회 구성원에게 남성과 동등하게 지도력을 발휘할 기회를 주지도 않는다. 여성 임원은 대개 재임 기간이 짧고 의장직을 맡을 기회도 거의 없다. 두세 명의 여성이 함께한다면 서로의 주장을 지지하면서 변화를 가속할 수 있다. 몇몇 유럽 국가와 캘리포니아주에서는 이사회의 여성 쿼터제를 의무화하고 있다. 쿼터제는 가능한 해결책이지만 몇몇 사람들은 이를 차별 철폐 조치로 여기기 때문에 논쟁의 여지가 있다.

❋ ❋ ❋

기술 기업에서 다양성을 꾀하는 일은 더 어려울 것이다. 1960년대 이후 미국 국내총생산GDP 성장률이 약 25퍼센트 증가한 것은 법학, 의학, 과학, 학계, 경영 분야를 여성과 흑인 남성에게 개방한 데서 나왔다고 전미경제연구소는 밝혔다.[16] 그러나 25년 전에 월드와이드웹이 막 불붙기 시작할 때 이 기차에 올라탄 사람은 대부분 모험을 즐기는 젊은 남성이었다. 그 결과 정보기술과 전자상거래 혁명은 이윤과 부富, 권력을 함께 싣고 모든 인종의 여성과 아프리카계 미국인 그리고 라틴계 남성을 지나쳐버렸다. 오늘날 기술 산업에서 백인 남성과 아시아인 남성은 마이크로소프트, 구글, 애플, 트위터, 야후 직원의 약 70퍼센트를 차지한다. 반면 여성은 종종 특허를 낼 수 있고 수익성 있는 발견과는 무관한 낮은 직급의 영업이나 마케팅 업무에 집중된다.

설상가상으로 과학, 기술, 공학 분야 여성의 절반 이상이 유리천장에 부딪혀 중도에 회사를 떠난다. 미국 기업과 스템 계열 전공 여성에 관한 두 가지 대규모 연구에서도 같은 현상이 보고되었다. 《아테나지수》*라는 논문에서 실비아 앤 휴렛과

* 여성 억만장자 비율을 나타낸 지수

연구팀은 2008년에 과학, 기술, 공학 분야에서 학위와 상당한 경력을 갖춘 35세에서 40세 사이의 중간 직급 여성의 52퍼센트가 직장을 떠날 계획이라 밝혔다.[17] 이유는 자녀 계획이 아니라 승진할 가능성이 너무 작기 때문이었다. 「기술 기업 사다리 오르기」라는 논문에서 캐럴라인 시마드와 안드레아 헨더슨은 2013년에 기술직 여성의 56퍼센트가 유리천장에 부딪혀 중도에 일을 그만두는 현상을 발견했다.

만약 기술 분야 남성의 절반이 떠났다면 정부는 국가비상사태를 선포했을 것이라 휴렛은 지적했다. 미국 기업은 이미 스템 분야 인력 부족으로 성장이 제한되고 있어서 어쩔 수 없이 외국인을 고용해야 한다고 불평했다. 만약 여성 스템 분야 직원의 자연 감소율을 25퍼센트까지 낮출 수 있다면 기업은 11만 명의 고급 인력을 급여 대상자 명단에 올릴 수 있다고 휴렛은 분석했다.

몇몇 실리콘밸리 스타트업들의 사교클럽 같은 조직문화는 많은 여성을 기술 분야에서 몰아냈다.[18] 예를 들어 우버는 초창기에 알코올에 흠뻑 취해있었고 각 층에는 연중무휴 24시간 내내 맥주 통이 열려있었다. 우버 이사회는 기업공개를 앞두고 전 미 법무부 장관 에릭 홀더를 고용해 성희롱에 대한 불만을 조사했다. 홀더는 기업 이미지를 제고하기 위해 47가지 파격적인 조치를 시행하라고 권고했다. 다른 초기 스타트업의 직원들은 업계 콘퍼런스 강연에서 자위행위를 흉내냈고, 회사 행사에서 여성을 특전으로 광고했으며, 성인 앱을

판매했다.

많은 실리콘밸리 지도자들이 노골적으로 여성 혐오를 드러내기도 했다.[19] 페이팔, 유튜브, 링크트인, 옐프의 초기 투자가 피터 틸은 2009년에 여성에게 투표권을 준 것은 민주주의와 자본주의의 해악이었다고 주장했다.[20] 언론인 에밀리 창은 『브로토피아』에서 이렇듯 악의적인 작업 환경 때문에 "세계 역사상 가장 큰 부의 창출 과정에서 여성들은 제도적으로 배제되었고, 빠르게 재편되는 우리의 글로벌 문화에서 여성의 목소리는 무시되었다"라고 했다.[21] 벤처캐피털펀드* 스프링보드 엔터프라이즈의 창업자이자 회장인 에이미 밀먼은 기술 산업에 만연한 나이 차별은 '항상' 나이 든 여성을 향해 작동한다고 말했다.[22] 스프링보드 엔터프라이즈는 기술 지향 기업의 여성 창업자 700명 이상을 위해 80억 달러 넘게 투자했다. "예전에는 마흔 살 이하이면 고위직에 지원할 수 없었습니다. 이제는 '쉰 살이 넘은 사람을 왜 고용합니까? 그들이 이 사업에 무엇이 필요한지 알기는 합니까?'라고 말하는 추세입니다."

중년의 여성 과학자가 자금 지원을 요청하자, 대부분 흰 수염이 나기 시작한 남성 투자가들은 "당신에게 정말 필요한 것은 CEO로 앉힐 20대 남성입니다"라고 말했다.

* 위험은 크지만 고수익이 기대되는 신규 사업체에 투자하는 펀드

※ ※ ※

자기 사업을 시작하려는 여성은 특히 벤처캐피털 산업을 남성들이 모두 지배하고 있다는 어려운 문제에 직면한다. 나는 평생 장벽을 피해가고 장애물을 넘어서며 일했으므로 내 말을 믿어도 좋다. 사업을 시작하고 키울 만한 자본이 필요한 여성 기업가에게 이 일은 정말 힘들다. 여성 기업가는 단단한 갑옷으로 중무장해야 할 것이다.

벤처 자본가는 신생 기업이 생존하고 번영하는 데 필요한 자금을 공급하는 공공서비스를 제공한다.[23] 그러나 벤처투자의 세계에는 거의 전적으로 부유한 남성뿐이다. 다양성이 더 나은 수익을 창출한다는 사실이 입증되었지만 여성 창업 기업이 투자받은 금액은 2018년 전체 벤처투자자금의 3퍼센트 미만이었다.[24]

하버드대학 경영대학원 폴 곰퍼스와 실파 코발리는 벤처캐피털 산업은 '믿기 어려울 정도로' 동질적이라 말했다.[25] '믿기 어려울 정도로'라는 단어는 내가 아니라 곰퍼스와 코발리가 쓴 것이다. 두 사람은 1998년 이후 미국의 모든 벤처투자 조직을 살펴본 결과, 이 업계가 28년간 놀라울 정도로 획일적인 상태를 유지해왔다는 사실을 발견했다. 투자가의 8퍼센트만 여성이고, 2퍼센트는 라틴계이며, 1퍼센트 미만이 흑인이었다. MBA 학위를 가진 벤처 자본가 네 명 중 한 명은 동일한 기관, 바로 하버드경영대학원에서 학위를 받았다. 2018년에는 벤처투자 회사의 4분의 3 가까이가 여성 투자가를 단 한 명도 고용하지 않았다.[26] 여성은 최고재무책임자 혹은 마케팅이나 홍보 담당 이사 직위에서 찾아볼 수 있었지만 자금을 투자할 회사를 결정하는 직위에는 없었다.

워싱턴대학의 역사학자 마거릿 오마라는 "한 세대의 기술 기업 경영자는 다음 세대의 기술 기업에 투자하며, 이에 따라 부는 하나의 작은 집단에 보존되고 집중된다"라고 했다. 경제학자 앨리슨 브룩스와 피오나 머리는 남성과 여성 기업가가 똑같은 주장을 해도 부유한 백인 남성 벤처 자본가는 남성, 특히 매력적인 쪽을 선호한다는 사실을 발견했다.[27] 남성이 이끄는 스타트업은 남성 임원과 남성 자문위원을 임명하는 경향이 있으므로 문제는 더 악화된다. 그러나 흥미롭게도 만약 고위 경영진에게 딸이 있다면 그 회사가 여성 경영진을 고용할 확률은 25퍼센트 더 높았다.[28]

미국미생물학회 전 회장이자 내 친구인 캐럴 네이시는 자신의 세 회사 중 하나를 위해 남성 벤처 자본가들에게 투자 설명을 하다가 네 차례나 비서로 오해를 받았다.[29] 그는 그때마다 대처하는 나름의 요령이 있었다. 그의 대본을 보면 이렇다. 한 남성이 "저기요, 커피 한 잔 부탁할까요?"라고 말하면 네이시는 명랑하게 "그럼요, 설탕이 필요하신가요?"라고 대답한다. 그러고는 그에게 커피를 가져다준 뒤 프레젠테이션을 하러 강단에 올라가며 그 남성의 표정이 변하는 것을 즐겁게 관찰한다.

수년간 비슷한 일을 겪으면서 네이시는 편법을 쓰는 방법을 알아냈다. “남성으로만 구성된 벤처투자 집단에 가면 대개 내가 프레젠테이션을 하고 우리 최고사업책임자CBO는 투자가들의 표정을 살핍니다. 만약 그들이 내 말을 못 믿겠다는 표정을 지으면 CBO가 내가 한 말을 다시 한번 반복합니다. 그러면 괜찮아집니다.”

우리에게 승산이 없을 수도 있다. 하지만 영리한 여성 과학자들은 우리가 수년간 학계에서 해왔던 것처럼 사업의 세계를 헤쳐나갈 방법을 알아내고 있다.

***

나는 대학들이 과학, 공학, 기술 기업의 다양성을 꾀하기 위해 더 큰 노력을 기울여야 한다고 생각한다. 1980년에 발표된 바이-돌 법안*은 연방 기관의 지원을 받아 진행된 교수진의 연구에서 나온 지식재산을 소유할 권리를 대학에 부여했다. 그리고 오늘날 대학은 투자가들에게 교수진 연구 결과를 사용해 남성 경영진, 남성 이사회, 남성 과학 자문단으로 구성된 기업의 설립을 허락한다.[30] 심지어 여성 연구자들이 지도자인 분야에서조차 그렇다. 대학은 이사회에서 다양성이

* 국가 연구비로 개발된 특허의 소유권에 관한 미국의 법안. 정부의 지원하에 개발된 지식재산권의 소유를 대학, 비영리 연구소, 소기업 따위에 주는 것을 골자로 한다.

입증되는 경우에만 투자가가 교수진의 연구 결과를 사용할 수 있도록 허용하는 협약을 맺어야 한다. 이는 반드시 일어나야 할 변화다… 결국에는… 아마도.

학생들은 특히나 더 취약하다.[31] 어느 날, 재능 있는 여성 박사후연구원이 낸시 홉킨스의 MIT 사무실에 찾아와 눈물을 흘렸다. 그에게는 심각한 고민이 있었다. 박사과정 지도교수 실험실의 남성 동기들이 점심시간마다 교수실에 찾아가 자신들이 시작한 회사에 대해 논의한다는 것이었다. 여성 대학원생이나 박사후연구원은 그 대화에 끼어들 수 없었고 항상 실험실에 남아 일하고 있었다. 이후 홉킨스는 "우리는 학생들에게 공정한 기회를 주지 않고 있었다"라고 말했다. MIT의 기적은(4장 참고) 홉킨스의 남성 동료들의 사고를 바꾸지 못했다. "그들은 그저 대학에서 나가 벤처투자 세계에서 대학의 여성 차별을 똑같이 반복하고 있었습니다"라고 홉킨스는 말했다.

홉킨스와 전 MIT 총장 수전 혹필드, MIT 공대 교수 산지타 바티아는 MIT 교수진의 22퍼센트가 여성이지만 MIT 교수진이 설립한 250개 스타트업 가운데 창업자가 여성인 기업은 10퍼센트 이하라는 사실을 발견했다. 스탠퍼드대학에서 실시한 또 다른 연구에서도 비슷한 차이를 발견했다. 교수진의 25퍼센트가 여성이지만 스탠퍼드대학 교수진이 설립한 스타트업 가운데 창업자가 여성인 기업은 11퍼센트에 불과했다. MIT의 남성과 여성이 같은 비율로 회사를 세우면 새로운 발견을 하는 생명공학 스타트업이 40개나 더 늘어날 것이다.

대학들은 과학 분야에서 여성을 지원하는 면에서는 오랫동안 기업 세계를 앞서고 있었지만 몇몇 대학들은 이제 슈퍼리치가 베푸는 관대한 기부에 의존하고 있다. 이 같은 소위 과학 자선 활동은 주요 대학에서 연간 연구 보조금의 30퍼센트를 차지하며 연구 대상과 지원 대상을 선정하는 데 영향을 미칠 수 있다.[32] 이런 기부자들은 대부분 기초과학 연구보다 응용과학 연구에 더 관심이 많다. 두 분야의 차이점은 알츠하이머병 연구를 예로 들면 이렇다. 기초과학은 나이 들면서 신경세포가 어떻게 퇴화하는지를 연구하는 반면, 응용과학은 아밀로이드반*의 크기나 양을 줄이는 약물을 개발하려 한다.

어느 쪽이든 개인 기부자들에게서 나온 거대한 선물은 57퍼센트 이상이 생체의학 연구에 투입된다. 이 주장을 뒷받침할 데이터는 없지만 대부분이 미국 상위 열 개 대학, 확실하게는 상위 오십 개 대학으로 간다고는 충분히 짐작할 수 있다. 울트라 리치 기부자 중 몇몇은 과학자문위원회의 조언을 듣겠지만, 전 MIT 과학대학장이자 전 과학자선활동연대 회장이며 현재는 SPA 수석 고문인 마크 캐스트너는 많은 기부자가 자문위원회의 말을 듣지 않는다고 믿는다.[33] 게다가 기부자들은 자신이 지원하는 연구에 대한 외부 동료의 논평도

* 알츠하이머 환자의 뉴런의 세포 밖에 축적된 단백질 구조물

듣지 않는다. MIT 경제학자 피오나 머리는 2013년에 이런 걱정스러운 경향은 과학을 연구 경험이 없는 소수의 부유한 개인들의 변덕에 맡기는 것일 수 있다고 경고했다.

어느 쪽이든 대학에 제공되는 연방 보조금의 40~70퍼센트는 도서관, 에너지, 보안 등에 대한 간접비로 사용된다. 그러나 과학 재단과 자선사업가의 기부에는 일반적으로 간접비가 포함되지 않는다.[34] 만약 개인 기부금이 과학 연구에서 계속 중요한 역할을 한다면 우리는 대학의 간접비 혹은 그들이 채택한 다양성 대책에 대해 어떻게 비용을 지불해야 할까?

* * *

그렇다면 여성 과학자들은 그들에게 적대적인 기업 세계에 어떻게 대비할 수 있을까? 박사과정 교육은 여성에게 훌륭한 과학자가 되는 법을 가르쳐줄 수 있지만 사업을 시작하거나 운영하는 법을 가르쳐주지는 않는다. 고급 경영 교육을 빠르고 간단명료하게 받기도 어렵다. 언젠가 내 상관이었던 한 대학 총장에게 재정 관리를 구체적으로 배울 수 있도록 승인해달라고 요청했다가 거절당했다. 그는 일하다 보면 저절로 알게 된다고 말했다. 경력 초기에 나는 상장기업의 이사회에 합류했다가 기업 이사회 구성원의 역할에 대해 2주간 하버드대학 경영대학원 강의를 들을 기회를 얻었다. 강의는 이사회 구성원의 직무를 이해하는 데 큰 도움이 되었지만 회사를 시작하고 운영할 수 있을 정도는 아니었다. 나는 회사의 지도력과 경영 전략의 미묘한 차이를 이해할 필요가 있었다.

MBA는 거의 도움이 되지 않는다. 박사과정생과 박사후연구원으로 10년간 독창적인 연구를 했다면 최근 대학을 졸업한 학생을 위해 고안된 석사과정에서 2년을 더 보내고 싶은 과학자는 거의 없을 것이다. 한 가지 해결책은 박사학위 프로그램을 현대화해 사업 운영을 고려하는 과학 전공 대학원생이 마케팅이나 재무 강의를 수강하거나 혹은 생명공학 회사에서 인턴으로 한 학기를 보낼 수 있도록 하는 것이다. 나는 국립과학아카데미와 공립대학및기관협의체에서 이런 제안을 한 적이 있는데, 박사과정을 현대화하는 것은 "태산을 옮기는 것"과 같다는 사실을 깨달았다. 불가능하지는 않더라도 매우 어려운 일이었다.

2009년에 나는 국립과학아카데미 위원회 의장이 되었다. 내가 맡은 위원회는 스템 학부생들이 대체 직업을 준비할 수 있도록 이학 석사학위를 전문화하는 문제를 다루었다.[35] 그곳에서 나는 사업에 관심 있는 과학 전공자들을 위한 새로운 유형의 석사학위 프로그램을 개설하는 데 힘을 보탤 수 있었다. 전통적으로 이학 석사학위는 박사학위를 취득하지 않은 학생들에게 위로 차원에서 주는 아차상으로 간주했다. 그러나 소위 '비즈니스를 위한 과학' 석사학위라고 하는 과학비즈니스융합전문가 학위는 과학기술관리자, 투자분석가, 응용범죄학연구소의 법의학자가 된 많은 여성을 끌어들였다.

이처럼 변화하는 시대에 대학은 교수를 배출하는 일보다 더 많은 것을 훈련할 수 있도록 박사학위 프로그램을 조정해야 했다. 그렇지 않으면 박사학위 프로그램은 쓸모없게 될 수 있다. 현재 대부분의 대학에는 교수진의 발견을 상품화하는 일을 돕는 사무실이 갖춰져 있으며 학생들에게도 이런 도움이 필요할 수 있다.

다행히 몇몇 여성들은 학계가 변화하기만을 기다리지 않았다.[36] 20년 전 스프링보드 엔터프라이즈가 비영리 벤처캐피털펀드로 시작할 때는 여성이 이끄는 기업에 투자하는 일에 관심을 가진 여성은 거의 없었다. 하지만 지금은 다르다고 창업자이자 회장인 에이미 밀먼은 말한다. 스프링보드 엔터프라이즈는 교육 과정과 설명회 행사를 조직하고 스타트업을 위해 자문위원과 기업 모델을 제공한다. 밀먼의 꿈은 여성이 주인인 벤처캐피털 기업이 여성이 이끄는 기업에 투자하고 지원하는 평행우주를 건설하는 것이다. 이런 생각을 하는 사람은 밀먼만이 아니다. 매사추세츠주 뱁슨대학에서 기업가 정신을 강의하는 칸디다 브러시는 연구자, 교육자, 기업가를 모아 여성이 성장 자본을 확보할 새로운 방법을 찾아 나섰다. 이제 개별 기업가들은 남성과 여성 모두 여성 창업자를 지도하고 있으며, 여성 네트워크 조직에 관한 내 경험에 비춰볼 때 이는 매우 효과적인 방법이라 할 수 있다.

여성 과학자에 대한 기업 세계의 지원이 늘어나고 있지만 많은 사람은 여전히 기업 집단과 협력하게 되면 과학자가 할 수 있는 연구가 제한돼 과학이 훼손될 것이라 걱정한다. 이런 걱정도 충분히 이해할 수 있다. 하지만 이런 우려에도 현재 내가 가장 좋아하는 두 가지 활동은 모두 기업 세계에서 자금을 대고 있다. 두 가지 활동 모두 이윤 창출을 목적으로 하는 일은 아니지만 여성 과학자가 사업적 이해관계를 위해 일하면서도 깊이 만족할 수 있다는 점을 보여준다.

내 경우에 각각의 기회는 전화 한 통에서 시작되었다.

* * *

내가 코스모스아이디라는 스타트업을 설립하고 3년이 지난 2010년 4월 20일, 런던에 본사를 둔 석유 회사 브리티시페트롤리엄BP이 임대한 석유 시추장비가 루이지애나주 남동쪽 해안에서 폭발해 열한 명이 사망했다. 딥워터 호라이즌호 폭발 사고는 미국 역사상 가장 큰 환경 재난 중 하나였으며 세계 최대의 해양 석유 유출 사고였다. BP의 명성은 큰 타격을 입었다.

사고 여파가 이어지던 2주 후, 당시 BP의 최고과학책임자인 물리학자 엘런 윌리엄스가 내게 전화했다. 나는 그가 메릴랜드대학 물리학 교수였을 때부터 알고 지냈다. 그는 이제 유명 교수이자 메릴랜드대학 재료연구과학공학센터 책임자가 되었다. 사고 직후 BP는 석유 유출이 멕시코만의 환경과 공중보건에 미치는 영향에 관한 연구를 위해 5억 달러를 내겠다고 약속했다. 더불어 앞으로 석유 유출량을 줄일 방법에 관한 연구도 의뢰했는데, 사고 이후 석유가 더 많이 유출될 것이기 때문이었다. (이 돈은 회사가 내야 할 벌금과 지역 주민에게 지급할 보상금으로 추가로 투입되는 수십억 달러와는 별개였다.) 윌리엄스는 내게 BP의 연구 프로그램을 맡아서 운영해줄 수 있는지 물었다. 5억 달러는 10년간 나누어 지급될 것이며 다른 조건은 없다고 했다.

이것은 멕시코만의 과학 연구를 위해 투입되는 전례 없는 액수의 보조금이었으며, 정확히 어떻게 사용돼야 하는가에 관한 정해진 규칙도 없었다. 하지만 재난에서 무언가 좋은 것을 창조할 기회였다. 나는 밑바닥부터 시작해 과학 조직을 구축한 경험이 있었고, 전 NSF 총재이자 전 미국미생물학회 회장, 미국과학진흥협회 회장, 국제미생물학회연합회 회장이라는 내 배경은 BP의 계획에 신뢰를 더해줄 수 있었다. 게다가 내 초기 연구의 상당 부분은 해양에서의 석유 오염과 탄화수소의 미생물 생분해와 관련되었다.

"BP는 간섭하지 않겠다는 약속을 지킬까요?" 나는 윌리엄스에게 물었다. 이 연구를 설계하고 연구를 어디서, 어떻게 할지를 결정하는 것은 전적으로 과학자들의 몫이다.

"네, 물론입니다." 윌리엄스가 약속했다.

만약 BP가 정말로 그 말을 지킨다면 우리는 연구 보조금을 사용하는 새로운 방법을 설계할 자유를 얻은 셈이었다. 나는 NSF 절차를 원형으로 삼아 멕시코만 연구 계획을 구상했다.[37] 연구 보조금은 공개적인 경쟁을 거쳐 자격을 갖춘 과학자에게 주어지고, 표본 채집, 모델 수립, 데이터 분석과 같은 연구 활동에 사용될 것이다. 결과는 동료 심사를 거쳐 과학 잡지에 게재되고, 수집한 모든 데이터는 상설 데이터베이스를 통해 대중에게 공개될 것이다. 이 모든 일을 BP의 간섭 없이 진행할 수 있었다. 내 구상을 윌리엄스에게 설명했더니 그는 "물론 그렇게 해야지요"라고 대답했다.

이런 연구는 중요한 사회문제를 다룰 수 있다. 느슨한 법 집행 때문에 비료와 거름에서 흘러나온 액체가 수십 년간 멕시코만에 생명이 살지 않는 거대한 지역을 만들어냈지만 만의 생태계 연구를 위해 정부 기관에서 지원하는 자금은 매년 1천 달러 미만이었다. 국제 전문가들이 현지 과학자들과 함께 일한다면 멕시코만 연구 계획(Gulf of Mexico Research Initiative, 우리는 줄여 '곰리GoMRI'라고 불렀다)이 텍사스주, 루이지애나주, 미시시피주, 앨라배마주, 플로리다주 등 멕시코만을 둘러싼 다섯 개 주에 소속된 대학의 과학 연구 능력을 끌어올릴 수 있었다.

그렇게만 된다면 이 연구 계획은 자선사업가, 정치가, 기업가, 벤처 자본가에게 일류 과학 연구를 지원하는 책임 있는 사례를 보여줄 것이다. 사회문제를 다룰 때 기업과 개인 기부자는 자금과 전반적인 방향을 제시하고, 과학자가 자금을 어디에 사용하고 연구가 어떻게 이루어져야 하는지를 결정한다면 양질의 과학이 승리한다는 사실을 보여줄 수 있었다. 이

미 밝혀졌듯, 여성 과학자가 성장할 좋은 기회이기도 했다.

나는 윌리엄스에게 만약 BP가 진정으로 이런 운영 원칙에 동의한다면 그의 제안을 받아들이겠다고 했다.

곰리 계획은 빨리 시작해야 했다. 수 마일 깊이의 유정을 봉쇄하는 데 4개월이 걸렸다. 그동안 딥워터 호라이즌호는 2억 6천만 갤런의 석유를 멕시코만에 유출해 마시그라스*, 조류, 어류, 해양 포유류를 죽이고 인근 수산 업계와 관광 업계를 무너뜨렸다. 또 다른 석유 유출에 대비하기 위해 우리는 석유가 유출되었을 때 해야 할 일과 이후 정화하는 방법을 알아내야 했다.

연구 계획 책임자로 서명하고 BP와 과학자 후보를 논의한 뒤 내가 평소 존경하는 세계적 전문가 여섯 명이 곰리 위원회에 임명되었다. 그중 네 명은 손꼽히는 해양학연구소인 스크립스해양연구소, 몬터레이만해양연구소, 우즈홀해양생물연구소, 영국국립해양연구소에서 왔다. 나는 스크립스해양연구소 소장 마거릿 리넨에게 부책임자를 맡아달라고 부탁했다. 루이지애나대학 시그랜트 프로그램Louisiana Sea Grant College Program에 있던 찰스 '척' 윌슨은 곰리 계획의 일상적인 관리를 담당하는 수석 과학자가 되었다. 윌슨과 나는 거의 매일 전화나 메일로 연락하며 연구 계획의 진척 상황이나 비용 지출 혹은 대규모 사업을 운영할 때면 나타나는 다양한 긴급 사

* 볏과의 여러해살이풀로 유럽, 아메리카, 아프리카 북부 등지의 해안가에서 자란다.

안을 논의했다.

BP의 5억 달러 지원 소식이 전해지자 루이지애나주 상원의원 메리 랜드루는 멕시코만 주변 지역 정치인들과 함께 백악관에 가서 연구 보조금을 통제할 권한을 요구했다. 백악관, BP 그리고 멕시코만 주변 다섯 개 주 주지사는 책임 있는 자금 집행을 보장하기 위해 협약을 구성하고 있었다. 나는 주지사들이 우리 자문위원회에 정치적 인물을 투입해 꼭 필요한 연구에 관한 결정을 정치적 편견의 대상으로 전락시키고 보조금을 건물, 카지노, 유람선 같은 고가의 항목에 쏟아부을까봐 걱정했다.

다행히 BP의 의지는 확고했다.[38] 정치적 타협으로 첫해에만 4500만 달러를 멕시코만 주변 다섯 개 주에 나누어 보상했고, 주지사들에게는 과학자문위원회에 두 명의 과학자를 지명할 권한을 주었다. 동시에 나는 운영위원회 의장으로서 과학자들이 수행할 과학 연구를 통제할 수 있도록 몇 가지 중요한 문구를 협약에 추가할 것을 요청했다. 협약에는 놓치기 쉬운 작은 글자가 아주 많았다.

협약은 스무 명의 학술 과학자로 구성된 위원회에서 모든 보조금 사용과 연구 결정을 내리도록 의무화했다. 그리고 위원회의 모든 과학자는 "동료가 인정한 연구 자격이 있어야 하며, 학술기관… 혹은 국가에서 인정하는 다른 연구기관에 소속돼야 한다"라고 규정했다. "학술기관이나 연구기관 외부의 정무관, BP 직원, 주 공무원"은 연구위원회의 구성원이 될 수 없었다. 어떤 구성원도 특정 선거구, 이해관계자 혹은 이익집단을 대표할 수 없었다. 각 주지사는 해당 주에 거주하는 과학 전문가 명단에서 두 명의 위원회 상임위원을 선발하며, 전문가 명단은 내가 소속된 운영위원회가 제공할 것이다.

최초의 위원 여섯 명과 나는 멕시코만 인근 지역 대학의 교수진 목록을 훑어보며 선도적인 해양과학자들을 빠르게 선별했다. 우리는 철저한 조사를 거쳐 완성한 명단을 각 주지사에게 전달해 선택하도록 했다. 곰리 운영위원회에 초대된 열 명의 뛰어난 과학자는 모두 위원직을 수락했고, 나는 이것을 우리의 노력이 중요하다는 신호로 받아들였다.

석유 유출 사고가 발생하고 1년 이내에(거대 프로젝트치고는 빛의 속도로 진행되었다) 곰리 과학자들은 공기, 해안 습지, 침전물, 얕은 웅덩이, 깊은 바다, 산호초, 곤충, 상업 어장에서 귀중한 석유와 유처리제 표본을 채취했다. 그러나 우리가 연구에 깊이 파고드는 동안에도 대중은 답을 원했다. 사람들은 이런 질문을 했다. "기름이 여기에 영원히 남을까요?" "생선을 먹어도 안전할까요?" "바다에 들어가도 될까요?" "아이들이 암에 걸릴까요?" 사람들은 권위 있고 사실에 입각한 답변을 요구했다. 이에 따라 모든 곰리 팀은 보조금 일부를 대민 봉사 활동에 지출해야 했다.

곰리가 지원하는 연구 프로젝트에 참여한 여성 해양학자들은 뛰어난 커뮤니케이터임이 판명되었다. 조지아대학의 해양학 교수 맨디 조이는 위기 상황에도 종종 언론에 나가 멕시코만의 과학을 설명했다. 몇 년이 지난 지금도 TV에서 조이를 본 사람들은 그를 만나면 "멕시코만 박사님 아니세요?"라고 묻는다.

우리는 곰리 계획의 진행 상황을 기록한 연대기를 만들어 TV, 학교, 그 외 공익 목적으로 이용하겠다는 영화 제작자들과 계약을 맺었다. 첫 번째 영화가 백인 남성 전문가들만 연달아 보여주는 것을 보고, 나는 다음 두 편의 영화는 멕시코만에서 수행되는 해양 연구에서 여성의 기여도를 균형 있고 정확하게 담아야 한다고 주장했다.

곰리 과학자들 덕분에 우리는 이제 생태친화적인 유처리제를 이용해 해수 표면과 여러 곳에 생긴 기름 막을 제거하는 방법을 더 많이 알게 되었다.[39] 곰리 과학자들은 멕시코만에서 유출된 석유를 매우 효율적으로 분해하는 세균을 발견했다. 실제로 조이는 앞으로 석유 유출 사고가 발생하면 대응자들이 기름 유출로 오염된 물을 정화하고 기름을 분해하는 세균의 성장을 촉진하는 영양소를 뿌리는 방법을 고려해야 한다고 주장했다. 추가로 멕시코만 해류를 연구하기 위해 바다에 부표를 띄웠는데 허리케인 아이작이 2012년에 멕시코만을 휩쓸고 지나갔다. 부표에 기록된 데이터를 분석하자, 허리케인이 어떻게 바다를 이동하는지 보여주는 전례 없는 광경이 펼쳐졌다. 최초 대응자들은 이제 멕시코만의 표층 해류가 다양한 바람과 파도 상태에 따라 어떻게 바뀌는지 알게 되었다.

과학 공동체를 구축하기 위해 우리는 다음 세대의 멕시코만 과학자들에게 연구비를 지원했다. 이때 지원받은 박사후 연구원 455명, 박사과정생 630명, 석사과정생 562명, 학부생 1048명, 고등학생 115명 중 몇몇은 멕시코만 지역에서 경력을 쌓아갈 것이다. 멕시코만 연구 계획에 참여한 4312명의 직원과 함께 우리는 멕시코만을 세계적인 수준의 해양연구소로 바꾸고 있었다. 유권자들에게 과학 연구가 지역 전체에 어떻게 도움이 될 수 있는지를 보여주는 계기가 되었기 바란다.

❊ ❊ ❊

곰리 계획이 막 시작되었을 무렵, 안전한물네트워크Safe Water Network의 설립자이자 CEO인 커트 소더룬드에게 전화가 왔다. 안전한물네트워크는 아카데미상을 수상한 배우이자 감독인 폴 뉴먼과 조앤 우드워드 부부, 전 골드만삭스 회장이자 로널드 레이건 대통령의 국무부 차관을 지낸 존 화이트헤드가 참여하는 자선사업가 모임에서 시작된 비영리단체다. 2006년 비영리단체로 출발한 안전한물네트워크는 현실적인 가격 책정 같은 표준 사업 관행을 적용해 전 세계 저개발 지역에 안전한 물을 공급하는 것을 목표로 했다.

소더룬드는 내게 안전한물네트워크 이사회에 합류하지 않겠냐고 물었다.[40] 나는 수년간 방글라데시에서 콜레라를 연구했기에 이런 일에 매우 관심이 많았다. 소더룬드는 처음부터 이사회 구성원 중 상당수가 미국 대기업의 경영진이며, 성과를 내는 방법을 알고 있다는 자부심이 강하다고 내게 경고했다. 그들 중 일부는 나 같은 학자들은 일할 줄 모른다고 의심한다고도 했다.

아니나다를까 내가 뉴욕에서 열린 안전한물네트워크 이사회에 갔을 때 화이트헤드가 나를 곤란하게 만들었다. "우리는 당신을 만나기를 기다렸습니다. 당신이 행동가인지 알고 싶었거든요"라고 그가 말했다. 나는 "다행이네요"라고 대답했다. "나도 이곳이 정말 행동가들이 모인 곳인지 알아보려고 왔거든요. 그렇지 않다면 제 길을 가야겠지요."

WHO와 유니세프는 지구에 사는 사람 세 명 중 한 명 비율인 약 22억 명에게 안전한 식수가 부족하다고 말한다.[41] 콜레라 외에도 살모넬라증, 세균성 이질, 캄필로박터균, 헬리코박터균, 지아르디아, 크립토스포리듐, 로타바이러스, 노로바이러스 등 스물다섯 가지 이상의 질병이 물을 통해 전파된다. 개발도상국 병상의 절반은 수인성 질병 환자가 차지한다. 콜레라로 인해 발생하는 설사는 전 세계 다섯 살 미만 어린이의 주요 사망 원인 2위다. 안전한 물은 기본적인 건강 문제 외에 여성문제이기도 하다. 저개발 지역에서는 여성과 소녀가 물 긷는 일을 담당하므로 편리하고 안전한 식수 공급원이 설치되면 소녀들은 학교에 갈 수 있다.

부유한 국가들이 150년간 콜레라에서 해방된 이유는 한 가지였다. 정수처리장과 배수 시설을 갖추었기 때문이다. 하지만 서구 세계는 개발도상국이 이 같은 시설을 건설하는 일을 돕지 않는다. 아무런 조치도 취하지 않는다면 앞으로 10~15년 이내에 안전한 식수가 부족한 사람들의 수가 40억 명에 이르리라고 안전한물네트워크는 추정한다.

2019년 현재 안전한물네트워크는 인도와 가나의 일부 지역에서 100만 명 이상의 사람들에게 공중전화 부스 크기의 정수 시설을 제공하고 있다. 이 사업이 성공한 비결은 고객에게 소액이지만 현실적인 요금을 부과하는 데 있었다. 20리터당 5센트의 요금을 받아 정수 시설 유지비용으로 충당하고, 운영자와 직원을 교육하며, 부품을 수리하거나 교체하고, 소비자에게 홍보한다.

안전한물네트워크가 진정한 네트워크를 구축할 수 있다면, 즉 안전한 식수 공급에 관심을 가진 모든 정부 기관, 자선단체, 비영리단체가 경쟁하는 대신 협력한다면 이 모델은 전 세계적으로 물이 부족한 사람들에게 안전한 식수를 공급할 수 있다. 과금 방식을 공유하면 공급자의 비용을 줄일 수 있고, 이렇게 절감한 비용은 안전한 식수를 공급하는 데 사용할 수 있다. 전략 계획을 공유하면 안전한 식수 공급 시스템 간의 격차를 줄이고 전 지역에 안전한 식수를 공급할 수 있다. 과학적 전문지식을 공유하면 가장 큰 문제, 즉 안전한 식수를 물통, 당나귀 수레, 수도관을 통해 소비자에게 전달하는 동안 안전하게 유지하는 문제를 해결할 수 있다.

종종 강물이 섞여들거나, 식수통이 제대로 닦이지 않았거나, 어린이들이 집에 있는 물통에 손을 집어넣으면서 일부 지역에서는 물의 오염률이 60퍼센트까지 올라가기도 한다. 정수 시설부터 집 사이의 모든 단계에서 물의 안전성을 검사한다면 공급자들은 물이 오염되었는지, 어디서 오염되었는지, 기술 교육과 소비자 교육 중 어느 부분을 보완해야 하는지 알 수 있다.

물의 안전성은 앞으로 10년간 주요 이슈가 될 것이다. 기후 변화와 함께 해수면이 상승하고 안전한 식수가 점점 고갈되고 있다. 안전한물네트워크는 수인성 질병에 관한 내 경험을 공중보건을 개선하는 데 사용할 수 있도록 도와주었고, 이는 내가 가장 좋아하는 활동 중 하나가 되었다.

내 회사 운영 경험과 멕시코만 연구 계획, 안전한물네트워크는 모두 마음 깊은 곳에서는 내가 자본가보다 과학자에 가깝다는 사실을 가르쳐주었다. 많은 여성 과학자가 사업을 하면서 경험하게 되는 리스크와 잠재적 이익을 즐길 것이다. 하지만 나는 생명을 구하고 삶을 개선하는 방법을 발견하는 것이 더 흥미롭다.

과학계에 몸담은 60년간 다른 사람들의 삶을 더 건강하고 발전되게 만드는 방법을 찾는 일은 내게 큰 기쁨이었다. 네트워크를 구축하고 데이터로 무장시켜 여성과 소수자집단에 대학, 기업, 정부의 문을 개방한 것은 또 다른 즐거움이었다. 내 경험에 따르면, 더 큰 변화를 일으킬 수 있다. 우리는 과학 공동체를 사람들이 일하기 좋은 곳으로 만들 수 있다.

9장

개인이 아니라 시스템이다

1950년대 내가 과학의 세계에 첫발을 내디딘 이후의 시간을 돌아본 개인적인 이야기는 여기까지다. 이후에는 화제를 전환해 과학계 여성이 처한 현재 상황과 여건에 관해 들려주려 한다.

요즘 젊은 여성과 이야기하다 보면 나는 이런 질문을 자주 받는다. "바뀐 게 있긴 하나요?"

그때마다 나는 이렇게 답한다. "네, 예를 들어 내 모교인 퍼듀대학과 워싱턴대학에선 모두 여성 총장이 나왔어요."

나는 젊은 여성에게 이런 질문도 받는다. "이제 모두 괜찮아진 건가요?"

이 질문에는 "그렇지 않습니다"라고 답해야겠다.

많은 과학자가 여전히 마음속 깊은 곳에서 과학 연구 능력은 Y 염색체와 연결돼 있다고 믿는다. 우리는 이제 과학계에서 여성에 대한 불평등한 처우가 제도적이며 사회적인 문제라는 강력한 증거를 가지고 있다. 여성은 성공적으로 경력을 쌓아가는 데 필요한 지성을 갖추고 있다. 수많은 연구 결과가 과학, 수학, 공학, 기술, 의학과 관련된 남녀의 생물학적 차이는 사소하거나 존재하지 않는다고 증명한다.[1] 전 세계 30여 개국에서 100만 명 이상 남녀 학생의 학업 성적을 조사한 역사적 분석에 따르면(조사 대상의 70퍼센트는 미국 학생이다), 여학생은 한 세기 가까이 수학과 과학을 포함한 학교 과목에서 더 높은 점수를 받았다.[2] 다른 연구를 보면 남성이 자기 능력을 과대평가하는 만큼 여성은 자기 능력을 과소평가하지 않는다. 게다가 오늘날 여성은 성공을 보장하는 이학 학위를 가지고 있다. 실제로 2000년 이후 전체 이공계 학사학위의 절반 이상을 여성이 취득했다. 생명과학 분야를 보면 1990년대 후반 이후 한 세대 동안 학사학위와 박사학위의 절반 이상을 여성이 차지했다.

과학적 명석함과 학위를 모두 갖고도 여성은 여전히 앞서 나가지 못하고 있다. 일단 박사학위를 마치면 여성의 39퍼센트만이 과학계에서 경력을 쌓을 수 있는 디딤돌인 박사후연구원이 되고, 교수직을 얻는 여성은 18퍼센트에 불과하다. 어떻게 이럴 수 있을까? 여성이 과학에 흥미가 없어서가 아니다. 미국은 소녀와 여성이 과학에 관심을 갖도록 유도하는 데 수백만 달러를 쓰고 있지만 앞서 말했듯, 여성은 항상 과학에 관심이 있었다. 사실 여성은 수십 년간 과학계에서 적극적으로 배제돼왔다. 경제적 측면에서 보면 우리 모두가 패배한 게임이다.

스템 분야에서 여성을 차별한 대가로 치르는 막대한 비용은 우리 모두에게 영향을 미친다.[3] 조지타운대학 교육인력센터 교수이자 수석 경제학자인 니콜 스미스가 연구 결과를 토대로 그 이유를 설명한다.

간단하게 말하자면 많은 여성은 과학, 기술, 공학, 수학에 관심이 많아서 이들 과목을 전공으로 선택해 학사학위를 받는다. (스미스의 연구에는 의학 박사학위를 가진 여성이 배제되었다.) 이들 중 다수는 다른 전공 분야에서처럼 박사학위를 취득하기 위해 진학한다. (미국은 정확한 여성 수를 알 수 있는 통계를 발표하지 않는다.) 하지만 스템 박사학위를 가지고도 스템 분야에서 일하지 않는 여성 박사는 상당한 불이익을 감내해야 한다. 그는 스템 분야에서 일하는 여성 박사보다 연간 약 4086달러를 적게 번다.

수많은 여성이 손해를 보고 있다. 스템 박사학위를 가진 약 14만 명의 여성은 스템 분야와 관련 없는 직업을 택하며 남은 직장생활 동안 그 대가를 치른다. 이에 비해 스템 학사학위를 가진 여성 중 약 6만1천 명만이 스템 박사학위를 받고 스템 관련 직업을 갖는다. 만약 이 모든 여성이 남성과 동일한 수준의 봉급을 받는다면 그들의 연봉은 현재보다 총 36억 달러가 더 많을 것이다.

여성뿐만 아니라 연방정부도 손해를 본다. 정부는 매년 약 7억7200만 달러의 세수를 잃고 있다(스템 분야 직업을 가진 여성은 더 높은 연방 세율인 25퍼센트가 부과된다고 가정했을 때다). 이것이 전부가 아니다. 경제 그리고 국가 번영의 측면에서는 연간 약 46억 달러의 손실이 발생하는 것으로 추정된다. 저임금 여성 노동자는 투자를 적게 하고 식사, 부동산, 쇼핑, 여행 등 소비를 덜 하기 때문이다. 46억 달러는 미국 GDP의 0.02

퍼센트에 불과하지만 볼티모어와 워싱턴D.C.의 노숙자 문제를 해결하거나, 모든 어린이에게 유치원에 들어가기 전 돌봄 과정을 지원할 만큼 큰 액수이기도 하다.

세계 경제는 미국의 과학 연구자들이 신기술과 신사업을 개발하기를 기대한다. 학부 교육에서 여성이 남성보다 수적으로 우세하고 이공 계열 학사학위의 절반 이상을 여성이 취득하는 현실을 고려할 때, 우리에게 필요한 발견과 진보를 이루는 일은 여성에게 달려있다고 해도 과언이 아니다.

그렇다면 왜 여성은 계속해서 과학계에서 배제될까?

사회과학자들은 암묵적 편견(무의식적 편견이라고도 한다) 탓이라고 말한다.[4] 우리의 원시적 두뇌와 원초적 본능은 자동반사적으로 우리와 다른 것을 신뢰하지 않는다. 외부 위협으로부터 자신을 보호하는 차원에서 암묵적 편견은 타당하다고 볼 수 있다. 당신이 동굴에 앉아 고기를 굽고 있는데 숲에서 바스락거리는 소리가 들린다. 고개를 들었는데 전혀 다른 얼굴의 생물이 내려다보고 있다면 당신의 첫 반응은 '저것이 나를 죽일 것이다!'라는 생각이다. 문명사회 이전에는 암묵적 편견이 인간의 생존에 도움이 되었으므로 전혀 쓸모없는 것은 아니다. 하지만 오늘날 암묵적 편견은 우리의 발목을 잡고 있다. 지금은 주변 사람들과 교류할 때 열린 마음을 갖는 것이 더 이치에 맞는다.

뉴욕대학 심리학자 제이 반 바벨이 보여준 것처럼 암묵적 편견은 합리적이고 주의 깊은 사고로 극복할 수 있다.[5] 반 바벨이 개발한 온라인 게임에서 플레이어들은 누군가가 돈을 훔치는 것을 보았다. 도둑은 플레이어들의 내부집단이거나 외부집단일 수 있다. 재빨리 그리고 반사적으로 도둑의 처벌을 결정하는 플레이어들은 외부집단보다 내부집단의 악당을 더 관대하게 처벌하는 경향을 보였다. 그러나 플레이어들이 처벌을 결정하기 전에 생각할 시간을 갖는 경우 대부분 편견 없이 내부집단이든 외부집단이든 동등하게 악당을 처벌했다.

그렇다면 암묵적 편견은 어떻게 제한할 수 있을까? 미국 최고 클래식 오케스트라에서 연주하는 여성 음악가의 비율은 40년간 5퍼센트에서 약 40퍼센트로 높아졌다.[6] 오케스트라가 성별을 알 수 없도록 커튼 뒤에서 신입 연주자를 오디션하는 관행을 채택한 이후 나타난 결과다. 그러나 닫힌 문을 연다고 해서 동등한 직급이나 봉급이 보장되는 것은 아니다. 오케스트라 사례로 돌아가면 수석 바이올리니스트 같은 주요 직위는 2019년 말까지 79퍼센트가 남성이었다. 여성 연주자는 남성 연주자에 상응하는 만큼 봉급을 받지도 못했다. 2019년 한 스타 여성 플루티스트가 동일 봉급을 요구하며 보스턴 심포니 오케스트라를 고소했다. 합의 금액을 공개하지 않은 채 소송은 취하되었다.

암묵적 편견을 이해하면 과학계의 채용 관행도 바꿀 수 있다. 2012년 야후!에서 대량해고를 단행하자 마이크로소프트가 남성만으로 구성된 야후!연구소의 거의 모든 연구원을 채용했다. 마이크로소프트연구소 책임자 제니퍼 체이스는 새로 채용한 직원들의 문화를 어떻게 바꿀지 고민했다.[7] "음, 여러분. 아무래도 여러분은 젠더를 잃어버린 것 같군요"라고 체이스는 말했다. 연구원들과 개별적으로 대화하면서 그는 구성원의 다양성이 높아지면 특정 연구 의제에 대한 연구자의 영향력이 어떻게 높아질 수 있는지 설명했다. 체이스는 모든 연구원을 과학적 근거를 기반으로 운영되는 무의식적 편견에 관한 연수회에도 참석시켰다.

그 결과 여성 상관에게 자극받은 남성들은 더 넓은 환경에서 후보자를 찾기 위해 인터뷰 관행 중 일부를 변경했다. 후보자가 나타나기 전에 각 연구원이 인터뷰 대상자의 논문 중 한 편을 읽은 뒤 후보자 논문에 대한 각자의 평가를 전체가 공유했다. 연구소는 입사 지원자에 관한 의견을 즉시 공유하는 대신 모든 사람의 평가가 작성될 때까지 기다린 뒤 의견을 논의하는 방식으로 의견 일치를 위해 비판을 하지 않는 집단 사고를 막았다. 그 결과 2년이 지나기도 전에 연구소의 여성 비율은 0에서 30퍼센트로 늘어났다. 이런 변화를 이끈 것은 남성 연구원들이었다.

그러나 모든 남성이 편견에 도전하기를 기꺼워하지는 않는다. 미생물학자 조 핸델스만이 여성 과학자에 관한 무의식적 편견에 대해 남성 과학자들과 이야기하려 할 때, 많은 사람이 자신에게 일부 문제가 있을지도 모른다는 점을 인정하지 않았다.[8] 그들은 "우리는 그렇지 않습니다"라고 말했다. "과학은 객관적입니다. 우리는 최고만을 고용합니다. 그 사실만 봐도 알 수 있습니다."

핸델스만은 "아마 그 말을 수천 번은 들었을 겁니다"라고 내게 말했다. 그럼에도 박사후연구원이 핸델스만에게 지적했듯, 과학자들도 자신의 데이터에는 어쩔 수 없이 편파적이므로 무작위 이중맹검 실험*을 하는 것이다. 그런 과학자들이 어떻게 다른 모든 것에 대해 편견이 없다고 말할 수 있을까?

핸델스만과 예일대학 연구팀은 과학자들을 대상으로 직접 실험해보기로 했다. 그는 미 전역에 있는 여섯 개 주요 연구대학의 생물학, 화학, 물리학 분야 과학자 127명에게 설문의 목적을 알리지 않고 입사 지원서를 평가해달라고 했다. 표면상으로 그 지원서는 실험실 관리자 자리를 구하는 최근 졸업생이 작성했고, 지원서의 모든 항목은 동일했다. 다만 지원서 절반은 '존'으로, 나머지 절반은 '제니퍼'로 서명돼 있었다.

과학계의 무의식적 차별의 깊이를 보여주는 충격적인 결과가 나왔다. 남성과 여성 과학자 모두 남성 지원자를 동일한 자격을 갖춘 여성 지원자보다 더 높이 평가했다. 제니퍼보다 존을 고용하겠다는 교수가 더 많았다. 교수진은 제니퍼에게 더 적은 지원을 제공했고, 존보다 4천 달러 적은 연봉을 제시했다(존에게는 3만238.10달러를, 제니퍼에게는 2만6507.94달러를

* 약의 효과를 객관적으로 평가하는 방법. 진짜 약과 가짜 약을 피검자에게 무작위로 주고, 효과를 판정하는 의사에게도 진짜와 가짜를 알리지 않고 시험한다. 환자의 심리 효과, 의사의 선입관, 개체의 차이 따위를 배제해 약의 효력을 판정하는 방법이다.

제시했다). 모든 교수가 나이, 젠더, 연구 분야, 재직 상태와 관계없이 존을 선호했다. "자신의 객관성에 자부심을 느끼는 사람들에게는 매우 위협적인" 결과였다고 핸델스만은 말했다.

핸델스만 자신도 결과에 놀랐다. 특히 과학자들이 여성에게 도움을 더 적게 주겠다고 답했다는 사실이 충격적이었다. 핸델스만은 이렇게 말했다. "조언을 받거나, 질문을 하거나, 프로그램을 배우거나, 여름 연구 프로젝트에 참여하거나, 강의가 끝나고 현장 견학하러 갈 사람을 뽑을 때 여성은 항상 더 적게 지원합니다. 반복되는 이런 현상이 여성이 느끼는 자신감과 강화에 잠재적으로 얼마나 큰 영향을 미치는지 짐작할 수 있습니다."

헌터칼리지 심리학자 버지니아 밸리언은 『여성의 성공 왜 느릴까』에서 차별에 관한 이야기 하나하나는 사소해 보일 수 있지만 시간이 지나 복리처럼 쌓이면 두더지 언덕도 태산이 되는 법이라 했다.[9] 여성은 남성과 같은 봉급을 받으며 경력을 시작할 수 있지만 10년에서 12년이 지나면 남성은 대부분 학계 최고 직위를 눈앞에 두게 된다. 노벨상 수상자 엘리자베스 블랙번이 말했듯 "깃털이라도 1톤이 쌓이면 그 무게는 1톤이다."[10]

핸델스만의 존과 제니퍼 연구 이후 과학계 여성을 향한 뿌리 깊은 편견은 노벨상 수상자부터 학부생까지 거의 모든 수준에서 입증되었다. MIT 생물학과 대학원생 제이슨 셸처와 트위터 소프트웨어 기술자 조앤 스미스는 2014년 상을 많이 받은 남성 생물학자일수록 그가 가르친 여학생의 수가 적다고 밝혔다.[11] 만약 교수가 노벨상을 받거나, 국립과학아카데미 회원이거나, 하워드휴스의학연구소에서 연구 보조금을 받았다면 그의 박사후연구원은 여성보다 남성일 가능성이 90퍼센트 이상 높았다. 더 최악인 것은, 대학이 이런 엘리트 남성 공급 실험실에서 젊은 교수를 채용한다는 점이다.

1년 후인 2015년, 노벨상 수상자인 생화학자 리처드 '팀' 헌트 경은 여성과학기자학회에서 그 이유를 이렇게 설명했다.[12] "여성이 실험실에 있으면 세 가지 일이 일어납니다. 남성 교수가 여성과 사랑에 빠지거나, 여성이 남성 교수를 사랑하거나, 남성 교수가 야단치면 여성은 울어버립니다." 헌트 경은 이런 문제를 피하려면 남녀가 성별로 구분된 실험실에서 일해야 한다고 제안했다. 그 후 헌트 경은 BBC 라디오4에서 이렇게 말해 상황을 더 악화시켰다. "나는 여성과 사랑에 빠진 적이 있고 여성도 나를 사랑한 적이 있습니다. 이는 과학계에 매우 치명적입니다. 왜냐하면 실험실에서는 모두가 공정한 경쟁을 벌이는 것이 매우 중요하기 때문입니다." 이런 발언은 말도 안 되는 소리이지만 많은 여성이 상대해야 하는 편견의 유형을 적나라하게 보여준다. 헌터 경은 나중에 자신의 발언을 사과했고, 이후 여성문제에 대한 적극적인 지지자가 되었다.

과학자가 평범한 사람만큼 편향돼 있다는 뉴스는 미투 운동의 주류를 이룬 2017년 10월 영화 제작자 하비 와인스타인의 성폭행 피해 여성들의 이야기가 언론에 등장하기 몇 년 전부터 미 전역에 보도되었다.[13] 과학계 스캔들에는 예일대학 의과대학, UC버클리, 미국자연사박물관, 시카고대학, 캘리포니아공과대학, 워싱턴대학, 다트머스대학의 유명 남성 교수들이 등장했다. 이들은 의학, 천문학, 인류학, 분자생물학, 천체물리학 그리고 뇌과학 전문가였고, 대부분 거액의 연구 보조금을 받고 있었다. 일반적으로 대학 관리자들은 이들의 행동에 대한 전과前科 고발을 수년간 무시해왔다. 언론 보도와 때로 교수진의 항의가 있고 난 뒤에야 이 교수들은 연구 보조금을 회수당했고 몇몇은 교수 자리를 잃기도 했다.

불행히도 더 계몽된 젊은 남성이라는 새로운 세대를 기다리더라도 과학계의 편견은 사라지지 않을 것이다. 워싱턴대학 생물학부 남학생 1700명에게 같은 학년에서 가장 뛰어난 학생이 누구냐고 물었을 때 남학생은 일관되게 동료 여학생을 과소평가했다.[14] 여학생이 실제로 수업에서 더 좋은 학점을 받았음에도 남학생은 여학생의 학점이 실제보다 4분의 3 정도 더 낮을 것으로 생각했다. 연구를 공동으로 진행한 사라 에디는 "B학점을 받은 남학생과 A학점을 받은 여학생이 동일한 능력을 갖췄다고 믿는 것과 같은 현상입니다"라고 말했다.

더불어 남학생 사이에 퍼진 젠더 편견은 여학생 사이에 퍼진 편견보다 19배나 더 강한 것으로 나타났다. 편견이 너무 강하게 고착돼 에디와 그의 동료들은 그것을 완화하기 위해

할 수 있는 일이 얼마나 될지 의심스러웠다. "대학 과학 분야 전임강사의 영향력은 그다지 크지 않습니다"라고 그는 말했다. "남학생의 편견은 최소한 18년간 사회화돼온 것입니다." 변해야 할 것은 시스템이지, 여성이 아니다.

과학계에서 여성을 향한 편견은 확실히 워싱턴대학의 젊은 남성에게 국한되지 않는다. 연구 결과에 따르면, 남성은 더 많은 논문을 발표하지만 여성의 논문이 더 많이 인용되고 더 큰 영향력을 발휘하는 것으로 나타났다.[15] 남성은 여성이 만든 컴퓨터 코드가 더 좋다고 생각한다.[16] 그 코드를 만든 사람이 여성이라는 사실을 알기 전까지는 말이다. 여성에게 써주는 추천서에는 더 짧고 지원자가 '열심히 일하고' '성실하다'라는 점이 강조된다.[17] 이에 반해 남성에게 써주는 추천서에는 '뛰어난'과 '슈퍼스타'라는 단어가 사용된다.

양성평등 면에서 세계 최고로 꼽히는 스웨덴에서조차 과학계에서 여성이 남성과 동등한 자격이 있다고 인정받으려면 《네이처》처럼 세계적으로 권위 있는 과학 잡지에 세 편 이상의 논문을 발표하거나, 혹은 해당 분야 최고 잡지에 스무 편 이상의 논문이 게재돼야 한다.[18] 스템 분야 남성은 남성 동료와는 직장 이야기를 하지만 여성 동료와는 잡담만 한다. 남성은 다른 남성과 연구를 주제로 토론할 때 여성을 능력이 뒤떨어지는 동료로 평가한다.[19]

경제학 같은 일부 분야에서는 여성이 논문의 공동 저자로 인정받지 못한다.[20] 하버드대학에서 경제학을 전공하는 대학원생 헤더 사슨스는 이 현상을 다룬 논문의 첫 문장을 이렇게 시작했다. "이 논문은 의도적으로 단독 저술했다." 2015년 학술지《플로스원》에 논문을 제출한 두 여성은 "한두 명의 남성 생물학자를 공동 저자로 등재하라"는 회신을 받았다.[21] 부수적으로 검토자는 "논문의 쥘(원문 그대로임)이 방법론과 팔과를(원문 그대로임) 제시하는 방식 면에서 번약하다(원문 그대로임)"라면서 이 논문을 거절했다. 기특하게도《플로스원》은 나중에 논문의 검토자와 이 결정에 관여했던 편집자를 해임했다.

목록은 길고도 길다. 다양성을 장려하는 여성과 소수의 경영진은 인사고과에서 불이익을 당했다.[22] 같은 일을 해도 남성은 불이익을 당하지 않는다. 스템 분야 남성 교수는 여성 교수보다 젠더 편견에 관한 연구를 믿으려 하지 않는다.[23] 만약 편견에 관한 교육 과정에서 강사가 전형적인 편견을 용납할 수 없는 행동이라고 분명하게 못박지 않으면 그 교육은 실제로 문제만 더 키울 수 있다.[24] MIT 여성들이 하찮은 존재로 취급당하며 더 적은 지원을 받는 데 항의한 일이 있고 몇 년 후, 세 명의 여성 과학자가 비슷한 문제로 소크생물학연구소를 고소했다.[25] 2017년 소송에서는 소외감과 적대감, 낮은 봉급과 연구 보조금 그리고 좁은 연구 공간 등 남성이 지배하는 문화를 맹비난했다. 연구소를 이끄는 한 남성 과학자는 여덟 명의 여성을 성폭행했다는 의혹이 제기되자 행정 휴가를 받았다. 두 달 후 그는 연구소로 복귀했고, 이듬해 소송은 마무리되었다.

편향은 돈으로 환산된다. NIH는 평균적으로 남성에게 더 많은 보조금을 지원하는데, 이는 여성이 지원받는 금액보다 보조금당 4만1천 달러가 더 많다.[26] NIH 보조금의 남녀 격차는 예일대학이나 브라운대학 같은 상위 대학으로 가면 더 커진다. 여성은 평균 6만8800달러를 받지만 남성은 7만6500달러를 받는다. 동일한 수준의 논문으로 NIH에서 연구 보조금을 받으려면 여성 박사후연구원은 남성보다 1년 더 걸린다.

변화는 쉽지 않을 전망이다. 과학계 지도자들이 자신의 분야에서 편견에 맞서 싸울 때 취할 수 있는 중요한 행동 중 하나는 적절한 자격을 갖춘 여성에게 강연을 청하는 것이다.[27] 초청 강연은 논문 발표만큼 과학자의 승진에 중요하다. 논문 발표와 초청 강연은 승진과 종신 재직권 심사위원회에 해당 과학자의 연구가 연구 공동체에서 폭넓게 인정받는다는 사실을 보여준다. 25년 전 NSF의 메리 클러터가 남성 강연자만 초청된 과학 학회의 지원을 거절하려 했던 일을 기억하는가? 아니면 1990년대에 바버라 이글레우스키가 미국미생물학회지에 발표할 논문을 검토하는 위원회에 여성을 참가시키는 데 10년이 걸렸던 일을 기억하는가?

2014년 두 명의 용감한 지도자가 미국미생물학회의 중요 학회에서 더 많은 여성을 강연자로 초청하려고 노력했다. 당시 학회 회원은 3만9천 명이 넘었고 그중 절반 가까이가 여성이었다. 그러나 조 핸델스만과 아르투로 카사데발은 남성만으로 구성된 위원회가 2010년, 2011년, 2013년 미국미생물학회에서 열린 강연의 절반을 조직했다는 데이터를 수집했다. 수학자 그레그 마틴이 무작위로 초청한 강연자가 모두 남성일 확률은 천문학적으로 희박하다는 계산 결과를 발표했음에도, 남성만으로 구성된 위원회의 3분의 1은 오직 남성 강연자만 초청했다.[28] 마틴은《디애틀랜틱》에서 "이런 일은 그냥 일어나지 않습니다"라고 말했다. 핸델스만과 카사데발의 통계는 남성만 초청한 위원회에 여성이 한 명 참여하면 여성 강연자의 수가 약 72퍼센트 늘어나리라고 추정했다.

카사데발이 이 통계를 각 위원회에 보낸 첫해에는 아무 일도 일어나지 않았다. 남성만 초청하는 강연의 수는 바뀌지 않았다. 이후 그는 개인적인 접촉을 시도했다. 위원회 위원들을 직접 대면해 "더 나은 학회"를 위해서는 "특수한 상황을 제외하고는" 모두 남성만 초청하는 학회를 지양해야 한다고 설득했다. 이 방법은 분명 효과가 있었다. 1년 후인 2015년에는 미국미생물학회에서 강연한 여성이 전년보다 100명 가까이 늘었다. 강연자의 48.5퍼센트가 여성이었다. 이는 기본적으로 여성 미생물학 전문가 비율과 일치했다. 미국미생물학회 역사상 처음으로 총회에서 강연자의 성평등이 이루어졌다. 카사데발은 만족감을 드러내며 남성만 초청하는 강연을 '거의 근절한' 것은 비교적 짧은 시간에 변화가 일어날 수 있다는 사실을 보여준다고 말했다. 4년 후 NIH 원장 프랜시스 콜린스는 자신은 "모든 과학자에게 공정하게 강연 기회가 주어지는" 학회에서만 강연하겠다고 공개적으로 밝혔다.

변화는 일어날 수 있다. 70년 전 메릴랜드대학은 아프리카계 미국인 학생의 입학을 거부했다. 이제 메릴랜드대학은 흑인 박사를 배출하는 미국 대학 순위에서 8위를 차지했다고 자랑스럽게 말할 수 있다.[29] 미국의 다른 어느 대학보다 더 많은 흑인 학생이 메릴랜드대학에서 수학과 통계학 박사학위를 받고 졸업했다.

미국 전체가 상대적으로 짧은 기간에 사고방식에서 거대한 변화를 겪었다. 흡연, 음주운전, 베트남 전쟁, 성소수자 권리에 관한 관점이 급격하게 바뀌었고, 때로 10년 이내에 이런 변화가 나타나기도 했다. 수많은 사람의 엄청난 노력이 요구되었지만 결국 변화가 일어났고 상대적으로 빨리 바뀌었다. 오늘날 과학계 여성, 아프리카계 미국인, 라틴계, 성소수자를 대하는 태도도 바뀌기 시작했다. 그러나 여전히 갈 길이 멀다.

19세기 중반에 국가 과학 문제를 조언하기 위해 설립된, 권위 있는 단체인 국립과학아카데미를 생각해보자. 과학아카데미는 기존 회원이 새 회원을 지명하는 구조이며, 과학은 150년 이상 백인 남성이 지배해왔기 때문에 현재 회원의 83퍼센트가 남성이고 평균 나이는 일흔두 살이다. 그러나 이곳도 바뀌고 있다.

약 30년 전 국립과학아카데미는 더 많은 여성 회원을 선출하기 위해 과학공학의학여성위원회CWSEM를 개설했다. 여성

위원회에는 아무런 지원이 제공되지 않았고, 회의도 아카데미 연례총회가 열리는 기간에 건물 지하의 옛 구내식당에서 일요일 오전 7시에 열릴 예정이었다. 지하실은 천장에 파이프가 노출돼 있고 조명은 어두웠으며, 슬라이드나 마이크 같은 시설도 없었다. 우리는 아카데미 구내식당에서 아침을 직접 사 먹어야 했다. 약 10년 전 우리 중 일부가 이런 노골적인 성차별을 항의하자 운영위원회는 우리를 지상으로 옮겨주었지만 회의 시간은 여전히 일요일 오전 7시였다. 우리에게는 단 한 시간만 주어졌는데, 이유는 지상 회의실은 '더 중요한' 회의에 이용해야 했기 때문이다.

아카데미 운영위원회에 선출되었을 때 나는 공개적으로 여전히 새벽별을 보지만 회의실이 지상으로 옮겨진 '영예로운 일'을 추억담으로 이야기했다. 이듬해 우리는 점심시간에 회의실을 이용하도록 배정받았다. 그리고 2014년 과학공학의학여성위원회는 당시 백악관 과학기술국 국장으로 지명받은 조 핸델스만을 강사로 초청했다. 여성위원회의 오찬은 대연회장으로 옮겨졌다. 물론 우리는 여전히 식사 비용을 각출해야 했다.

이듬해 우리는 국토안보부 장관 재닛 나폴리타노를 강사로 초청했다. 그날 대연회장의 탁자는 대부분 남성으로 채워졌고 첫 질문도 남성이 던졌다. 심지어 주최자인 여성위원회 회원들을 위한 자리도 없었다. 여성위원회 설립자 중 한 명인 맥신 싱어는 연회장 뒷문 옆에 앉았고, 국립과학아카데미 위원회 직원인 키티 디디온은 입장하지도 못했다. 디디온은 연회장 밖에서 닫힌 문틈으로 새어 나오는 소리를 들으려 애쓰는 수밖에 없었다. 이 일을 겪고 난 뒤 우리는 한 가지 의문을 품게 되었다. 우리 사회, 소위 우리의 지도자들은 무엇이 잘못된 것일까? 대체 언제까지 우리는 여성문제에 관해 연구하고 소리쳐야 할까?

우리는 철저한 사실을 기록한 보고서가 필요했다. 과학, 공학, 의학의 세 국립아카데미가 모두 이 일에 동참해야 했다. 이 보고서는 우는 소리라고 묵살할 수 없도록 업적이 뛰어나고 존경받으며 신뢰할 만한 사람들로 구성된 위원회가 작성해야 했다. 아카데미 의장 마샤 맥넛과 당시 내가 위원장을 맡고 있던 과학공학의학여성위원회 위원들이 합심해 주목할 만한 연구 단체를 구성했다. 공동 의장으로는 테일후크 스캔들을 처리한 공군성 장관 실라 위드널, 웰즐리대학 총장 폴라 존슨, 전 하원의원이자 OECD 대사 콘스턴스 모렐라를 선정했다.[30] 그 외에도 정신과 의사, 변호사, 기업가가 참여했다. 아카데미의 일류 직원은 2년이 넘는 기간 동안 연구를 의뢰하고, 데이터를 수집하고, 발견한 내용을 도표로 만들고 해석했다.

보고서에는 다음과 같은 분명한 사실이 담겨있었다.[31]

- 우리는 스템 분야 여성에 가해지는 성희롱을 예방하거나 대처할 때 법에 의지할 수 없다. 이런 접근법으로 문제가 해결되지 않았기

때문이다. 법은 기관이 성희롱 정책을 마련해 이를 준수하고 있음을 입증하도록 요구할 뿐이며, 그런 노력이 괴롭힘을 줄이거나 예방하는 데 효과적이라는 점을 입증하라고 요구하지 않는다. 미국 학술기관은 법이 요구하는 최소한의 요건만을 실행한다. 문화 체계 전반에 걸친 변화만이 이 문제를 해결할 수 있다.

- 성희롱은 차별의 한 형태이며 세 가지 유형이 있다. 첫째, 성적 괴롭힘이다. 헐뜯는 말, 농담, 비판, 혹은 여성을 비하하는 이미지를 돌려보는 등 비언어적 행동을 통해 여성은 필요 없다거나 존중할 가치가 없다는 의사를 표시하는 행위다. 가장 흔한 형태의 괴롭힘이지만 많은 사람이 성적 괴롭힘이 성희롱의 하나라는 사실을 깨닫지 못한다. 성적 괴롭힘이 지속되면 성적 강제처럼 여성의 성공에 해를 끼칠 수 있으며, 이것이 용인되는 곳에서는 다른 유형의 성희롱도 나타날 확률이 높다. 둘째, 원치 않은 성적 관심이다. 달갑지 않은 성적 접촉과 성폭행을 가리킨다. 셋째, 성적 강제다. 호의적인 보상을 조건으로 내걸면서 성적 복종을 요구하는 것이다. 대가성 성폭력이라고도 한다.
- 조직 내 성희롱을 예측할 수 있는 대표적 요인으로 세 가지를 들 수 있다. 첫째, 전통적으로 남성이 지배해왔고 지금도 여전히 남성이 권력을 쥐고 있다. 둘째, 성희롱 행위가 용인되는 것으로 인식된다. 셋째, 교수와 학생이 종종 실험실, 실습 현장, 진료실, 병원에서 상당 기간 격리된다.
- 두 대학의 시스템을 광범위하게 분석한 결과, 의대 여학생의 40~50퍼센트가 교직원에게서 성희롱을 경험한 것으로 나타났다. 공

대 여학생의 4분의 1 이상, 과학 계열 여성 학부생과 대학원생의 20퍼센트도 성희롱을 당한 경험이 있다.

다행히도 위원회의 보고서는 미투 운동이 대두되는 시기에 발표 준비를 마쳤고, 성희롱과 그것이 여성의 경력에 미치는 파괴적 영향력이 집중 조명되었다. 그 결과《뉴욕타임스》, 《워싱턴포스트》, NBC 뉴스, PBS를 포함해 미국 국내외 100개 이상의 매체에서 우리의 보고서를 다루었다. '여성의 성희롱' 보고서는 지금까지도 아카데미가 발표한 수백 개의 보고서 중 보도자료를 가장 많이 요청받은 상위 1퍼센트에 속하며, 사회에서 여성의 권리를 위해 싸운 이정표가 되었다.

보고서를 발표하기 몇 달 전, NSF는 개정된 약관을 미국연방관보에 게재하고 검토를 요청했다.[32] 연구 지원 분야의 지도자 격인 NSF는 이제 각 기관이 조사 중인 성희롱 고발 사건을 재단에 보고하라고 요구한다.[33] 국립과학아카데미, 국립공학아카데미, 국립의학아카데미, 미국과학진흥협회는 과학 연구상의 부정행위나 성범죄, 성적 괴롭힘 같은 심각한 비윤리적 행위를 근거로 회원 자격을 박탈할 수 있다. 미국지구물리학회는 최근 성희롱을 과학 연구에서 부정행위의 하나로 규정했다.[34] 2019년 2월, NIH 원장 프랜시스 콜린스는 "조직 풍토와 문화가 그와 같은 폐해를 일으켰음을 인정하고 문제를 해결하는 데 실패한" NIH의 잘못을 사과하는 성명을 발표했다.[35] 그리고 성희롱에 연루된 열네 명의 보조금 수령자를 다른 연구자로 대체했다.

여전히 성차별과의 전쟁에서 여성의 승리는 요원하다. 과학 산업에서 진정한 평등을 성취해 남녀가 동등하게 번영하고 경쟁하려면 어떻게 해야 할까? 이 문제를 해결할 방법을 생각해봤다.

10장

우린 할 수 있어

나는 여성과 그 동맹에 미국 과학계를 개선하기 위해 취할 수 있는 몇 가지 아이디어를 건네며 이 책을 끝마치려 한다. 이 제안은 과학계에서 60년간 쌓은 내 경험뿐만 아니라 다른 여성 과학자들의 경험 그리고 최근의 학문적 탐구에 근거를 두고 있다. 내 조언은 특히 과학계에서 경력을 쌓으려는 젊은 여성을 위한 것이지만, 우리 시대의 심각한 과학적 과제에 관심이 있는 부모, 교사, 기관 그리고 입법자들을 위한 것이기도 하다.

내 제안은 몇 가지 믿음에 근거를 두었다.

- 모든 남성과 여성은 학교에서, 실험실에서, 일터에서, 승진에서 그리고 각자의 삶에서 동등한 대우를 받을 권리가 있다.
- 여성 과학자와 영합할 필요는 없다. 단지 여성에게 동등한 성취의 기회를 줄 필요가 있다.
- 인구 100퍼센트에서 최고를 뽑는 것이 인구 50퍼센트에서 최고를 뽑는 것보다 더 낫다.[1] 미국의 모든 인재가 공정한 경쟁의 장에서 견줄 수 있다면 누구를 고용하고 누구를 지원할지는 젠더, 민족, 국적이 아니라 지성과 능력을 근거로 결정할 수 있다.
- 사고방식이 바뀌어야 한다. 동등한 기회를 얻기 위해 법에 의지하

는 것은 효과가 없었다. 과학계에서 여성이 진정한 평등을 성취하려면 폭넓은 사회 변화가 필요하다.

21세기는 이미 거대한 도전에 직면해 있고 앞으로 더 큰 변화가 일어날 것이 확실하다. 기후변화와 해수면 상승은 2050년이면 100억 명에 도달할 지구 인류의 식량과 안전한 식수 문제를 악화시킬 것이다. 전 세계의 안보와 사회 안정, 경제 번영을 위해서는 젠더, 민족, 국적과 관계없이 모든 사람의 재능과 능력이 필요하다.

이에 대비하기 위해 우리가 해야 할 일을 생각해보자.

무엇보다 긍정적으로 생각하라

얼마 전에 한 회의에 참석했다. 나는 우리의 목표를 명확히 알 수 있었는 데 반해 주변의 다른 사람들은 꼭 해야 하는 그 일을 하면 안 되는 이유만 찾아내려 했다. 모든 발언이 왜 그 일이 제대로 되지 않을지, 왜 그 일을 하기에 적절한 시기가 아닌지, 왜 그 일이 타당하지 않은지 등에 맞춰졌다. 그러나 지금은 아래를 내려다볼 때가 아니다. 지평선을 바라보고 그 뒤 산을 올려다보아야 할 때다.

인내해야 한다. 인내심을 갖춘 과학자는 두 가지 이유에서 성공한다. 첫째, 기득권층은 변화에 저항할 것이기 때문이다.

둘째, 자연은 자신의 비밀을 쉽게 드러내지 않기 때문이다. 기득권 체제를 무너뜨리는 데 필요한 이 기술은 당신이 바라거나 계획한 실험 결과를 얻지 못해 다음 단계가 무엇인지를 알아내야 할 때도 도움이 될 것이다.

목표를 제대로 알아야 한다. 목표를 성취하는 길은 직선도로가 아닐 수 있기 때문이다. 당신이 가야 할 길은 예상보다 더 길고 힘들 수 있으며 장애물을 만나 돌아가야 할 수도 있다. 만약 그 길이 당신을 다른 곳으로 인도한다면 그대로 따라가라. 기존 체제를 바꾸는 가장 좋은 방법은 재능이 허락하는 한 가장 크게 성공하는 것이다. 성공해야 내부에서부터 체제를 바꿀 수 있기 때문이다.

⁂

NIH가 산부인과 프로그램을 개설하도록 설득하는 데 도움을 준 플로렌스 하셀틴의 말을 인용하자면 이렇다.[2] "'아니요'라는 대답은 받아들이지 마라. '아니요'는 그저 타인이 당신을 돕지 않겠다는 뜻일 뿐이다. 당신이 그 일을 할 수 없다는 뜻이 아니다."

만약 이 조언이 구닥다리처럼 느껴진다면 크리스털 존슨의 말에 귀 기울여라.[3] 아프리카계 미국인 환경미생물학자이며 루이지애나주립대학의 부교수인 존슨은 미시시피주 시골 마을의 지독하게 가난한 집안에서 자랐다. 그는 툴레인대학에서 평점 0.5로 첫 학기를 마치고 학사경고를 받았다. "엄청난 충격이었지만 내 열망에 불을 붙였습니다"라고 존슨은 말했다. 그는 치열하게 공부했고, 동시에 온라인에서 메일로 조언과 격려를 해줄 멘토들도 찾았다(존슨은 이것을 '온라인 멘토링'이라 말했다). 우수한 성적으로 졸업했고 대학원에 진학했다. 존슨은 학생들에게 융통성을 발휘하라고 조언한다. 일이 잘 안 풀리면 다른 방법을 시도하라고 권한다. 부정적인 조언에서도 귀중한 금을 캐내야 한다. 만약 당신이 내성적인 성격이라면 두려움을 극복해야 한다고 그는 말한다.

다음과 같은 조언들이 도움이 될 것이다.

> "약간의 유머가 얼마나 위안이 되는지 안다면 놀랄 것이다."
>
> – 앨리스 황

> "소녀들에게 자신을 위해 일어서도록 가르쳐라. 만약 세상이 완전히 공정하다면 그럴 필요가 없다. 하지만 지금 당장은 공정하지 않다. 그러니 가르쳐야 한다."[4]
>
> – 셜리 틸먼, 전 프린스턴대학 총장

소녀들뿐만 아니라 소년들에게도 스스로 빨래하고 요리하고 청소하도록 가르쳐야 한다. 세상이 그들에게 아주 조금이라도 빚졌다고 생각하는 상태로 아이들을 세상에 내보내지 마라.

소녀들에게 과학과 기술을 할 수 있다고 말하라

앞서 언급했듯, 나는 스템 전공 대학원생에게 중학교나 고등학교에서 일주일에 5시간씩 과학을 가르치는 대가로 연구 보조금을 주는 NSF 프로그램을 좋아했다. 과학자와 공학자들, 특히 젊은 여성 과학자와 공학자들을 학교로 보내는 프로그램에 지원하라.[5] 한 번이라도 만나봐야 과학자나 공학자가 된 자신을 상상할 수 있다.

❊ ❊ ❊

부모와 교사들은 자신이 영리하다고 생각하도록 소녀들을 격려해야 한다.[6] 미취학 연령의 소녀들도 마찬가지다. 여섯 살이 되면 소녀들은 이미 자신이 소년들보다 영리하지 않다고 생각한다. 소녀들은 '정말, 정말 영리한' 아이들을 위한 활동이라고 생각하면 벌써 그것을 피하기 시작한다. 자신의 수준에 맞지 않는다고 생각하도록 길들었거나 혹은 자신이 그만큼 영리하지 않다고 생각하기 때문이다. 그러나 연구 결과에 따르면, 아주 작은 격려로도 이런 인식의 오류를 바로잡을 수 있다.

소녀들에게 수학과 기술을 배울 능력이 있다고 자신감을 북돋아 주어라. 학교에 들어가기 전이라도 상관없고, 당신에게 해당 분야에 대한 지식이 없어도 괜찮다. 미국인 남녀

1600명을 대상으로 진행된 구글의 연구에 따르면,[7] 가족과 교사의 격려는 젊은 여성들이 컴퓨터과학을 공부하는 가장 일반적인 이유로 조사되었다. 격려하는 사람이 실제로 컴퓨터에 관한 지식이 있는지는 상관없었다. 젊은 여성들이 성공한 또 다른 이유로는 퍼즐이나 문제해결, 탐험에 흥미가 있거나, 혹은 어린 시절에 컴퓨터과학 강의를 듣거나 관련 활동을 한 경험이 있기 때문이다.

2012년 미국 컴퓨터과학과 수학 전문가 중 여성의 비율은 26퍼센트에 그쳤다. 미국의 컴퓨터과학 전문가 수요는 공급을 심각하게 초과하고 있는데도 말이다.

* * *

미국 국립여성정보기술센터 홈페이지에는 가족이 컴퓨터에 관한 소녀들의 흥미를 북돋우는 열 가지 방법이 소개돼 있다. 국립여성정보기술센터는 애플, 마이크로소프트, 뱅크오브아메리카, 구글, 인텔, 머크, AT&T, 코그니잔트미국재단Cognizant U.S. Foundation 그리고 NSF가 후원한다.

* * *

고등학교에서 컴퓨터과학을 가르쳐라. 대부분의 학교에서 가르치는 워드프로세서, 스프레드시트, 온라인 쇼핑 같은 단순한 컴퓨터 사용 능력을 말하는 것이 아니다. 컴퓨터과학에는 작업을 수행하는 프로그램을 짜는 일이 포함된다. 여기에는 논리적 추론, 문제해결력, 신기술을 적용해 과학, 수학, 사회과학, 예술 문제의 해결책을 설계하는 능력이 어우러져야 한다. 강을 살리는 일, 환자를 치료하는 일, 새 학교를 짓는 일 등 관심 있고 하고 싶은 문제를 선택하라. 그리고 파이선이나 자바스크립트 같은 컴퓨터 언어를 배워 구체적인 해결책을 설계하라.

* * *

선택의 여지가 있다면 학업에 집중하는 고등학교에 들어가라. 모든 사람이 성공할 것으로 기대되고 누구도 최선을 다하지 않고는 빠져나갈 수 없는 학교를 찾는다. 세상은 복잡하고 아이들, 특히 소녀들은 반드시 자신의 능력을 최대한 끌어내도록 교육받아야 한다. 학교 당국에 과학자, 공학자, 의사, 변호사, 기업가, 사회적으로 의식 있는 공무원이 된 소년 소녀 졸업생들이 있는지 확인한다. 발견의 과학을 가르치는 학교를 찾아야 한다. 과학은 암기가 아니라 실험하면서 가르쳐야 한다. 발견의 과학은 창의적 사고, 질문, 학습, 특히 이해력을 촉진한다.

또래 소녀나 선배 여성과 함께 스터디그룹을 만들거나 그런 그룹에 들어가라. 스터디그룹은 학습을 향상한다. 당신이 이해하지 못했더라도 스터디그룹의 다른 누군가는 이해했을 것이다. 문제에 관해 이야기하다 보면 해결책을 찾을 수 있고, 친구들은 당신이 번아웃에 빠지거나 역경에 부딪혀 진로 계획에 차질이 발생할 때 도움을 줄 수 있다.

좋은 교육에는 다른 언어와 문화, 문학(고전과 현대 소설, 시와 산문), 수학 공부가 포함된다. 그렇다, 수학, 수학이다. 당신이 못 들었을까 봐 다시 말하면 수학이다. 소녀들이 수학을 못 한다는 고정관념은 완전히 구식이며 잘못된 생각이고 터무니없는 헛소리다. 스템 이외 분야도 공부해야 한다.[8] 미국 수학회 회원이자 샌디에이고대학 응용수학과와 컴퓨터과학과 교수인 사티안 데바도스는 "젊은이들이 스템 이외 분야의 정밀함에 마음을 연다면 세계는 더 나은 곳이 될 것이다"라고 했다. 나 역시 그의 말에 동의한다.

인문학은 "젠더와 인종, 아름다움과 수용, 진실과 권력을 다룬다"라고 데바도스는 말했다. "이런 문제들은… 로켓 과학보다 더 어렵다." 인문학은 "글을 세밀하게 읽고, 수사학의 미묘함을 풀어내며, 다방면으로 지식을 쌓고, 고된 역사를 통해 얻은 경험을 평가함으로써" 복잡한 틀을 연구하는 방법을 가르쳐준다.

효과적으로 글을 쓰고 말하는 법을 배워라. 단기적으로는 연구하고 싶은 과학 분야뿐만 아니라 자신이 읽은 시와 소설에 관해 열정적이고 유려하게 말하는 학생을 사랑하는 대학에 다니는 것이 좋다. 장기적으로는 읽기와 쓰기를 잘하면 사고력이 향상되고 풍요로운 삶을 즐길 수 있다. 명확하고 효과적인 의사소통은 모든 분야에서 성공을 위한 필수 요소다.

학창 시절 나는 시, 창의적 글쓰기, 문학 같은 강의를 자주 들었다. 나는 이런 강의가 다른 관점에서 문제와 주제를 보는 데 도움이 되었다고 자신 있게 말할 수 있다. 현대사회의 복잡한 문제를 해결하는 데 도움을 줄 사회과학자와 행동과학자, 특히 작가와 예술가의 기여가 어느 때보다 절실하다. 일차원적 성격을 가진 개인은 자신이 성공했다고 생각할 수 있지만 실제로는 사회적 장애가 있다.

* * *

학교에 머물러라. 밴더빌트대학의 윌리엄 도일은 여성이 남성과 같은 수준의 봉급을 받으려면 대학 졸업 후 2년의 추가 교육이 필요하다고 2008년 논문에서 주장했다.[9] 고등교육을 받기 위해 학교에 등록하는 비율은 여성이 남성보다 많다. 학부생이든 대학원생이든 마찬가지다. 그러나 도일의 논문에 따르면, 젊은 남성이 교육 수준이 같은 젊은 여성보다 평균 소득이 더 높은 것으로 나타났다.

※ ※ ※

과학과 기술을 폭넓게 탐험하라. 학창 시절에 배운 지식의 절반 이상은 졸업할 때쯤이면 낡은 지식이 될 것이다. 지금 인기 있는 분야는 취업 시장에 나갈 때쯤이면 한물갔을 수도 있다. 반면 앞으로 몇 년 이내에 인기 있을 분야는 아직 존재하지 않을 수도 있다. 만약 충분한 탐험을 통해 진정한 관심사를 발견한다면 당신은 인내심을 가지고 역경에 맞설 수 있으며 결국 성공할 것이다.

수학과 컴퓨터과학 강의를 들어라. 최대한 빨리 시작하되, 그 이전까지는 아니더라도 최소한 고등학교 때는 시작해야 한다. 혼자서 학과와 관련된 책을 읽거나 추가 과정을 수강해 대학에서 최대한 준비를 마친다. 분야와 상관없이 전통적인 과학 방법론은 고성능 컴퓨터와 확률 수학으로 이룩한 신기술을 통합하고 있다. 현대 생물학은 모델링, 시뮬레이션, 데이터마이닝 등을 포함해 고도로 컴퓨터화되었다. 거대한 학제간 과학에서 컴퓨터 프로그래밍과 통계학은 귀중한 도구다. 복잡한 전 지구적 시스템은 방대한 분량의 빅데이터로 구성되며 수많은 다양한 경로가 이어진다. 이들이 교차하는 방식을 파악하려면 머신러닝, 즉 인공지능과 강력한 시각화 도구가 필요하다.

⁕ ⁕ ⁕

대학이 여성을 어떻게 처우하는가에 따라 순위를 매겨 온라인에 공개하면 여성에게 기울어진 운동장을 평평하게 하는 데 도움이 될 것이다. 모든 대학이 올라가 있는 온라인 스프레드시트에 여성 처우에 관한 특별 카테고리가 추가된다면 이상적일 것이다. 특히 대학원 과정이 포함돼야 한다. 어느 대학이 어린이집이나 방과후 돌봄 교실을 제공하거나 보조금을 주는가? 교수진과 행정직의 젠더 균형은 이루어졌는가? 교원 임기 신축운영제도*가 운영되는가? 여성 교수진이 어떤 학과에, 얼마나 많이, 어떤 직위에 있는가? 남성과 비교할 때 여성의 봉급 수준은 어떤가? 성희롱 문제와 관련 정책도 포함돼야 한다. 이런 모든 변수가 웹사이트에 공개돼 학생과 교수, 부모, 납세자 모두가 대학의 특징을 알 수 있고, 이 정보를 이용해 해당 대학에 진학할지 아니면 피해갈지를 결정할 수 있다면 가장 좋다.

⁕ ⁕ ⁕

대학에 들어가기 전에 실험실에서 일하거나 연구 경험을

* 연구 업적 평가 기간에서 여성의 출산과 육아휴직 기간을 연장해 인정하는 제도

쌓아라. 그러지 않으면 실험실 과학자가 되는 데 필요한 것이 무엇인지 사실 알기 힘들다.

러트거스대학의 저명한 교수 타마르 발케이는 "제 주변에서 정말 흔하게 보는 일을 말씀드리지요"라고 말했다.[10] "저는 매년 봄 엄청난 양의 연구 지원서를 받는데, 보통 여름방학 동안 실험실에서 일하고 싶다는 고등학생들이 보낸 겁니다. 대부분 소위 과학 중독자들이지요. 이 학생들은 어떤 분야든 가리지 않고 사방에 연구 지원서를 제출해 학기 중 자유시간이나 여름방학에 과학을 접하는 기회를 조금이라도 더 늘리려 합니다. 그들은 강의를 듣고, 실험실에서 시간을 보내고, 특별 프로젝트를 수행하고, 다양한 수준의 과학 대회에 참가할 모든 기회를 얻습니다."

발케이는 어떤 연구 프로그램이 있는지 알고 싶다면 온라인을 주목하라고 조언한다. 어쩌면 근처 대학에서 고등학생이 강의를 듣도록 허락할 수도 있고, 진학지도 상담교사나 도서관 열람실 사서가 대학에 들어가기 전에 과학에 빠져볼 수 있는 여름 인턴직, 과학 관련 지역 사업, 그 외 다양한 기회에 관한 정보를 줄 수도 있다.

* * *

《디스커버》, 《사이언티픽아메리칸》, 《뉴사이언티스트》 등의 잡지를 구독하거나 《뉴욕타임스》의 화요일 과학 섹션 기사를 읽어라. 모두 온라인에서 볼 수 있고, 유료 출판물이라면 학교에 학생들이 이용할 수 있는 구독 계정이 있다.

⁂

현장 학습을 가되, 가기 전에 정보를 수집하라.[11] 사회과학, 생명과학, 지구과학 중 많은 분야는 강의, 전공과목, 경력에 현장 연구가 꼭 필요하다. 많은 남성 교수가 현장의 분위기가 섬세한 여성에게는 너무나 거칠다며 가로막는 바람에 여성들은 현장 학습을 가기 위해 수십 년간 싸웠다. 이제 학부와 대학원 단위의 현장 과학 분야에서 여성은 남성보다 많으며, 여성 연구생도 일상적으로 현장에 나간다. 그렇더라도 현장 학습이나 과학 탐사 여행에 참여하기 전에 학교나 후원 단체의 현장 학습에 대한 행동강령이나 성희롱 정책을 확인해야 한다.

대학원에 진학하라

대학원을 선택하기 전에 여러 멘토에게 조언을 구하라. 한 사람의 조언에만 기대서는 안 된다. 존경하는 교수가 대학원 프로그램의 최신 정보를 모를 수도 있다. 잠재적인 멘토가 있다는 이유만으로 대학원을 골라서도 안 된다. 그 멘토는 심각한 병에 걸리거나, 직업을 바꾸거나, 세상을 떠날 수 있다.

물리학자 페이 아젠베르크셀로브는 이렇게 말했다. "나는 젊은 여성에게 최소 두 명의 여성 교수, 가급적 종신직 교수 그리고 여러 명의 여성 대학원생이 없다면 그 대학원에는 입학하지 말라고 권하고 싶다…. 여성은 이런 뒷받침이 없으면 과학계에서 성공하기 어렵다."[12]

* * *

컴퓨터과학과 통계학 교육 프로그램이 있는 박사과정을 고려하라. 재무와 경영 교육 프로그램도 배우면 유용하다.

* * *

대학원에 들어갔다면 학위 논문 지도교수를 신중하게 선택해야 한다. 과학자가 할 수 있는 가장 중요한 결정이기 때문이다. 여성이 성공적인 경력을 쌓도록 도운 경험이 있는 훌륭한 과학자를 찾아야 한다. 하버드대학 발생생물학자 콘스턴스 셉코는 박사학위 지도교수를 선택하기 전에 다음과 같은 일을 해야 한다고 말했다.[13]

- 실험실에서 연구하는 과학의 수준을 관찰하라.
- 당신을 저임금 노동자로만 이용할 사람이 아니라 훌륭한 과학자

로 훈련시킬 사람을 선택하라.

- 대학원 첫 1년간 세 군데의 실험실을 순회하면서 각각 몇 달씩 일하며 학생들이 어떻게 지원받는지 살펴본다. 대학원생을 격려하고 도와주는가? 교수의 총아뿐만 아니라 실험실에 있는 많은 사람과 이야기를 나눠본다. 실험실을 순회하는 동안 함께 일한 박사후연구원이 좋은 사람이란 이유만으로 지도교수를 선택해서는 안 된다.
- 교수실에 한 시간 동안 앉아있어 본다. 편안한가? 데이터뿐만 아니라 당신의 미래 계획과 경력에 관해 양방향 소통과 존중받는 대화가 이루어지는가? 당신의 의견이 존중되는가? 교수실을 나오면서 자신에게 물어본다. "저 교수실에 또 가고 싶은가?"

⁂

미국 국립과학아카데미 의장이자 지구물리학자인 마샤 맥넛은 "과학은 학생의 미래에 미치는 지도교수의 영향력을 제한하는 규정이 없어서 다른 전문직과는 다르다"라고 말했다.[14] 박사학위 지도교수는 앞으로 수년간 연구 보조금을 신청하고, 학회에서 강연하고, 논문을 출판할 때 당신을 판단하는 기준이 될 것이다. 또 훌륭한 지도교수는 아이디어를 훔치려는 사람에게서 자신의 대학원생을 보호할 것이다.

경력을 쌓아라

내게 최고의 행운은 나를 이해해주고 가능한 모든 방법으로 뒷받침해주는 삶의 동반자를 만난 것이다. 남편 잭과 나는 함께 대학원을 마쳤고, 한 팀이 돼 가정을 꾸렸으며, 아무리 바쁘더라도 항상 아이들과 시간을 보내기로 한 약속을 확실하게 지켰다. 쉽지 않은 일이었지만 우리 두 사람에게 아이들은 항상 최우선 순위였다. 덕분에 우리 삶에는 사랑과 즐거움이 가득했다.

엄마이자 과학자로 사는 일은 실제로 가능하다. 내 두 딸은 모두 성공적으로 경력을 쌓고 있다. 의학박사이자 이학박사인 스테이시는 발달소아학과 완화치료학을 공부했으며, 남편의 도움을 받아 세 아이도 잘 키우고 있다. 재능 있는 식물학자인 앨리슨은 캘리포니아 야생화와 기생 식물의 권위자로 식물의 진화를 연구한다.

* * *

학문으로서의 과학은 다른 많은 전문직보다 더 가족 친화적이라고 셉코는 말한다.[15] "우리는 열심히 일하지만 놀라울 정도로 자유롭습니다. 우리는 스스로 일정을 관리합니다. 연구비를 받으면 우리가 정말로 관심이 있는 것을 탐구할 수 있어요. 과학을 진심으로 사랑한다면 이보다 더 좋은 직업은 없습니다. 영리하고 젊은 여성이면서 열심히 일한다면 기회는 아주 많습니다."

⁕ ⁕ ⁕

《사이언스》,《셀》,《네이처》에 논문을 발표하는 일 때문에 고민하지 마라.[16] 2013년 노벨생리의학상을 받은 생물학자 랜디 셰크먼은 이들이 모두 "연결돼 있다"라고 말하면서, 앞으로 자신의 실험실은 이들 잡지에 논문을 발표하지 않겠다고 선언했다. 이런 일류 잡지의 편집자들은 '단번에 눈길을 끄는' 논문을 원한다. 그들을 만족시킬 논문을 발표해야 한다는 압력은 연구자들이 중요한 문제를 성실하게 연구하는 대신 유행하는 과학 분야를 연구하도록 부추긴다. 셰크먼은《이라이프》 잡지를 추천한다. 동료의 심사를 받으며 누구나 접속할 수 있는 개가식 의생명과학 잡지로 2012년 하워드휴스의학연구소, 막스플랑크협회, 웰컴트러스트재단이 창간했다. 논문을 발표할 훌륭한 과학 잡지는 많다.

⁕ ⁕ ⁕

유명 연구소에서 일하지 않는다는 이유만으로 잘 알려지지 않은 과학자의 연구를 무시하지 마라. 혈통이 아니라 진가를 보고 정보를 판단하라.

⁂

혼자 고립되었다면, 즉 당신이 학과에서 유일한 여성이거나 대학에서 해당 분야의 유일한 전공자이거나 유일한 미혼모라면 온라인에서 영혼의 단짝을 찾아라.[17] 그런 다음 한 달에 두 번은 온라인으로, 1년에 한 번은 직접 만나는 정기적인 일정을 정한다. 절대 혼자 있지 마라.

⁂

카네기멜런대학 경제학자 린다 뱁콕에 의하면, 남성은 여성보다 봉급 인상을 요구할 가능성이 네 배 더 많다.[18] 봉급 인상을 요구할 때도 여성은 30퍼센트 더 적게 요구한다. 현실적으로 행동해야 한다. 맡은 직위와 그에 따른 책무를 정직하게 평가해야 한다. 지도교수나 멘토와 상의해 적절한 봉급 수준을 추정한 뒤 고용주와 가장 높은 액수부터 협상을 시작하라.

⁂

일단 후보로 지명돼야 상을 받을 수 있다. 당신 연구의 진가를 알고 있다고 믿는 사람들에게 상을 받을 후보 명단에 추천해달라고 요청하라.[19] 남성들은 항상 이렇게 한다. 추천에 필요한 정보와 추천 양식 초안을 제공하겠다고 제안하라. 누군가를 추천해달라고 부탁받으면 당신이 사실을 정확하게 알 수 있는 추천 양식 초안을 받을 수 있는지 확인해야 한다. (짝을 지어 서로 추천 양식을 번갈아 써주는 남성들도 있다. 관례지만 나는 찬성하지 않는다.)

* * *

다른 여성에게 힘을 실어주는 습관을 들여라.[20] 눈에 띄는 개인, 즉 남성 집단 속 여성, 백인들 사이의 흑인, 커피를 마시며 한담을 나누는 여성 집단 속 남성은 눈에 잘 띄어 정형화되기 쉬운 까닭에 집단에 동화되기 어렵다. 하버드대학 경영대학원 로자베스 모스 캔터에 따르면, 또 다른 여성이 집단에 들어오면 당신이 좋든 싫든 한 무리로 취급받는다. 그러니 다른 여성을 깎아내리지 말고 서로 지지해주어야 한다. 그와 친근하게 대화를 나누거나 개인적으로 그가 했던 행동이나 발언이 고마웠다고 말하는 것만으로도 충분하다.

남성은 어떻게 도울 수 있나

이미 훌륭한 동맹인 남성들에게 다른 남성에 대해 말해주어라. 일상에서 미묘한 차별이 일어날 때마다 남성이 자신이 무엇을 하고 있는지 인식하고, 무슨 말을 어떻게 했는지 다시 한번 생각하도록 설명해주어라. 정중함과 친절함은 나약하다는 신호가 아니며, 여성 혐오는 성격적으로 결핍된 부분이 있다는 강력한 표시다. 동맹으로서 그에게 우리 모두가 깊이 감사하고 있다는 사실을 알려라.

❋ ❋ ❋

앨리스 황은 "다시는 장관이나 단체의 기념행사 조직위원이 되지 않겠다"라고 말했다.[21] 그런 일은 한동안 남성들이 하도록 내버려 두어라.

❋ ❋ ❋

타인의 외모나 옷차림을 지적하지 마라. 그런 것들은 능력과 전혀 상관없다. 외모는 계급, 지위, 돈에 대해 말해주지만 능력이나 재능을 알려주지는 않는다.

❋ ❋ ❋

어느 익명의 인터뷰이는 이렇게 말했다. "내게는 사랑스러운 동료가 한 세트나 있지만 회의가 시작되면 그들은 공격적으로 돌변한다. 만약 내가 한 말에 동의하지 않는다면 그들은 내가 굴복할 때까지 소리친다. 그들은 그런 행동이 용납되지 않음을 이해할 사교술을 가지고 있지 않다. 여성 동료가 내게 소리친 적은 단 한 번도 없었다. 그러나 연장자 중 누구도 그런 행동은 용납할 수 없다고 경고하지 않는다."[22]

악의로 가득한 업무 환경에 대처하는 법

삶의 어느 순간에 악의로 가득한 업무 환경에 처하게 될지도 모른다. 이런 환경에 처한 여성에게 가능한 가장 좋은 목표는 두 가지다. 성희롱을 차단하는 것과 여성의 교육이나 경력을 보호하는 것이다. 어쩌면 두 가지 모두 불가능할 수 있다. 이 점을 깨달으면 한 가지 질문이 떠오른다. 그렇다면 여성은 경위서를 써야 할까? 쓴다면 누구에게, 어떻게? 이에 관한 답은 여성이 누구인가와 상황에 따라 달라진다.

성희롱 사건은 주변에 알리기 싫더라도 즉시 기록해야 한다. 가능하면 구체적으로 기록하라. "아무개가 나를 성희롱했다"라고 쓰면 안 된다. 그 사람이 한 말이나 행동을 정확하게 기록하고 언제, 어디서 성희롱이 일어났는지도 명확하게 쓴다. 그런 다음 서류를 공증하거나 그날 중으로 믿을 만한 친구들에게 메일로 보낸다. 때로 성범죄자들은 잡힐 때까지 같은 행동을 반복한다. 당신의 경험을 기록한 것은 나중에 성희롱당한 다른 여성이 자신의 상황을 알릴 때 도움이 될 수 있다. 적대적인 업무 환경을 입증할 때 만연하며 반복되는 행동의 증거가 반드시 필요하다.

대학 권위자들을 찾아가라. 당신만 관련된 사건이라면 당신을 지원해줄 믿을 만한 동료와 함께 학과장을 찾아간다. 학과장이 도와줄지 확신할 수 없다면 주변에 학과장이 신뢰할 만한 사람인지, 아니면 문제 인물과 한통속인지 물어본다. 학과장에게 말해도 소용없거나 너무 위험하다고 생각된다면 더 높은 사람인 옴부즈맨, 단과대학장, 교무처장, 총장, 이사를 찾아가라. 대학 입장에서는 재정에 문제가 생길 수 있으므로 성희롱 사건은 재앙이며, 행정부서는 이 문제에 주의를 기울일 수밖에 없다. 상황이 지속되거나 심각한 경우 변호사를 고용해야 할 수 있기 때문이다.

❊ ❊ ❊

경력이 꽤 있는 유명 여성 과학자가 내게 은밀하게 근무 시간 후에 만남을 청했다. 함께 일하는 세계적인 (남성) 과학자와 문제가 생겨 상의하고 싶다고 했다. 그는 내게 어떻게 해야 할지 물었다. 나는 그 남성 과학자를 알고 있었다. 수많은 나이 든 남성들과 다를 바 없이, 그는 지능적인 면에서 여성이 남성과 동등하다는 사실을 인정하지 않았다. 그리고 여성을 괴롭히더라도 반격당하지 않으리라고 생각했다. 대개 그의 생각이 옳기도 했다.

나는 여성 과학자에게 "누구도 끔찍한 행동을 참고 견뎌서는 안 됩니다, 떠나세요"라고 말했다. "하지만 경력은 온전하게 지켜야 합니다. 다른 곳에서 좋은 자리를 얻는 데 필요한 것이 무엇인지 목록을 작성해 1년 안에 필요한 것들을 이루세요. 그리고 그해 마지막에 실험실을 떠나는 겁니다." 여성 과학자는 내 조언을 따랐고 더 나은 실험실에 정착했다. 불행히도 그 남성 과학자의 나쁜 행동은 공개되지 않고 조용히 지나갔다.

테네시공과대학의 여학생이 학장에게 성희롱 문제를 제기했다. 학과장은 동료인 샤론 버크 교수에게 은밀하게 이 여성을 받아줄 수 있는지 물었다. 버크 교수는 예전에 내가 박사 학위 논문을 지도했던 학생이었다. 그 여학생은 버크 교수의 실험실에서 학위를 마쳤다.

나는 모든 가해자가 학대 행위의 희생자에게 아무런 영향을 미치지 않고 곧바로 징계받기를 바라지만, 그런 상황에는 미묘한 차이가 있을 수 있다. 국립아카데미들의 성희롱에 관한 보고서는 학대 행위의 심각성에 따라 징계 수위를 높이라고 요구한다. 모든 학대 행위가 해임의 대상이 되지는 않지만 상황이 악화하기 전에 가해자들은 확실하게 책임을 져야 한다.

기술이 제공하는 기회를 잡아라

역사적으로 남성이 지배하는 분야를 여성이 지배하게 되면 봉급이 낮아진다. 이런 일은 컴퓨터과학 분야에서 일어나고 있고, 다음 차례는 머신러닝과 로봇공학이다. 미래 산업은 데이터과학, 인공지능, 새로운 시각화 도구이므로 컴퓨터과학에 관심을 가진 여성은 지금 당장 이 분야를 공부해야 한다.

⁂ ⁂ ⁂

과학과 기술 분야에서 여성을 배제하면 국가적으로 치명타를 입을 수 있다.[23] 2차 세계대전 동안 영국 정보기관은 콜로서스로 알려진 최초의 프로그래밍이 가능한 대규모 연산 컴퓨터를 개발했다. 대부분 여성이었던 암호해독자들은 영국 블레츨리 파크에서 콜로서스와 가장 기초적인 연산 기계 그리고 수기 방식을 이용해 독일군의 암호를 해독했다. 컴퓨터가 널리 사용되면서 컴퓨터를 활용할 수 있는 여성 과학자들은 수학이나 컴퓨터에 관해서는 완전 문외한인 남성들을 훈련시켜야 했다. 이 남성들이 여성 과학자들을 대체할 예정이었다. 수학과 컴퓨터에 해박했던 여성들은 자신들의 기술을 모두 전수한 뒤 해고되었고, 영국 컴퓨터 산업은 미국에 크게 뒤처지게 되었다.

⁂ ⁂ ⁂

특허는 컨설팅 직종이나 기업 과학자문위원회에서 보수가

많은 자리를 얻는 필수 요건이 될 수 있다. 학계의 남성 생명 과학자들은 여성 동료들보다 자신의 발견에 대해 두 배나 더 많은 특허를 얻었다. 오늘날 대다수의 대학은 과학자들이 그들의 연구에 대해 특허를 낼 수 있도록 돕는 사무실을 갖추고 있다. 여성들은 이런 사무실을 이용해야 한다.

※ ※ ※

기업이나 비영리단체 이사회에 들어가면 기업과 산업계에서 지원하는 연구 보조금과 과학 연구 기회를 얻을 수 있다. 여성은 특히 기업 이사회 구성원을 목표로 이력서를 작성해야 한다. 지역 단체의 이사회에서 자원봉사로 시작해 지역 위원회로 옮기고, 마지막으로 기업의 이사회를 찾는 헤드헌터에게 이력서를 보내면 된다.

과학계의 공식 대변인이 돼라

과학과 기술은 현대 세계를 떠받치는 기둥이지만 과학에 대한 정부의 지원은 줄어들고 있다. 미국인의 50퍼센트 이상이 진화를 믿지 않으며, 백신을 접종하지 않는 부모들은 지난 세기 가장 큰 의학적 발전 중 하나를 무시한다.[24] 자신의 연구를 대중에게 설명하고 인간의 얼굴을 덧씌우는 일은 모든 과학자의 의무다. 미국인이 기초과학 연구에 최우선권을 부여해야 한다고 확신하지 않는다면 미국은 심각한 위기에 처할 것이다. 모든 여성 과학자는 과학계 대변인이 돼야 한다. 자신의 분야를 일반 대중과 당신을 대변할 국회의원에게 효율적으로 설명하는 방법을 익혀야 한다. 여성 과학자와 공학자가 많을수록 더 나은 과학과 공학, 나아가 더 나은 세상을 이룰 수 있다는 메시지를 강조해야 한다. 로비하는 방법을 배우고 공직 출마를 고려해보기 바란다.

여성 과학자가 목소리를 높여야 할 가장 중요한 문제는 보편적이고 저렴한 양질의 육아다.[25] 미국 여성 과학자의 절반 가까이가 첫 아이가 태어나면 전업 과학자의 길을 포기한다. 이와 대조적으로 남성과 자녀가 없는 여성 박사후연구원의 80퍼센트는 과학계에 남아있다. 교수가 된 여성은 남성 교수와 비교할 때 자녀 수가 더 적은 경향을 보였다. 혹은 원하던 자녀 수보다 더 적게 낳았다.

보편적 육아를 위한 초당적 법안이 1972년에 의회를 통과했지만 리처드 닉슨 대통령은 거부권을 행사했다. 닉슨 대통령의 거부권 행사로 두 세대의 여성 과학자와 그들의 발견이 사라졌다. 또한 두 세대의 어린이들이 엄마가 일하는 동안 안전한 곳에서 다른 어린이와 교류하고 조기에 의사소통과 논리력을 배울 기회를 잃었다. 의회가 함께 행동해 모두를 위한 보육 재정을 마련할 때까지 고용주들이 이 일을 대신해야 할 것이다.

현재 많은 대학에서 교수와 박사후연구원, 대학원생에게 보육 시설을 제공하고, 학부생과 직원 자녀에게 보조금을 지급한다. 또 대학에 다니는 자녀의 등록금을 감면하는 혜택을 제공함으로써 교수진을 돕기 위해 노력한다. 테네시공과대학의 샤론 버크는 "왜 젊은 교수들이 보육 대신 보조금을 사용하게 내버려 두지 않습니까?"라고 묻는다. 교수들은 이 방법을 더 선호할 것이다.

* * *

주립대학을 보호하는 일은 여성의 문제다. 여성에게는 집 근처에서 공부할 수 있는 고등 교육기관이 필요하다. 최근 수십 년간 여성은 직업과 가정에서의 평등을 향해 큰 걸음을 내디뎠지만, 여전히 여성은 남성보다 적은 봉급을 받으면서 가정에 대한 의무는 더 무겁다.

* * *

과학 연구에 더 많은 자금이 투자되도록 지지하라. 최근처럼 연구 보조금이 고갈되면 젊은 여성이 가장 먼저 연구비를 잃게 된다. 대개 연구 보조금은 유명 과학자와 공학자가 주도하는 저위험 프로젝트에 집중되는 경향이 있다.

미국 의학 연구의 주요 지원 기관인 NIH가 36세 이하 과학자에게 주는 모든 연구 보조금의 비율은 1980년 5.6퍼센트에서 2017년 1.5퍼센트까지 떨어졌다.[26] 전 국립과학아카데미 의장 브루스 앨버츠와 벤카테시 나라야나무르티는《사이언스》에 게재된 칼럼에서 "만약 투자금의 거의 99퍼센트가 36세 이상의 과학자와 공학자에게 집중되었다면, 게다가 위험이 없는 안전한 프로젝트에만 투자금이 쏠리는 강력한 편향이 있었다면 어떻게 실리콘밸리가 성공할 수 있었을까?"라고 했다.

텍사스대학 텍사스첨단컴퓨팅센터의 슈퍼컴퓨팅 과학자 존 웨스트는 "경제적인 면에서 정말 비합리적인 판단입니다"라고 말했다. "만약 이 사람들에게 계속 자금을 지원하고 있는데 그들이 아직도 새로운 인터넷을 내놓지 못했다면 어떨까요? 앞으로도 새로운 걸 내놓을 가능성은 없겠지요. 그렇다면 다른 사람들을 지원해야 하지 않을까요? 놀라운 결과를 얻을 수도 있을 겁니다."

입법자들에게 기초과학 연구에 대한 지원이 부족하면 미국의 교육과 경쟁력에 해가 된다고 말하라. 스프링보드 엔터프라이즈 창업자 에이미 밀먼은 종종 워싱턴D.C.에서 경영대학원 과정을 강의한다.[27] 어느 날 그는 강의실을 둘러보다가 자신이 강의실 안의 유일한 미국 시민이라는 사실을 발견했다. 학생들은 모두 외국인이었다. 의회와 주 입법자들은 공립 고등 교육을 지원하지 않는다. 이런 이유로 대학들은 미국 학생들이 감당할 수 없을 만큼 등록금을 인상했고, 학비 전액을 감당할 수 있는 많은 수의 유학생을 받아들일 수밖에 없었다. 현재 스템 박사과정생들은 절반 가까이가 외국인 학생이다. 주립대학 중 몇 군데는 현금이 너무 부족해 대부분의 스템 대학원생들이 아시아, 인도, 중동 출신 외국인이다.

더불어 외국인 학생들을 교육하는 데 수십억 달러가 소요되고 있지만 미국 이민법은 외국인 학생들이 졸업 후 미국에 남는 것을 허용하지 않는다. 그들은 고국으로 돌아가 종종 미국 기술과 경쟁하는 기술을 개발하곤 한다. 입법자들에게 미국이 교육한 인재들을 미국에 남게 하라고 요구해야 한다. 앨버츠와 나라야나무르티가《사이언스》에 기고했듯,[28] "미국은 비자와 이민 정책을 재고해 미국 대학에서 스템 학위를 받은 외국인 학생들이 영주권을 쉽게 받을 수 있도록 해야 한다. 그와 동시에 각 취업비자가 자동으로 노동자의 배우자와 자녀에게 적용되도록 규정해야 한다." 나라야나무르티는 자신이 무슨 말을 하는지 알고 있다. 그는 미국에 이민 온 지 40년이 지난 뒤에야 하버드대학 공학 및 응용과학부의 초대 학장이 되었다.

* * *

여성을 책임감 있게 지도하지 않는 과학자는 배척하라.[29] NIH에서 제공하는 연구 보조금은 대부분 완성된 연구를 기준으로 주어진다. 하지만 연구 보조금을 제공할 때 실험실에서 교육받는 학생들의 다양성도 고려해야 한다. NIH는 주요 연구 보조금을 신청하는 지원자에게 실험실에서 일한 모든 박사과정생과 대학원생 명단과 각각의 학생들이 현재 무슨 일을 하는지에 관한 정보를 요구해야 한다. 두 지원서의 과학적 가치가 비슷하다면 보다 다양한 학생을 성공적으로 훈련시킨 실험실에 보조금을 제공해야 하며 이들 학생 목록은 공개돼야 한다. 이는 스탠퍼드대학 신경과학자 벤 바레스의 제안이다. 바레스가 언급했듯, 최고의 남성 과학자가 최고의 젊은 여성을 지도하기를 거부한다면 기본적으로 여성이 앞서 나가는 것은 불가능하다.

* * *

정부 기관과 대학은 현재 남성 교수가 세금으로 지원한 연구를 이용해 남성만으로 이루어진 기술 회사를 설립하도록 허용하고 있다.[30] 여성들이 선도하는 생명공학 분야에서도 마찬가지다. 대학마다 교수와 학생이 연구 결과를 기반으로 스타트업을 시작하도록 돕는 사무실이 있다. 대학은 스타트업 창업자와 과학자문위원회를 검토해야 한다. 최소한 스타트업 이사회에는 해당 분야의 선도적인 여성 과학자가 포함돼야 한다. 연구 결과에 따르면, 다양성은 성공을 촉진하고 이익을 증가시키므로 이런 조치는 스타트업에도 도움이 될 것이다.

* * *

개혁을 제도화하고 지속되도록 하라.[31] 슈퍼컴퓨팅학회 연례총회에는 매년 1만2천 명이 모이는데 이들 대부분은 남성이다. 그러나 조직위원회에 소속된 600명의 자원봉사자는 학회 회원들의 통계 정보를 수집한 적이 없다. 세계에서 가장 빠른 연구용 슈퍼컴퓨터를 보유한 텍사스첨단컴퓨팅센터의 존 웨스트는 이 통계가 궁금했다. "하지만 자원봉사자로 이루어진 위원회에서 무언가를 제도화하기에 1년은 충분하지 않았습니다"라고 웨스트는 지적했다. "회장은 임기가 1년이므로, 무언가 놀라운 일을 시작할 수는 있지만 다음 대의 두 회장이 그 놀라운 아이디어를 실행하지 않으면 모두 허사가 되지요." 그래서 2016년에 회장이 된 뒤 웨스트는 자신의 뒤를 이어 3년 동안 회장으로 선출될 세 사람에게 이 통계가 필요하다고 설득했고, 세 사람 모두 "좋습니다. 회원 통계를 조사합시다"라고 대답했다. 그들은 원하던 통계 자료를 얻었고, 그 정보를 이용해 학회에 참가하는 여성 회원의 수를 늘렸다.

* * *

학문적 과학 그 이상을 생각하라. 육십이 명의 박사과정생을 지도하는 일은 내 삶의 하이라이트 중 하나였다. 그들 중 다수가 대학교수가 되었고 네 명은 국립과학아카데미 회원으로 선출되었다. 하지만 과학에서 박사학위는 법학 학위나 마찬가지다. 박사학위로 수많은 다양한 일을 할 수 있다. 내 학생 중 다수가 정부 연구소나 정부 기관에서 일하며 대학 행정가, 기업가, 환경 운동가, 의학 연구자가 된 사람도 많다. 벤처 자본가, 와인 제조업자, 예술가도 있다.

⁂

현재 여성은 미국에서 가장 권위 있는 4대 과학 단체인 NSF, 국립과학위원회, 미국과학아카데미 그리고 미국과학진흥협회의 최고책임자 직위를 보유하고 있거나 보유했다. 하지만 잠깐…. 무언가가 빠졌다. 이 여성들은 모두 물리학자다. 두 명은 지구물리학자, 한 명은 천체물리학자, 나머지 한 명은 컴퓨터과학자다. 현재 과학계 여성의 대다수는 생명과학 분야에 종사하고 있으며 아마도 가장 흥미롭고 지적인 도전이 이루어지는 분야인데, 아직 생명과학자 중 누구도 지도자 자리에 오르지 못했다.

⁂

남성 조교와 남성 대학원생에게 여학생을 포함한 모든 학생에게 예의와 존중을 갖추고 대해야 하며, 예의와 존중의 부재가 드러나면 해고의 원인이 된다고 말해야 한다. 문화적으

로 남성이 지배하는 사회에서 온 외국인 남학생에게 특히 주의시켜야 한다.[32]

❊ ❊ ❊

성희롱 예방 교육이 부메랑이 될 수 있음을 명심하라.[33] 타인의 편견에 대해 교육받은 사람이 더 강하게 선입견을 드러내고, 타인과 함께 일하려 하지 않으며, 타인을 더 편협한 방식으로 대할 수 있다. 현재 이루어지는 성희롱 예방 교육은 대부분 온라인 미니 강의나 짧은 영상 시청으로 이루어진다. 그보다는 자격을 갖춘 강사가 직접 부적절한 행동의 구체적 사례를 제시하는 수준 높은 프로그램을 요구해야 한다. 성희롱 예방 교육은 사고방식이나 생각을 바꾸려 하기보다는 행동 기준을 명시해야 한다.

❊ ❊ ❊

남성만으로 구성된 조사위원회를 금지하라. 교수진을 채용하는 위원회라면 더더욱 그렇다. 남성만으로 구성된 위원회는 동등한 자격을 갖춘 여성보다 남성을 채용하는 것을 더 선호한다는 증거가 넘쳐난다. 안타깝게도 현재 많은 조직의 부서에서 조사위원회가 추천한 사람을 질문이나 상위 단계의 검토 없이 채용해버린다.

* * *

나는 경력을 쌓는 내내 과학계 여성들이 위대한 진전을 이루는 것을 지켜봤지만 아직도 해야 할 일이 많다. 교육계의 지도자들이 행동하기 시작했다.

* * *

100개 이상의 과학 단체가 성희롱에 대항하기 위해 연대했다.[34] 미국지구물리학연합, 미국과학진흥협회, 미국의과대학연합이 모여 2018년에 설립한 스템 분야 성희롱 협력단은 과학계에서 세간의 주목을 받은 성희롱 사건들이 연이어 일어난 뒤 개설되었다. "조직 분위기가 성희롱이 일어날 가능성을 예측하는 가장 큰 변수다"라고 결론 내린 국립아카데미들의 보고서도 영향을 미쳤다. 성희롱이 용인된다는 인식만으로도 성희롱이 일어날 가능성은 커진다. 협력단은 성희롱과의 전쟁에 적용할 정책 모델을 전문직, 학계, 의학계, 연구기관에 맞춰 제공할 계획이다.

고등교육에서 성희롱 예방을 위한 협력 방안은 63개 조직이 연대해 국립아카데미들의 보고서 권고안을 실천하려는 또 다른 노력의 결과다.

* * *

과학계를 진정으로 평등하게 만들기 위해 여성 과학자와 그 동맹들이 취해야 할 행동 목록을 보면 앞으로 다가올 시간이 쉽거나 간단하지 않으리라는 사실을 깨닫게 된다. 그러나 생물학자 피터 메더워가 "이제 세계는 너무나 복잡하고 빠르게 바뀌어 인류의 나머지 50퍼센트의 지성과 기술을 이용하지 않는 한 유지하기만으로도 벅차다(개선은 말할 것도 없다)"라고 말한 이후,[35] 스템 직종은 지난 45년간 여성을 위해 개선되었다. 이런 진보는 지난 세기를 이끌어온 용감한 여성들 덕분이다. 참정권 운동을 일으킨 여성들, 여성 공동체를 만들고 여권운동을 시작하며 최근의 여권운동 부흥을 이끈 여성들, 용감하게 미투 운동을 시작하고 수많은 동참을 끌어낸 여성들이 그들이다. 나는 당신이 이 책을 읽은 뒤 과학계 여성들이 어떻게 이 풍요로운 역사의 일부로 녹아들었는지 더 깊이 이해하기를 바란다. 우리는 과학, 기술 그리고 공학 분야에서 한 세기의 혁신을 이루고 있다. 할 일이 너무나 많지만 우리가 할 수 있는 일도 너무나 많다. 우리가 모두 함께한다면 미래는 무한하다.

감사의 말

솔직하게 내보이는 내 삶은 정원을 닮았다…. 사랑스러운 색색의 꽃들로 가득하고… 정원에 숨어있는 시간이라는 잡초 사이로 흩어져 있으며, 그중 일부는 그윽한 향기를 풍기고 일부는 가시가 잔뜩 나 있으며 때로 가시를 숨기고 있는 것들도 있다. 내 기억의 정원은 배려와 많은 친절로 가득하다…. 그 사이에 흩어진 뻣뻣한 털 몇 가닥도 있다.

우선 내게 즐거움과 행복을 준 아버지, 루이 로시에게 감사하고 싶다. 아버지가 보여주신 공정, 평등, 지식의 힘을 향한 헌신은 내 토대이자 강력한 보호막이었다. 자매들, 마리 조지, 욜란다 프레데릭센, 파올라 비올라는 항상 내 영혼을 북돋아 주고 조건 없는 사랑을 베풀었다. 사랑하는 남편 잭 콜웰은 평생의 모험과 탐험을 함께했다. 아이들, 아름답고 재능 넘치는 앨리슨 콜웰과 스테이시 콜웰은 내 삶을 의미 있게 해주었다. 내 삶에 새로운 차원을 더해준 양아들 리처드 캐닝과 브루스 폰먼에게 영원히, 깊이 감사한다.

인내심 많은 비서 비키 로드는 나와 함께 끝없는 수정과 정확성과 맥락을 확인하는 괴로운 검색의 고통을 나누었다.

수많은 학생 한 명 한 명에게 진심으로 감사한다. 특히 뛰어난 연구 업적과 많은 토론으로 이 책을 집필하는 데 막대한 기여를 한 안와르 후크, 제임스 케이퍼, 조디 데밍, 타마르 발케이, 로널드 시즈모어, 제임스 올리버, 존 슈워츠, 다츠오 가네코, 로널드 치타렐라, 샤론 버크, 가즈히로 고구레, 돈 앨런-오스틴, 브라이언 오스틴, 이보르 나이트, 달린 로샤크 맥도널, 스티븐 오르도프, 찰스 서머빌, 폴 테이버, 콘스턴스 셉코, 안타르프리티 유트라, 누르 하산에게 감사를 전한다.

많은 친구와 동료들도 이 책의 집필을 도와주었다. 특히 동료인 벤 슈나이더만, 샘 조지프, 벤 카바리, 카를라 프루초, 모니크 퐁퓌, 도미니크 에르비오-히스, 패트릭 몽포트, 낸시 홉킨스, 로버트 버제노, 폴 개프니, 그 외 훌륭한 동료들, 예전 학생들, 박사후연구원들, 영국, 유럽, 아시아, 라틴아메리카, 아프리카, 오스트레일리아, 뉴질랜드, 캐나다에서 온 방문 과학자들에게도 감사한다.

특별히 묘한 재주와 놀라운 재능으로 사실과 데이터를 찾아낸 공동 저자 샤론 버치 맥그레인에게 감사해야겠다…. 내가 발견한 그 모든 것에서 훌륭한 의미를 찾아냈다. 맥그레인이 없었다면 이 책은 완성되지 못했을 것이다.

프리실라 페인턴, 메건 호건, 수전 라비너의 인내와 호의에도 감사한다. 비상사태와 긴급 사태, 종종 일어나던 위기 상황에서 항상 침착하고 이성적으로 대응해주었다.

- 리타 콜웰

※ ※ ※

무엇보다 리타 콜웰과 함께 일하고 배울 기회를 얻은 것에 대해 콜웰에게 감사한다. 이 프로젝트가 진행되는 내내 프리실라 페인턴이 보내준 믿음과 지지에도 감사한다. 그는 편집자에게 내가 바랄 수 있는 모든 것을 갖추었다. 페인턴의 아주 유능한 비서인 메건 호건은 원고를 작성하는 데 큰 도움을 주었으며, 호건의 훌륭한 작업 결과에 감사한다. 메릴랜드대학의 빅토리아 로드는 항상 준비된 정보 제공자이자 좋은 지지자였다. 우리의 대리인 수전 라비너로 말하자면 몇 년에 걸친 그의 지지와 통찰력 있는 조언이 아니었더라면 이 책은 존재하지 않았을 것이다.

더불어 내게 상냥하게 인터뷰를 허락해준 다음의 모든 분께 감사드린다.

프롤로그 | 더는 숨지 않겠어

마거릿 로시터

1장 | 안 돼! 여자는 이 일을 할 수 없어

파올라 비올라, 바바라 콘 영거, 잭 콜웰, 앤드루 데로코, 존 홀트, 데이비드 호브덴, 마거릿 자론 루비, 데일 카이저, 헨리 코플러, 로나 라로우 리베르만, 메리앤 메이어 웬젤, 로라 메이즈 후프스, 해리 모리슨, 웨넘 뮤지움, 욜란다 프레데릭센, 마리 조지, 메릴린 트레이시 밀러 피시먼 그리고 윌리엄 위비.

2장 | 나 홀로, 패치워크 교육

아트리스 발렌타인 베이더, 안나 벌코비츠, 윌리엄 브라우닝, 조지 채프먼, 케네스 츄, 앨프리드 치스콘, 마사 치스콘, 로렌 대스턴, 조디 데밍, 브루스 고나워, 캐런 고나워, 낸시 고나워, 벤자민 홀, 마거릿 홀, 에스텔라 레오폴드, 존 리스턴, 리처드 모리타, 해리 모리슨, 퍼트리샤 모스, 유진 어니스트 네스터, 조지프 앨런 파누스카 신부, 헬렌 레믹, 제임스 스테일리, 프리다 타웁, 셜리 틸먼, 수잰 밴덴보쉬, 아서 휘틀리 그리고 문서 보관 담당자인 존 볼서와 캐슬린 브레넌.

3장 | 자매애가 필요해

벤 바레스, 조앤 베넷, 실라 버드, 샬럿 보르스트, 진 블레츨리, 유지니 클라크, 캐럴 콜건, 켈리 마저리 카원, 엘리자베스 돈리, 월터 다우들, 리처드 핀켈스타인, 앤절라 지노리오, 마이클 골드버그, 플로렌스 하셀틴, 낸시 홉킨스, 앨리스 황, 바버라 이글레우스키, 서맨사 조이, 앤 모리스-후크, 프레더릭 나이트하르트, 비비안 핀, 마거릿 로시터, 사라 로스먼, 칼라 셰퍼드 루빙어, 모슬리오 섹터, 팻 슈뢰더, 미국미생물학회 문서 보관실 담당자인 제프 카르. 미국미생물학회에도 감사를 전한다. 2014년 4월 29~30일에 미생물학역사연구소, 미국미생물학회 문서 보관소와 볼티모어 카운티에 있는 메릴랜드대학을 방문할 수 있도록 여행 경비를 지원해주었다.

4장 | 태양 빛의 힘

로테 베일린, 페니 치점, 낸시 홉킨스, 마크 케스트너, 마샤 맥넛, 크리스티아네 뉘슬라인폴하르트, 셜린 틸먼, MIT 교무처, 제도연구부장 리디아 스노버가 준 정보에 감사한다.

5장 | 콜레라

아만다 앨런, 타마르 발케이, 샤론 버크, 잭 콜웰, 조디 데밍, 윌리엄 '벅' 그리노, 제이 그라임스, 퍼트리샤 게리, 존 홀트, 안와르 후크, 새뮤얼 조지프, 안타르프리티 유트라, 제임스 케이퍼, 이보르 나이트, 달린 로샤크 맥도널, 퍼트리샤 모스, 제임스 올리버, 스티브 오르도프, 에스텔 루섹-코헨, 브래들리 색, 로널드 시즈모어, 찰스 서머빌, 마크 스트롬, 폴 타보르, 미셸 트럼블리 그리고 마운트홀리요크대학 문서 보관 담당자 레슬리 필즈, 헌터칼리지 문서 보관 담당자 루이즈 셔비와 크리스토퍼 브라운, 존스홉킨스대학 문서 보관실 담당자인 제임스 스팀퍼트, 메모리얼슬론케터링암센터 문서 보관실 담당자인 진 대거스티노에게 감사를 전한다.

6장 | 더 많은 여성 = 더 나은 과학

루제나 바이츠시, 배리 배리시, 다이애나 빌리모리아, 에이미 빅스, 조지프 보르도그나, 노먼 브래드번, 메리 클러터, 잭 콜웰, 토머스 쿨리, 로버트 코렐, 마고 에드워즈, 카를 에르브, 레이철 포스터, 질리안 프리즈, 밸러리 하드캐슬, 앨리스 호건, 스테이시 퍼스트 홀러웨이, 안와르 후크, 베서니 젱킨스, 마거릿 리넨, 마샤 맥넛, 바버라 미컬스키, 콘스턴스 모렐라, 안나 루스 로벅, 마티 로젠버그, 버넌 로스, 타티아나 리너슨, 바버라 실버, 하워드 실버, 알렉사 스털링, 필립프 탄듀, 마이클 터너 그리고 NSF 문서 보관실 담당자인 레오 슬레이터.

7장 | 탄저균 편지

테레사 '테리' 애브셔, 브루스 부도울, 토머스 체불라, 리처드 댄지그, 스콧 데커, 대니얼 드렐, 존 에젤, 스티브 핀버그, 클레어 프레이저, 기기 퀵 그란벌, 잔 기유맹, 폴 잭슨, 노먼 칸, 폴 카임, 마이클 쿨만, 바히드 마지디, 매슈 메젤슨, 아리스티데스 패트리노스, 존 필립스, 애덤 필리피, 미하이 포프, 자크 라벨, 티머시 리드, 스티븐 잘츠버그, 스콧 스탠리, 로널드 월터스, 데이비드 월먼, 린다 잘, 레이먼드 질리스카스.

8장 | 올드 보이 클럽에서 영 보이 클럽, 다시 자선사업가로

린다 뱁콕, 칸디다 브러시, 앨런 데처니, 서맨사 조이, 마크

케스트너, 로비 멜턴, 찰스 '처' 밀러, 에이미 밀먼, 캐럴 네이시, 지니 오르도프, 스티브 오르도프, 커트 소더룬드.

9장 | 개인이 아니라 시스템이다

아르투로 카사데발, 제니퍼 체이스, 조 핸델스만, 니콜 스미스, 클로드 스틸, 리 튠, 제이 반 바벨.

10장 | 우리 할 수 있어

타마르 발케이, 벤 바레스, 루스 앤 버치, 콘스턴스 셉코, 안드레이 심피언, 로렌 대스턴, 플로렌스 하셀틴, 마리 힉스, 낸시 홉킨스, 앨리스 황, 크리스탈 존슨, 마샤 맥넛, 에이미 밀먼, 루시 샌더스, 셜리 틸먼, 존 웨스트.

모두에게 감사를 전한다.

– 샤론 버치 맥그레인

＊＊＊

우리 두 사람은 우리를 도와주거나 책이나 초고 일부를 비평해준 많은 사람에게도 감사드리고 싶다. 테레사 애브셔, 애슐리 베어, 조안 베넷, 프레드 버치, 루스 앤 버치, 마리-조엘 도미니오니 블레이저트, 브루스 부도울, 리처드 캐닝, 데이비스

카셀, 바버라 콘 영거, 진 콜리, 앨리슨 콜웰, 잭 콜웰, 스테이시 콜웰, 프랜스 코도바, 스콧 데커, 조디 데밍, 제니퍼 다우드나, 엘리자베스 모로 에드워즈, 클레어 프레이저, 욜란다 프레데릭센, 마리 조지, 앤절라 지노리오, 마리아 지오반니, 잔 기유맹, 조 핸델스만, 도미니크 에르비오-히스, 앨리스 황, 샘 조지프, 안타르프리트 유트라, 노먼 칸, 캐럴린 니팅, 이보르 나이트, 마이클 쿨만, 닐 레인, 힐러리 래핀-스콧, 마거릿 리넨, 레이철 레빈슨, 빅토리아 로드, 게리 매클리스, 매슈 메젤슨, 패트릭 몽포트, 앤 모리스-후크, 에밀리아 퓰러-지노리오, 제임스 올리버, 아리스티데스 패트리노스, 존 필립스, 모니크 폼퓌, 브루스 폰먼, 카를라 프루초, 자크 라벨, 킷시 리글러, 데브라 삼손, 벤 슈나이더만, 프리다 타웁, 로널드 월터스, 오드리 바이트캄프, 데이비드 월먼, 척 윌슨이 그들이다.

주

프롤로그 | 더는 숨지 않겠어

1. Margaret Walsh Rossiter interview, December 8, 2019, and emails from October 6 and December 3 and 4, 2019; Susan Dominus, "Women Scientists Were Written Out of History," *Smithsonian Magazine*, October 2019.

1장 | 안 돼! 여자는 이 일을 할 수 없어

1. Al Chiscon, interview, October 2, 2013.
2. Helene Stapinski, "When America Barred Italians," *New York Times*, June 2, 2017; Rita James Simon, *In the Golden Land: A Century of Russian and Soviet Jewish Immigration in America* (Westport, CT: Praeger, 1997), 15–16; *The Ambivalent Welcome* (Santa Barbara, CA: Praeger, 1993), 72; Mahzarin R. Banaji and Anthony G. Greenwald, *Blindspot: Hidden Biases of Good People* (New York: Delacorte Press, 2013), 77.
3. Marie Rossi George, interview, January 5, 2019.
4. In Russell L. Cecil, ed., *A Textbook of Medicine*, 7th ed. (Philadelphia: W. B. Saunders, 1947–48): Cary Eggleston, "Myocardial Infarction," 1124–25; Dickinson W. Richards, "Diseases of the Bronchi," 917–18, 920–23; Russell L. Cecil, "Pneumococcal Pneumonia," 129.
5. Barbara Cohen Younger, interview, July 15, 2013; Lorna Laroe

Lieberman, interview, July 16, 2013.
6. H. S. Gutowsky, *1972–3 Annual Report, School of Chemical Sciences* (Champaign: University of Illinois Champaign-Urbana, August 1973).
7. Emily Langer, "Nancy Grace Roman, Astronomer, Celebrated as 'Mother' of the Hubble, Dies at 93," *Washington Post*, December 28, 2018.
8. "President Kennedy's Commission on the Status of Women," Washington, DC: PCSW, 1961; and 60.
9. "HUC Demands Cliffies Be Kept Out of Lamont," *Harvard Crimson*, January 4, 1966.
10. Robert W. Topping, *A Century & Beyond: The History of Purdue* (Lafayette, IN: Purdue University Press, 1989), 255, 264.
11. Margaret W. Rossiter, *Women Scientists in America: Before Affirmative Action, 1940-1972*, vol. 2 (Baltimore: Johns Hopkins University Press, 1995), 48-49, 123.
12. Laura L. Mays Hoopes, *Breaking Through the Spiral Ceiling: An American Woman Becomes a DNA Scientist* (Morrisville, NC: Lulu Publishing, 2013), 29-34.
13. Sharon Bertsch McGrayne, *Nobel Prize Women in Science: Their Lives, Struggles, and Momentous Discoveries* (Washington, DC: National Academies Press, 1998), 93-116.
14. McGrayne, *Nobel Prize Women in Science*, 175-200.
15. Douglas Martin, "Yvonne Brill, a Pioneering Rocket Scientist, Dies at 88," *New York Times*, March 30, 2013; Margaret Sullivan, "Gender Questions Arise in Obituary of Rocket Scientist and Her Beef Stroganoff," *New York Times*, March 30, 2013.
16. McGrayne, *Nobel Prize Women in Science*, 144-74.
17. McGrayne, *Nobel Prize Women in Science*, 304-32; Brenda Maddox, *Rosalind Franklin: The Dark Lady of DNA* (New York: HarperCollins, 2002); James O. Watson, *Genes, Girls, and Gamow* (Oxford, UK: Oxford University Press, 2001); Charlotte Hunt-Grubbe, "The Elementary DNA of Dr. Watson," *Sunday Times* (London), October

14, 2007.
18. Adam Rutherford, "He May Have Unravelled DNA, but James Watson Deserves to Be Shunned," *Guardian* (UK), December 1, 2014.
19. Rita R. Colwell, "Alice C. Evans: Breaking Barriers," *Yale Journal of Biology and Medicine 72*, no. 5 (September – October 1999).
20. Rossiter, *Women Scientists in America*, 2 : 128 – 29.
21. University of Georgia yearbook for 1937 and 1938, student records, and Alumni Association; University of Wisconsin Graduate School 1942 – 1945, faculty employment form, Sigma Delta Epsilon scrapbook; University of Maine in Orono, "Workers in Land Grant Colleges and Stations," US Department of Agriculture Miscellaneous Publication 677, Washington, DC, April 1949, 42; July 1959 photograph, thanks to Purdue archivist Stephanie Schmidt and her scientific background and Purdue positions; *Purdue University Bulletin School of Science Announcements* for the years 1952 – 53, 1953 – 54, 1954 – 55, 1955 – 56, 1956 – 57, 1957 – 58, and 1958 – 59, Purdue University, Lafayette, IN.
22. John G. Holt, interview, November 1, 2012; Chiscon, interview.
23. Dale Kaiser and Martin Dworkin, "From Glycerol to the Genome," in *Myxobacteria*, ed. David E. Whitworth (Washington, DC: ASMScience, 2008), 3 – 15.
24. Henry Koffler, interview, January 2, 2013.

2장 | 나 홀로, 패치워크 교육

1. David Stadler, "Herschel Roman and 50 Years of Genetics at the University of Washington" (presentation to the University of Washington Department of Genetics seminar, Seattle, WA, December 14, 1992); Nancy Hopkins, "The Changing Status and Number of Women in Science and Engineering at MIT" (keynote to the MIT150

symposium Leaders in Science and Engineering: The Women of MIT, MIT, Cambridge, MA, March 28, 2011), 4.

2. Linda Eisenmann, *Higher Education for Women in Postwar America 1945-1965* (Baltimore, MD: Johns Hopkins University Press, 2006); Lorraine Daston, interview, Seattle, WA, April 19, 2017.
3. Margaret A. Hall, "A History of Women Faculty at the University of Washington, 1896 – 1970" (PhD diss., University of Washington, 1984), and interview, Bellevue, WA, April 11, 2013; Benjamin D. Hall, interview, Bellevue, WA, April 11, 2013.
4. Viola E. Garfield and Pamela T. Amoss, "Erna Gunther (1896 – 1982)," *American Anthropologist* 86, no. 2 (June 1984).
5. Erik Ellis, "Dixy Lee Ray, Marine Biology, and the Public Understanding of Science in the United States (1930 – 1970)" (PhD thesis, Oregon State University, 2006); Dixy Lee Ray with Lou Guzzo, *Trashing the Planet: How Science Can Help Us Deal with Acid Rain, Depletion of the Ozone, and Nuclear Waste* (Among Other Things) (Washington, DC: Regnery Gateway, 1990).
6. P. A. McLaughlin, "Dora Priaulx Henry (24 May 1904 – 16 June 1999)," *Journal of Crustacean Biology* 20, no. 1 (2000).
7. Arthur H. Whiteley, interview, Seattle, WA, January 9, 2013; Eric Pryne, "Helen R. Whiteley, UW Professor," *Seattle Times*, January 1, 1991; Laura L. Mays Hoopes, interview, April 8, 2015.
8. Hall, *A History of Women Faculty*; Rossiter, *Women Scientists in America*, 2:123 – 28, 138 – 41.
9. Frieda B. Taub, interview, Seattle, WA, December 15, 2012, and emails.
10. Anna W. Berkovitz, interview, April 7, 2014.
11. Pamela G. Coxson, "In Remembrance of Violet Bushwick Haas (1926 – 1986)," *AWM Newsletter* 16, no. 4 (1986): 2 – 3.
12. Al Chiscon and Martha Chiscon, interviews, October 2, 2013.
13. John Liston, interviews, Bothell, WA, May 31 and August 9, 2012.
14. Emmy Klieneberg-Nobel, *Memoirs* (London: Academic Press, 1980),

80 – 81.

15. Howard Wainer and Sam Savage, review of *The Theory That Would Not Die*, by Sharon Bertsch McGrayne, *Journal of Educational Measurement* 49, no. 2 (June 25, 2012).
16. R. R. Colwell and J. Liston, "Taxonomy of Xanthomonas and Pseudomonas," *Nature* 191 (1961): 617 – 19.
17. Tilghman Presidential Speeches, Princeton University, February 28, 2006.
18. Nancy, Bruce, and Karen Gochnauer, interviews, December 2012.
19. Rossiter, *Women Scientists in America*, 2:134, table 6.3.
20. Richard Y. Morita, interview, 2013.
21. George Chapman, interviews, August 13 and 22, 2012, and letter, August 29, 2012.
22. Sarah P. Gibbs, "Fighting for My Own Agenda: A Life in Science," in *Our Own Agendas: Autobiographical Essays by Women Associated with McGill University*, eds. Margaret Gillett and Ann Beer (Montreal: McGill – Queen's University Press, 1995).
23. Confidential interview, August 30, 2016.
24. Rossiter, *Women Scientists in America*, 2:134, table 6.3.
25. Artrice F. Valentine Bader, interviews, March 5 and 20, 2018.
26. Chapman, interviews and letter; Father Joseph Allen Panuska, interview, August 18, 2010.

3장 | 자매애가 필요해

1. Bernie "Bunny" Sandler, "'Too Strong for a Woman'—The Five Words That Created Title IX," *Equity & Excellence in Education* 33, no. 1 (April 2000), and "Title IX: How We Got It and What a Difference It Made," *Cleveland State Law Review* 55, no. 473 (2007); www.bernicesandler.com; Rossiter, *Women Scientists in America*, 2:374 – 77, and vol. 3, *Forging a New World Since 1972*, xvii – xviii,

21–22.

2. Jonathan Spivak, "New Higher-Education Bill Provides More Funds, but Sex-Bias Section Could Spark Controversy," *Wall Street Journal*, July 13, 1972.
3. Sandler, "Title IX," 486.
4. Rossiter, *Women Scientists in America*, 3:26, 31.
5. Ben A. Barres, emails to McGrayne, September 11, 16, 18, and 19, 2016. Also Barres, "Does Gender Matter?", *Nature* 442 (July 13, 2006), "Some Reflections on the 'Dearth' of Women in Science" (lecture, Harvard University, March 17, 2008), letter to the editor, *New York Times*, August 12, 2017, and *The Autobiography of a Transgender Scientist* (Cambridge, MA: MIT Press, 2018). Also about Barres: Shankar Vedantam, "Male Scientist Writes of Life as Female Scientist," *Washington Post*, July 13, 2006; Amy Adams, "Barres Examines Gender, Science Debate and Offers a Novel Critique," *Stanford Report*, July 26, 2006; Niuniu Teo, "Transgender Professor Advocates for Women in Science," *Stanford Daily*, October 4, 2013; Neil Genzlinger, "Ben Barres, Neuroscientist and Equal-Opportunity Advocate, Dies at 63," *New York Times*, December 29, 2017; Matt Schudel, "Ben Barres, Transgender Brain Researcher and Advocate of Diversity in Science, Dies at 63," *Washington Post*, January 2, 2018.
6. Rossiter, *Women Scientists in America*, 3:33.
7. Eugenie Clark, *Lady with a Spear* (New York: Harper & Row, 1951), *The Lady and the Sharks* (New York: Harper & Row, 1969), and email, January 24, 2013.
8. Neena B. Schwartz, *A Lab of My Own* (New York: Rodopi, 2010), 118.
9. Huang, interviews, April 13, 2014, and May 17, 2019.
10. Katy Steinmetz, "Esther Lederberg and Her Husband Were Both Trailblazing Scientists and Why More People Heard of Him," *Time*, April 11, 2019; Rossiter, *Women Scientists in America*, 2:118, 155, 331; *American Men and Women of Science 1992–1993*, 18th ed. (New

Providence, NJ: R. R. Bowker, 1992).
11. Hans Selye, "Who Should Do Research," in *From Dream to Discovery: On Being a Scientist* (New York: McGraw-Hill, 1964).
12. Eva Ruth Kashket et al., "Status of Women Microbiologists: A Preliminary Report," *Science* 183, no. 4124 (February 8, 1974): 488 – 94; Mary Louise Robbins, "Status of Women Microbiologists: A Preliminary Report," *ASM News* 37 (1971): 34 – 40.
13. "Committee on Women Enters Second Quarter Century," *ASM News* 63, no. 3 (1996): 148 – 89.
14. Huang, interview April 13, 2014; Linda Eisenmann, *Higher Education for Women in Postwar America, 1945–1965* (Baltimore: Johns Hopkins University Press, 2006), 179 – 205; Karen W. Arenson, "Mary Bunting-Smith, Ex-President of Radcliffe, Dies at 87," *New York Times*, January 23, 1998.
15. Schwartz, *A Lab of My Own*, 110; Lisa Lepson, "Judith Graham Pool 1919 – 1975," *Jewish Women: A Comprehensive Historical Encyclopedia*, Jewish Women's Archive, February 27, 2009, https://jwa.org/encyclopedia/article/pool-judith-graham.
16. Schwartz, *A Lab of My Own*, 71.
17. Rossiter, *Women Scientists in America*, 3:3 – 4; Schwartz, *A Lab of My Own*, 110 – 11.
18. Rossiter, *Women Scientists in America*, 3:29 – 40.
19. Crandle and Louden letter, in Colwell: Presidential : Boards (PSAB): folder 20, ASM Archives, Center for the History of Microbiology/ASM Archives (CHOMA), University of Maryland, Baltimore County.
20. Jeff Karr (ASM archivist), email, July 9, 2014.
21. Sara Buckley, "Women Make Gains in Independent Films," *New York Times*, June 19, 2019.
22. Sara Rothman, interview, June 19, 2014.
23. Letter to Frederick Neidhardt, June 14, 1982, ASM Archives.
24. Frederick C. Neidhardt, interview, May 2014, and "Status of

Women in ASM," *ASM Newsletter* (October 1982), ASM Archives.
25. Anne Morris-Hooke, interview, May 5, 2014.
26. Jean E. Brenchley, interview, April 18, 2014.
27. John C. Sherris, letter to Viola Mae Young-Horbath, July 6, 1984, in Colwell: Presidential: Boards (PSAB): folder 20, ASM Archives.
28. Viola Mae Young-Horvath, letter to John C. Sherris, July 20, 1984, in Colwell: Presidential: Boards (PSAB): folder 20, ASM Archives.
29. Morris-Hooke, interview; Rothman, interview.
30. Barbara H. Iglewski, interview, August 14, 2014.
31. Samantha Joye, interview, September 4, 2015.
32. Kelly Marjorie M. Cowan, interview, May 25, 2017.

4장 | 태양 빛의 힘

1. Nancy Hopkins, "The Changing Status and Number of Women in Science and Engineering at MIT" (keynote to the MIT150 symposium Leaders in Science and Engineering: The Women of MIT, MIT, Cambridge, MA, March 28, 2011), and afterword to chapter 8 of *Becoming MIT: Moments of Decision*, ed. David Kaiser (Cambridge, MA: MIT Press, 2010), 187–92.
2. Nancy Hopkins, interview with Colwell and McGrayne, January 25, 2018.
3. Hopkins, "The Changing Status," 5, 7, 13.
4. "Report of the Visiting Team to the Commission on Institutions of Higher Education of the New England Association of Schools and Colleges on the Subject of the Educational Program at Massachusetts Institute of Technology," April 8–11, 1979. Submitted by Visiting Team Chairman, in the records of the Office of the Provost (AC0007), box 44, folder: New England Association of Schools and Colleges.
5. Hopkins, "The Changing Status," 9–10ff. 232

6. Nancy Hopkins, "Reflecting on Fifty Years of Progress for Women in Science," *DNA and Cell Biology* 34, no. 3 (2015).
7. Christiane Nüsslein-Volhard, interview, Tübingen, Germany, April 23, 1998; Sharon Bertsch McGrayne, *Nobel Prize Women in Science*, 2nd ed. (New York: Basic, 1998), 380–408.
8. Nancy Hopkins, interview, March 20, 1998.
9. Nancy Hopkins, interview, January 10, 2019; Robin Wilson, "An MIT Professor's Suspicion of Bias Leads to a New Movement for Academic Women," *Chronicle of Higher Education*, December 3, 1999.
10. Hopkins, interview, January 25, 2018.
11. Andrew Lawler, "Tenured Women Battle to Make It Less Lonely at the Top," *Science* 286, no. 5443 (November 12, 1999).
12. Hopkins, interviews, July 10, 2019, and January 25, 2018; Hopkins, "The Changing Status," 10.
13. Hopkins, interview, January 25, 2018.
14. Lawler, "Tenured Women Battle"; MIT Museum, "A Study on the Status of Women Faculty in Science at MIT, 1996–1999," MIT, 2011.
15. Wilson, "An MIT Professor's Suspicion of Bias"; Corie Lok, "Nancy Hopkins Named Xconomy's 2018 Lifetime Achievement Award Winner," *Xconomy*, July 24, 2018.
16. Hopkins, "The Changing Status," 12–13.
17. Hopkins, "The Changing Status," 16, and "Reflecting on Fifty Years of Progress for Women in Science."
18. Hopkins, "The Changing Status."
19. Lawler, "Tenured Women Battle."
20. Lawler, "Tenured Women Battle"; Robert Birgeneau, interview with Colwell and McGrayne, June 6, 2019.
21. Birgeneau, interview, June 6, 2019.
22. Wilson, "An MIT Professor's Suspicion of Bias."
23. Wilson, "An MIT Professor's Suspicion of Bias"; Genevieve

Wanucha, "Women in Marine Science Seize the Day," Oceans at MIT, October 9, 2014, http://oceans.mit.edu/featured-stories / women-marine-science.html.
24. *MIT Faculty Newsletter* Special Edition, XI no. 4, March 1999; Hopkins, interview, January 25, 2018.
25. Lotte Bailyn, "Putting Gender on the Table," in *Becoming MIT: Moments of Decision*, ed. David Kaiser (Cambridge, MA: MIT Press, 2014); Kate Zernike, "MIT Women Win Fight Against Bias; In a Rare Move, School Admits Discrimination Against Female Professors," *Boston Globe*, March 21, 1999; Carey Goldberg, "MIT Admits Discrimination Against Female Professors," *New York Times*, March 23, 1999.
26. "Barriers to Equality in Academia: Women in Computer Science at MIT; Prepared by Female Graduate Students and Research Staff in the Laboratory of Computer Science and the Artificial Intelligence Lab at MIT," MIT, February 1983.
27. Hopkins, interview, January 25, 2018.
28. Editorial, "Gender Bender," *Wall Street Journal*, December 29, 1999; Bailyn, "Putting Gender on the Table."
29. "Vest, Birgeneau, Answer News Critique of MIT Gender Study," *MIT Tech Talk*, January 12, 2000.
30. Bailyn, "Putting Gender on the Table"; Zernike, "Gains, and Drawbacks, for Female Professors"; Hopkins, speaking at the Rosalind Franklin Society annual meeting, December 17, 2014.
31. "A Study on the Status of Women Faculty in Science at MIT," 1999, 7.
32. Wilson, "An MIT Professor's Suspicion of Bias."
33. Marcia McNutt, interview at Philosophical Society of Washington, Washington, DC, January 5, 2018.
34. Bailyn, "Putting Gender on the Table"; Hopkins, interview; Birgeneau, interview; Penny Chisholm, interview, June 18, 2019.
35. Wanucha, "Women in Marine Science Seize the Day."

36. Shirley Tilghman, interview, May 21, 2019.
37. Hopkins, speaking at the Rosalind Franklin Society annual meeting, December 17, 2014.
38. Marcia K. McNutt, interview, Philosophical Society of Washington, Washington, DC, January 5, 2018.
39. Lotte Bailyn, "Putting Gender on the Table."
40. Nancy Hopkins, interview with Colwell and McGrayne, March 15, 2018.
41. Hopkins, speaking at the Rosalind Franklin Society annual meeting, December 17, 2014; Lydia J. Snover (director, institutional research, Office of the Provost, MIT), email, June 12, 2019.

5장 | 콜레라

1. Stan D'Souza and Lincoln C. Chen, "Sex Differentials in Mortality in Rural Bangladesh," *Population and Development Review* 66, no. 2 (June 1980); Lincoln Bin Chen et al., "Sex Bias in the Family Allocation of Food & Health Care in Rural Bangladesh," *Population and Development Review* 7, no. 1 (March 1981). We are indebted to Anwar Huq for these references.
2. Richard A. Cash et al., "Response of Man to Infection with Vibrio cholerae. I. Clinical, Serologic, and Bacteriologic Responses to a Known Inoculum," *Journal of Infectious Diseases* 129, no. 1 (January 1, 1974).
3. William "Buck" Greenough, interview, Baltimore, MD, March 21, 2013.
4. Christopher Hamlin, *Cholera: The Biography* (Oxford, UK: Oxford University Press, 2009), 9, 160.
5. Charles E. Rosenberg, *The Cholera Years* (Chicago: University of Chicago, 1962); Hamlin, *Cholera*, 179 – 208.
6. S. M. McGrayne, "Clean Water and Edward Frankland," in

Prometheans in the Lab: Chemistry and the Making of the Modern World (New York: McGraw-Hill, 2001), 43 – 57.

7. Hamlin, *Cholera*, 209 – 66.
8. Fred L. Singleton, "Effects of Temperature and Salinity on Vibrio cholerae Growth," *Applied and Environmental Microbiology* 44, no. 5 (December 1982).
9. Thomas S. Kuhn, *The Structure of Scientific Revolutions* (Chicago: University of Chicago Press, 1962).
10. Max Planck, *Scientific Autobiography and Other Papers*, trans. F. Gaynor (New York: Philosophical Library, 1950), 33 – 34.
11. Robert Pollitzer, *Cholera* (Geneva, Switzerland: World Health Organization, 1959).
12. Frances Adelia Hallock, "The Coccoid Stage of Vibrios," *Transactions of the American Microscopical Society* 78, no. 2 (April 1959); "Coccoid Stage of Vibrio comma," *Transactions of the American Microscopical Society* 79, no. 3 (July 1960); "The Life Cycle of Vibrio alternans (sp. nov)," *Transactions of the American Microscopical Society* 79, no. 4 (October 1960). About Hallock: Hallock, 1940 Census, New York City; Sloan-Kettering Memorial Hospital, "Halter Retires after Third of Century on Hospital Staff," *Fourfront* 4, no. 5 (February 1961); archivists Leslie Fields, Mount Holyoke College; Louise S. Sherby and Christopher Browne, Hunter College; James Stimpert, Johns Hopkins University; and Jeanne d'Agostino, Sloan-Kettering Memorial Hospital.
13. Carl H. Oppenheimer, ed., *Marine Biology IV: Proceedings of the Fourth International Interdisciplinary Conference: Unresolved Problems in Marine Microbiology* (New York: The New York Academy of Sciences, 1968).
14. R. V. Citarella and R. R. Colwell, "Polyphasic Taxonomy of the Genus Vibrio: Polynucleotide Sequence Relationships among Selected Vibrio Species," *Journal of Bacteriology* 104, no. 1 (October 1970): 434 – 42.

15. R. R. Colwell, "Polyphasic Taxonomy of the Genus Vibrio: Numerical Taxonomy of Vibrio cholerae, Vibrio parahaemolyticus, and Related Vibrio Species," *Journal of Bacteriology* 104, no. 1 (October 1970): 410–33.
16. Harold E. Varmus, *The Art and Politics of Science* (New York: W. W. Norton, 2009).
17. W. E. van Heyningen and John R. Seal, *Cholera: The American Scientific Experience* 1947–1980 (Boulder, CO: Westview Press, 1983), 169–71.
18. J. Robert Willson, Clayton R. Beecham, and Elsie Reid Carrington, *Gynecology*, 3rd ed. (St. Louis, MO: C. V. Mosby Co., 1973), 47–49.
19. Florence P. Haseltine, interview, September 25, 2016, and Haseltine, ed., *Women's Health Research: A Medical and Policy Primer* (Washington, DC: American Psychiatric Press, 2005); Pat Schroeder, interview, May 5, 2018, and Schroeder, *24 Years of House Work... and the Place Is Still a Mess* (Kansas City, MO: Andrews McMeel, 1998); John A. Kastor, *The National Institutes of Health* 1991–2008 (New York: Oxford University Press, 2010); Bernadine Healy, *A New Prescription for Women's Health: Getting the Best Medical Care in a Man's World* (New York: Penguin Books, 1996), 1–27.
20. Tatsuo Kaneko and R. R. Colwell, "Incidence of Vibrio parahaemolyticus in Chesapeake Bay," *Journal of Applied Microbiology* 30, no. 2 (1975): 251–57.
21. Elizabeth Shelton, "Bacteria Infect Bay's Seafood," *Washington Post*, August 29, 1970; U.S. Department of the Interior, Bureau of Commercial Fisheries, with Biological Laboratory, Oxford, MD, "Microbiology of Marine and Estuarine Invertebrates," Contract 14-17-0003-149, January 1, 1966–February 28, 1970, $83,000; and National Oceanic and Atmospheric Administration (Sea Grant Program), "Vibrio parahaemolyticus and Related Organisms in Chesapeake Bay—Isolation, Pathogenicity and Ecology," Grant 04-3-1587, August 15, 1972–August 14, 1974, $116,100.

22. R. R. Colwell, James B. Kaper, and S. W. Joseph, "Vibrio cholerae, Vibrio parahaemolyticus, and Other Vibrios: Occurrence and Distribution in Chesapeake Bay," *Science* 198, no. 4315 (October 28, 1977): 394 – 6.
23. John G. Holt, interview, November 1, 2012.
24. James B. Kaper, interview, Baltimore, MD, March 19, 2013; Ronald Sizemore, interview, August 8, 2014; Huq, interview, February 7, 2013.
25. Anwar Huq, interview, February 7, 2013, and Huq et al., "Ecological Relationships between Vibrio cholerae and Planktonic Crustacean Copepods," *Applied and Environmental Microbiology* 45, no. 1 (January 1983): 275 – 83.
26. Jack H. Colwell, interviews, Bethesda, MD, April 18 and November 29, 2017.
27. William "Buck" Greenough, interview, Baltimore, MD, March 21, 2013.
28. Kaper, interview, Baltimore, MD, March 19, 2013, and Kaper et al., "Molecular Epidemiology of Vibrio cholerae in the U.S. Gulf Coast," *Journal of Clinical Microbiology* 16, no. 1 (1982).
29. Huai Shu Xu et al., "Survival and Viability of Nonculturable Escherichia coli and Vibrio cholerae in the Estuarine and Marine Environment," *Microbial Ecology* 8, no. 4 (1982): 313 – 23.
30. Samuel W. Joseph, interview, March 1, 2017.
31. Darlene Roszak MacDonell, interviews, August 27, 2015, and May 7, 2017, and Roszak and R. R. Colwell, "Survival Strategies of Bacteria in the Natural Environment," *Microbiological Reviews* 51, no. 3 (September 1987).
32. Charles Somerville and Ivor T. Knight, interviews, March 6, 2018; I. T. Knight, J. DiRuggiero, and R. R. Colwell, "Direct Detection of Enteropathogenic Bacteria in Estuarine Water Using Nucleic Acid Probes," *Water Scientific Technology* 24, no. 2 (1991): 261 – 66.
33. R. R. Colwell et al., "Viable but Non-culturable Vibrio 237

cholerae O1 Revert to a Cultivable State in the Human Intestine," *World Journal of Microbiological Biotechnology* 12, no. 1 (1996): 28 – 31.
34. Jim Oliver, "Healthy Waters, Healthy People: A Tribute to Rita Colwell," *Microbe* 11, no. 4 (May 30, 2015).
35. R. R. Colwell, "Global Climate and Infectious Disease: The Cholera Paradigm," *Science* 274, no. 5295 (December 20, 1996): 2025 – 31.
36. R. R. Colwell, "Cholera and the Environment: A Classic Model for Human Pathogens in the Environment" (speech delivered at the American Association for the Advancement of Science annual meeting, Seattle, WA, February 14, 2004).
37. Michelle L. Trombley, "Strategy for Integrating a Gendered Response in Haiti's Cholera Epidemic" (briefing note, UNICEF Haiti Child Protection Section/Gender-Based Violence Program, December 2, 2010).
38. R. A. Cash et al., "Bacteriologic Responses to a Known Inoculum," *Journal of Infectious Diseases* 129, no. 11 (January 1, 1974).
39. M. F. Hossain, "Arsenic Contamination in Bangladesh: An Overview," *Agriculture Ecosystems and Environment* 113, no. 1 (April 2006).
40. Anwar Huq et al., "A Simple Filtration Method to Remove Plankton-Associated Vibrio cholerae in Raw Water Supplies in Developing Countries," *Applied and Environmental Microbiology* 62, no. 7 (July 1996); Anwar Huq et al., "Simple Sari Cloth Filtration of Water Is Sustainable and Continues to Protect Villagers from Cholera in Matlab, Bangladesh," *mBio* 18, no. 1 (2010).
41. Centers for Disease Control and Protection, "Cholera in Haiti," www.cdc.gov/cholera/haiti/index.html, accessed February 14, 2019.
42. Nur A. Hasan et al., "Genomic Diversity of 2010 Haitian Cholera Outbreak Strains," *PNAS* 109, no. 29 (July 17, 2012).
43. Jie Liu et al., "Pre-Earthquake Non-Epidemic Vibrio cholerae in Haiti," *Journal of Infection in Developing Countries* 8, no. 1 (2014):

120–22.
44. Antarpreet S. Jutla et al., "Environmental Factors Influencing Epidemic Cholera," *American Journal of Tropical Medicine and Hygiene* 89, no. 3 (September 4, 2013): 597–607.
45. Brianna Lindsey 238 et al., "Diarrheagenic Pathogens in Polymicrobial Infections," *Emerging Infectious Disease* 17, no. 4 (April 2011).
46. Noémie Matthey et al., "Neighbor Predation Linked to Natural Competence Fosters the Transfer of Large Genomic Regions in Vibrio cholerae," *eLife* 8 (2019), DOI 10.7554/eLife.48212; Nik Papageorgiou, "The Cholera Bacterium Can Steal Up to 150 Genes in One Go," *EPFL*, October 8, 2019, https://actu.epfl.ch/news/the-cholera-bacterium-can-steal-up-to-150-genes—3/.
47. World Health Organization, "Number of Reported Cholera Cases," Global Health Observatory data, 2019.
48. Luigi Vezzulli et al., "Climate Influence on Vibrio and Associated Human Diseases during the Past Half-Century in the Coastal North Atlantic," *PNAS* 113, no. 34 (August 23, 2016).
49. Brad Lobitz et al., "Climate and Infectious Disease: Use of Remote Sensing for Detection of Vibrio cholerae by Indirect Measurement," *PNAS* 97, no. 4 (February 15, 2000).
50. Guillaume Constantin de Magny et al., "Environmental Signatures Associated with Cholera Epidemics," *PNAS* 105, no. 46 (November 18, 2008); Timothy E. Ford et al., "Using Satellite Images of Environmental Changes to Predict Infectious Disease Outbreaks," *Emerging Infectious Diseases* 15, no. 9 (2009).
51. Steve Cole, "NASA Investment in Cholera Forecasts Helps Save Lives in Yemen," *NASA*, press release, August 27, 2018, https://www.nasa.gov/press-release/nasa-investment-incholera-forecasts-helps-save-lives-in-yemen; Civil Service Awards 2019 (UK), "Fergus McBean," civilserviceawards.com/award-nominee/Fergus-McBean.

6장 | 더 많은 여성 = 더 나은 과학

1. Official NSF appointment calendar for the director, courtesy of Kay Risen; Gaffney, phone interview with Colwell, n.d.
2. Kathleen Crane, *Sea Legs: Tales of a Woman Oceanographer* (Boulder, CO: Westview Press, 2003), 293–98; Enrico Bonatti and Kathleen Crane, "Oceanography and Women: Early Challenges," *Oceanography* 25, no. 4 (October 2, 2015).
3. Margo H. Edwards, interview, June 11, 2018, and Edwards and Bernard J. Coakley, "The SCICEX Program: Arctic Ocean Investigations from a U.S. Navy Nuclear-Powered Submarine," *Arctic Research of the United States* 18 (September 22, 2004).
4. Office of Naval Research, "USS HAWKBILL in Transit to Arctic Ocean for SCICEX 99," press release, March 24, 1999.
5. M. H. Edwards, interview and emails; Edwards and Bernard J. Coakley, "The SCICEX Program Arctic Ocean: Investigations from a U.S. Navy Nuclear-Powered Submarine," n.d.; Dan Steele, "Punching through the Ice Pack," *Professional Mariner*, no. 551 (October/November 2000), www.usshawkbill.com/scicex99.htm; Office of Naval Research, "USS HAWKBILL in Transit to Arctic Ocean for Scicex 99," March 24, 1999; and www.usshawkbill.com. R. R. Colwell, "Polar Connections" (speech delivered at the University Corporation for Atmospheric Research/National Center for Atmospheric Research 40th anniversary and National Science Foundation 50th anniversary celebration, June 19, 2000), NSF Archives, Colwell speeches.
6. L. Polyak et al., "Ice Shelves in the Pleistocene Arctic Ocean Inferred from Glaciogenic Deep-Sea Bedforms," *Nature* 410, no. 6827 (March 22, 2001): 453–57.
7. Jerri Nielsen and Maryanne Vollers, *Ice Bound: A Doctor's Incredible Battle for Survival at the South Pole* (New York: Hyperion, 2001).
8. Paul Vitello, "John S. Toll Dies at 87; Led Stony Brook University,"

New York Times, July 18, 2011.

9. David R. Hekman et al., "Does Diversity-Valuing Behavior Result in Diminished Performance Ratings for Nonwhite and Female Leaders?" *Academy of Management Journal* 60, no. 2 (March 3, 2016).
10. Jeremy Berg, "Editorial: Revolutionary Technologies," *Science* 361, no. 6405 (August 31, 2018).
11. Enrico Moretti, *The New Geography of Jobs* (Boston: Houghton Mifflin Harcourt, 2013).
12. Vannevar Bush, *Science: The Endless Frontier*: A Report to the President on a Program for Postwar Scientific Research (Washington, DC: U.S. Government Printing House, 1945).
13. Adam Liptak, "As Gays Prevail in Supreme Court, Women See Setbacks," *New York Times*, August 4, 2014.
14. Philip Galanes, "A Power Lunch, Times Two," *New York Times*, April 4, 2014.
15. Stephen Fiedler, "Women in Stem: Q&A with Dr. Denise Faustman of MGH," *SciTech Connect* (blog), Elsevier, March 6, 2014.
16. A. W. Woolley, T. W. Malone, and C. F. Chabris, "Why Some Teams Are Smarter Than Others," *New York Times*, January 16, 2015; A. W. Woolley and T. W. Malone, "What Makes a Team Smarter? More Women," *Harvard Business Review* 89, no. 6 (2011): 32–33.
17. Joseph Bordogna, interview, June 6, 2013; NSF ed., *The Power of Partnerships: A Guide from the NSF Graduate STEM Fellows in K12 Education (GK12) Program* (Washington, DC: American Academy for the Advancement of Science, 2013) provides a guide for creating programs similar to the NSF's GK-12 program.
18. Ruzena Bajcsy, interview, September 24, 2018; Ruzena Bajcsy, an oral history conducted by Janet Abbate, Berkeley, CA, July 9, 2002, for the IEEE History Center (IEEE History Center Oral History Program interview #575).
19. National Research Council, *The Mathematical Sciences* in 2025

(Washington, DC: National Academies Press, 2013), appendix A; Philippe Tondeur, interview, September 18, 2018, and Tondeur, "NSF: A Wake-Up Call," *Notices of the American Mathematical Society* 52, no. 6 (June/July 2005).

20. Rita Colwell, testimony before the Senate Appropriations Committee Subcommittee on VA/HUD and Independent Agencies, May 4, 2000.
21. Mary E. Clutter, interview, August 17, 2013; AD/BBS Circular No. 14, NSF, January 23, 1989; Marcia Clemmit, "Toughest Federal Science Jobs Elude Women," *The Scientist*, October 15, 1990; W. Franklin Harris, "NSF Policy," letter to the editor, *The Scientist*, December 10, 1990.
22. Joseph Bordogna, interview, Philadelphia, June 6, 2013.
23. Margaret Leinen, interview, January 3, 2019.
24. Bordogna, interview.
25. Bordogna, interview; Sue V. Rosser, *Academic Women in STEM Faculty: Views Beyond a Decade After POWRE* (New York: Springer, 2017); Diana Bilimoria and Xiangfen Liang, *Gender Equity in Science and Engineering: Advancing Chang in Higher Education* (New York: Routledge, 2014), 7-14; "2003 Survey of Doctorate Recipients," NSF Division of Science Resources Statistics.
26. Rita Colwell, interview by Bill Aspray, July 31, 2017, transcript, National Science Foundation Directorate for Computer and Information Science and Engineering.
27. Hearing Summary: Senate Committee on Health, Education, Labor and Pensions National Science Foundation Fiscal 2003 Budget Request, June 19, 2002, www.nsf.gov/about/congress/107/hs_061902help.jsp.
28. 내가 NSF 총재로 부임해 2004년 떠날 때까지 NSF 예산은 34억3천만 달러에서 55억8900만 달러로 63퍼센트 증가했다. 다음은 내 재임 동안 NSF의 연간 예산과 전년 대비 예산 증가율이다(모든 수치는 NSF의 국립과학기술통계센터에서 제공).

1998년 34억3063만 달러 (임기 시작)
1999년 36억7605만 달러 (7.15퍼센트 증가)
2000년 39억1200만 달러 (6.41퍼센트 증가)
2001년 44억3057만 달러 (13.26퍼센트 증가)
2002년 48억2335만 달러 (8.87퍼센트 증가)
2003년 53억2309만 달러 (10.36퍼센트 증가)
2004년 55억8886만 달러 (4.99퍼센트 증가)

7장 | 탄저균 편지

1. John R. Phillips, interview, Oakton, Virginia, March 20, 2013, and emails.
2. 나는 빌 클린턴 행정부 시절 앨 고어 부통령과 CIA의 린다 잘이 조직한 메데아MEDEA라는 태스크포스의 일원이었다. 메데아는 조지 부시 행정부 시절 해체되었다가 2008년 버락 오바마 대통령 당선 직후 다이앤 파인스타인 상원의원에 의해 재결성되었다. Phillips, interview; Linda Zall, interview, n.d.; John M. Deutch, "The Environment on the Intelligence Agenda" (speech delivered at the World Affairs Council, Los Angeles, CA, July 25, 1996).
3. Jacob Weisberg, *The Bush Tragedy* (New York: Random House, 2008), 190–91.
4. Centers for Disease Control and Prevention, "Anthrax: The Threat," www.CDC.gov/anthrax/bioterrorism/threat.html; David Willman, *The Mirage Man: Bruce Ivins, the Anthrax Attacks, and America's Rush to War* (New York: Bantam Books, 2011), 15, 85; paperback with new title, *The Ames Strain: The Mystery Behind America's Most Deadly Bioterror Attack* (Brooklyn, NY: February Books, 2014).
5. World Health Organization, *Anthrax in Humans and Animals*, 4th ed. (Geneva, Switzerland: World Health, 2008).
6. William Broad, "CIA Is Sharing Data with Climate Scientists," *New York Times*, January 4, 2010; Aant Elzinga, ed., *Changing Trends in*

Antarctic Research (The Netherlands: Springer, 1993).
7. Phillips, interview, Oakton, Virginia, March 20, 2013, and emails.
8. Scott Decker, interview, January 15, 2015; B. Budowle, S. E. Schutzer, and R. G. Breeze, eds., *Microbial Forensics*, 1st ed. (The Netherlands: Elsevier Academic Press, 2005); R. R. Colwell, "Forward," in *Microbial Forensics*, eds. Budowle et al.; S. A. Morse and B. Budowle, "Microbial Forensics: Application to Bioterrorism Preparedness and Response," *Infectious Disease Clinics of North America* 20, no. 2 (2006): 455–73.
9. George W. Bush, *Decision Points* (New York: Crown Publishing, 2010), 157–58; Leonard A. Cole, *The Anthrax Letters: A Bioterrorism Expert Investigates the Attacks That Shocked America* (New York: Skyhorse Publishing, 2009), 117; A. Scorpio et al., "Anthrax Vaccines: Pasteur to the Present," *Cellular and Molecular Life Sciences* 63, no. 19–20 (October 2006): 2237–48; Weisberg, *The Bush Tragedy*, 190–91; Fred Charatan, "Bayer Cuts Price of Ciprofloxacin After Bush Threatens to Buy Generics," *British Medical Journal* (BMJ) 323, no. 7320 (2008); L. M. Wein, D. L. Craft, and E. H. Kaplan, "Emergency Response to an Anthrax Attack," *PNAS* 100, no. 7 (April 1, 2003).
10. G. F. Webb, "A Silent Bomb: The Risk of Anthrax as a Weapon of Mass Destruction," *PNAS* 100, no. 8 (April 15, 2003): 4355–56.
11. Talima Pearson et al., "Phylogenetic Discovery Bias in Bacillus anthracis Using Single-Nucleotide Polymorphisms from Whole-Genome Sequencing," *PNAS* 101, no. 37 (September 14, 2004): 13536–41; P. Keim and K. L. Smith, "Bacillus anthracis Evolution and Epidemiology," in *Anthrax* (Current Topics in Microbiology and Immunology) vol. 271, ed. T. M. Koehler (Berlin: Springer, 2002), 21–32.
12. Martin Enserink and Andrew Lawler, "Research Chiefs Hunt for Details in Proposal for New Department," *Science* 296, no. 5575 (June 14, 2002): 1944–45.
13. Claire M. Fraser, interview, April 4, 2013.

14. L. M. Bush et al., "Index Case of Fatal Inhalational Anthrax Due to Bioterrorism in the United States," *New England Journal of Medicine* 345 (November 29, 2001): 1607–10.
15. T. V. Inglesby et al., "Anthrax as a Biological Weapon, 2002: Updated Recommendations for Management," *JAMA* 287 (2002): 2236–52; P. Keim et al., "Molecular Investigation of the Aum Shinrikyo Anthrax Release in Kameido, Japan," *Journal of Clinical Microbiology* 39, no. 12 (December 2001): 4566–67; Raymond A. Zilinskas, "The Soviet Biological Warfare Program and Its Uncertain Legacy," *Microbe* 9, no. 5 (2014): 191–97; Matthew Meselson et al., "The Sverdlovsk Anthrax Outbreak of 1979," *Science* 266, no. 5188 (November 18, 1994).
16. Bella English, "Struggles Remain for Victim of Anthrax Attack," *Boston Globe*, September 16, 2012.
17. Willman, *The Mirage Man*, 423, endnote 6; Michael R. Kuhlman, interview, November 18, 2015.
18. NSF, NSF Archives Award Abstract #0202304 (October 26, 2001).
19. "Gov. Ridge, Medical Authorities Discuss Anthrax," press briefing transcript, October 25, 2001, https://georgewbush-whitehouse.archives.gov/news/releases/2001/10/20011025.-4.html.
20. Paul L. Jackson, interview, September 5, 2014.
21. Paul Keim, interview, April 19, 2013; Phillips, interview, March 22, 2013.
22. Jeanne Guillemin, *American Anthrax: Fear, Crime, and the Investigation of the Nation's Deadliest Bioterror Attack* (New York: Macmillan, 2011), 146–47.
23. Kuhlman, interview.
24. Terry Abshire, interviews, June 18 and July 29, 2014.
25. Richard Cohen, "Our Forgotten Panic," *Washington Post*, July 22, 2014.
26. Thomas A. Cebula, interview, April 10, 2013.
27. Ari A. N. Patrinos, interview, May 2, 2013.

28. NSF, 정보공동체와 필립스 CIA 수석 과학자 사무실, 법무부와 FBI, NIH(CDC, 국립알레르기전염병연구소), 국토안보부와 하위 조직, 국방첨단과학기술연구소, 에너지부로 구성되었다. 국립생물학방위분석대응센터, FDA, 환경보호국, 육군전염병연구소, 국방위협감소국, 국방부의 생물무기 대응에 관한 의료 기술 혁신 이니셔티브, 해군의료연구센터, 에지우드생화학센터, 국가안보국은 나중에 합류했다.
29. Keim, interview; Ronald. A. Walters, interview, March 15, 2013; Daniel Drell, interview, May 3, 2013.
30. Maria Giovanni, email, December 15, 2017.
31. Willman, *The Mirage Man*, 138–39.
32. National Research Council, *Approaches Used During the FBI's Investigation of the 2001 Anthrax Letters* (Washington, DC: National Academies Press, 2011).
33. Bruce Budowle, interview, October 2014.
34. Keim, interview; Timothy D. Read, interview, April 16, 2013; Jacques Ravel, interview, March 25, 2013; Steven L. Salzberg, interview, January 2015, and email, July 23, 2019; Mihai Pop, interview, July 24, 2019; Adam Phillippy, interview, July 2019.
35. Scott T. Stanley, interview, January 15, 2015; R. Scott Decker, "Amerithrax: The Realization of Biological Terrorism," *The Grapevine*, October 2014.
36. Willman, *The Mirage Man*, 252–53; Ravel, interview, March 10, 2015.
37. Ravel, interview.
38. US Department of Justice, *The Science: Anthrax Press Briefing* (August 18, 2008); US Department of Justice, *Amerithrax Investigative Summary* (February 19, 2010), 25–26; Willman, *The Mirage Man*, 255.
39. Gregory Saathoff, *Amerithrax Case: The Report of the Expert Behavioral Analysis Panel* (Montreal: Libly, August 20, 2010), 8, 11.
40. US Department of Justice, *Amerithrax Investigative Summary*, 1.
41. W. F. Fricke, D. A. Rasko, and J. Ravel, "The Role of Genomics

in the Identification, Prediction, and Prevention of Biological Threats," *PLOS Biology* 7, no. 10 (October 2009); S. J. Joseph and T. D. Read, "Bacterial Population Genomics and Infectious Disease Diagnostics," *Trends in Biotechnology* 28, no. 12 (December 2010): 611–18.

8장 | 올드 보이 클럽에서 영 보이 클럽, 다시 자선사업가로

1. Katie Langin, "Private Sector Nears Rank of Top PhD Employer," *Science* 363, no. 6432 (March 15, 2019): 1135.
2. Gina Kolata, "So Many Research Scientists, So Few Openings as Professors," *New York Times*, July 14, 2016.
3. "The Promise of Future Leadership: Highly Talented Employees in the Pipeline," Catalyst, February 2001.
4. C. C. Miller, K. Quealy, and M. Sanger-Katz, "The Top Jobs Where Women Are Outnumbered by Men Named John," *New York Times*, April 24, 2018; Shawn Tully, "Outnumbered by Jeffreys," *Fortune*, June 28, 2019.
5. David Segal and Amie Tsang, "Call in the Woman: Lagarde to Steer Europe in Rough Economic Seas," *New York Times*, July 3, 2019.
6. Rita Colwell interviewed Manoj Dadlani on December 4, 2019, and verbally relayed the section on CosmosID; Dadlani approved/agreed. On December 11, 2019, Colwell interviewed Bruce Grant and he acknowledged that Dadlani had agreed with the section.
7. Robbie Melton, interview, March 5, 2019.
8. Jena McGregor, "Yet Another Explanation for Why Fewer Women Make It to the Top," *Washington Post*, November 29, 2011; Kay and Claire Shipman, "The Confidence Gap," *The Atlantic*, May 2014.
9. Ernesto Reuben et al., "The Emergence of Male Leadership in Competitive Environments," *Journal of Economic Behavior and Organization* 83, no. 1 (2012): 111–17.

10. Linda Babcock and Sara Laschever, *Women Don't Ask: Negotiation and the Gender Divide* (Princeton, NJ: Princeton University Press, 2003).
11. Kay and Shipman, "The Confidence Gap."
12. Credit Suisse Research Institute, *Gender Diversity and Corporate Performance*, July 31, 2012; Ernst & Young: Jenny Anderson, "Huge Study Finds that Companies with More Women Leaders Are More Profitable," *Quartz*, February 8, 2016; McKinsey: V. Hunt et al., "Delivering through Diversity," McKinsey & Company, January 2018; and Lily Trager, "Why Gender Diversity May Lead to Better Returns for Investors," Morgan Stanley, March 7, 2019.
13. Lone Christiansen et al., "Gender Diversity in Senior Positions and Firm Performance: Evidence from Europe," IMF, March 2016, quoted in Emily Chang, *Brotopia: Breaking Up the Boys' Club of Silicon Valley* (New York: Penguin, 2019), 254.
14. Chang, *Brotopia*, 254.
15. Jeff Green, "Women May Not Reach Boardroom Parity for 40 Years, GAO says," *Bloomberg*, January 4, 2016.
16. C. T. Hsieh et al., "The Allocation of Talent and U.S. Economic Growth," *Econometrica* 87, no. 5 (September 2019); Paul Gompers and Silpa Kovvali, "The Other Diversity Dividend," *Harvard Business Review*, July–August 2018; Emily Chasan, "The Last All-Male Board in the S&P 500 Finally Added a Woman," *Bloomberg*, July 24, 2019; Yaron G. Nili, "Beyond the Numbers: Substantive Gender Diversity in Boardrooms," *Indiana Law Journal* 94, no. 1 (2019).
17. S. A. Hewlett, B. C. Luce, and L. J. Servon, *The Athena Factor: Reversing the Brain Drain in Science, Engineering, and Technology* (Cambridge, MA: Harvard Business Review, May 2008); Caroline Simard and Andrea Davies Henderson, *Climbing the Technical Ladder: Obstacles and Solutions for MidLevel Women in Technology* (Palo Alto and Stanford, CA: Anita Borg Institute for Women and Technology in collaboration with the Clayman Institute for Gender Research,

2008); Kathleen Melymuka, "Why Women Quit Technology," *Computerworld*, June 16, 2008.

18. Dan Lyons, "Jerks and the Start-Ups They Ruin," *New York Times*, April 1, 2017.
19. Josh Harkinson, "Welcome Back to Silicon Valley's Biggest Sausage Fest," *Mother Jones*, September 9, 2014; Lester Haines, "Apple Squashes Wobbly Jub App," *The Register*, February 19, 2010, https://www.theregister.co.uk/2010/02/19/app_squashed/; Betsy Morais, "The Unfunniest Joke in Technology," *The New Yorker*, September 9, 2013; Claire Cain Miller, "Technology's Man Problem," *New York Times*, April 5, 2014; Susan Fowler, "Reflecting on One Very, Very Strange Year at Uber," *Susan Fowler* (blog), February 19, 2017, https://www.susanjfowler.com/blog/2017/2/19/reflecting-on-one-very-strange-year-at-uber; Fowler, "I Wrote the Uber Memo. This is How to End Sexual Harassment," *New York Times*, April 12, 2018; Yoree Koh, "Uber's Party Is Over: New Curbs on Alcohol, Office Flings," *Wall Street Journal*, June 13, 2017; and Chang, *Brotopia*, 106–35.
20. Peter Thiel, "The Education of a Libertarian," Cato Un bound, April 13, 2009, https://www.cato-unbound.org/2009/04/13/peter-thiel/education-libertarian.
21. Chang, *Brotopia*, 14–15.
22. Amy Millman, interview, May 1, 2019.
23. Alison Wood Brooks et al., "Investors Prefer Entrepreneurial Ventures Pitched by Attractive Men," *PNAS* 111, no. 2 (March 25, 2014).
24. Candida Brush, interview, April 16, 2019; The Diana Project, Babson College, Wellesley, MA, https://www.babson.edu/academics/centers-and-institutes/center-for-womens-entrepreneurial-leadership/thought-leadership/diana-international/diana-project/.
25. Gompers and Kovvali, "The Other Diversity Dividend," 72–77.

26. Margaret O'Mara, "Silicon Valley's Old Money," *New York Times*, March 31, 2019.
27. Brooks et al., "Investors Prefer Entrepreneurial Ventures Pitched by Attractive Men," 4427–31.
28. Paul A. Gompers and Sophie Q. Wang, "And the Children Shall Lead: Gender Diversity and Performance in Venture Capital" (National Bureau of Economic Research Working Paper No. 23454, May 2017).
29. Carol A. Nacy, interview, April 11, 2018.
30. Nancy Hopkins, interview, January 21, 2018; Hopkins, "Lost in the Biology-to-Biotech Pipeline: A Tale of 2 Leaks" (Rosalind Franklin Society board meeting, December 17, 2014).
31. Hopkins, interview with Colwell and McGrayne, March 15, 2018.
32. Fiona Murray, "Evaluating the Role of Science Philanthropy in American Research Universities," in *Innovation Policy and the Economy*, vol. 13, eds. Josh Lerner and Scott Stern (Chicago: University of Chicago Press, 2013): 23–60.
33. Kate Zernike, "Gains, and Drawbacks, for Female Professors," *New York Times*, March 21, 2011.
34. Marc Kastner, interview, August 6, 2019.
35. R. R. Colwell, "Professional Science Master's Programs Merit Wider Support," *Science* 323, no. 5922 (March 27, 2009).
36. Millman, interview; Brush, interview.
37. www.gulfresearchinitiative.org.
38. GoMRI, "About the Gulf of Mexico Research Initiative Research Board," https://gulfresearchinitiative.org/gri-research-board/.
39. Charles "Chuck" Miller, interview, September 5, 2018; Claire B. Paris et al., "BP Gulf Science Data Reveals Ineffectual Subsea Dispersant Injection for the Macondo Blowout," *Frontiers in Marine Science*, October 30, 2018.
40. Karl Soderlund, interview, September 12, 2018.
41. "Drinking-water" (World Health Organization fact sheet), www.who.

int/en/news-room/fact-sheets/detail/drinking-water, accessed November 15, 2019.

9장 | 개인이 아니라 시스템이다

1. Daniel Voyer and Susan D. Voyer, "Gender Differences in Scholastic Achievement: A Meta-Analysis," *Psychological Bulletin* 140, no. 4 (April 29, 2014).
2. Mary A. Lundeberg, Paul W. Fox, and Judith Punćochaŕ, "Highly Confident but Wrong: Gender Differences and Similarities in Confidence Judgments," *Journal of Educational Psychology* 86, no. 1 (1994).
3. Nicole Smith, interviews, April 23, May 7, June 10, 2019, and email February 11, 2020.
4. Claude M. Steele, *Whistling Vivaldi: How Stereotypes Affect Us and What We Can Do* (New York: W. W. Norton, 2010); and Mahzarin R. Banaji and Anthony G. Greenwald, *Blindspot: Hidden Biases of Good People* (New York: Penguin Random House, 2013).
5. Jay Van Bavel, interview, August 20, 2019.
6. Geoff Edgers, "Elizabeth Rowe Has Sued the BSO: Her Case Could Change How Orchestras Pay Men and Women," *Boston Globe*, December 11, 2018; Malcolm Bay, "BSO Flutist Settles Equal-Pay Lawsuit with Orchestra," *Boston Globe*, February 14, 2019.
7. Jennifer T. Chayes, interview, January 28, 2019.
8. Jo Handelsman, interview, February 26, 2013; C. A. Moss-Racusin et al., "Science Faculty's Subtle Gender Biases Favor Male Students," *PNAS* 109, no. 41 (October 9, 2012).
9. Virginia Valian, *Why So Slow? The Advancement of Women* (Cambridge, MA: MIT Press, 1998); and Natalie Angier, "Exploring the Gender Gap and the Absence of Equality," *New York Times*, August 25, 1998.

10. Mallory Pickett, "I Want What My Male Colleague Has, and That Will Cost a Few Million Dollars," *New York Times Magazine*, April 18, 2019.
11. J. M. Sheltzer and J. C. Smith, "Elite Male Faculty in the Life Sciences Employ Fewer Women," *PNAS* 111, no. 28 (July 15, 2014).
12. Rebecca Ratcliffe et al., "Nobel Scientist Tim Hunt: Female Scientists Cause Trouble for Men in Labs," *Guardian* (UK), June 10, 2015.
13. Tamar Lewin, "Yale Medical School Removes Doctor after Sexual Harassment Finding," *New York Times*, November 14, 2014; Lewin, "Seven Allege Harassment by Yale Doctor at Clinic," *New York Times*, April 15, 2015; Alexandra Witze, "Astronomy Roiled Again by Sexual-Harassment Allegations," *Nature*, January 13, 2016; Jeffrey Mervis, "Caltech Suspends Professor for Harassment," *Science*, January 1, 2016; Dennis Overbye, "Geoffrey Marcy to Resign from Berkeley Astronomy Department," *New York Times*, October 14, 2015; Amy Harmon, "Chicago Professor Resigns amid Sexual Misconduct Investigation," *New York Times*, February 3, 2016; Michael Balter, "The Sexual Misconduct Case That Has Roiled Anthropology," *Science*, February 9, 2016; Katherine Long, "UW Researcher Michael Katze Fired After Sexual-Harassment Investigation," *Seattle Times*, August 3, 2017; Anemona Hartocollis, "Dartmouth Reaches $14 Million Settlement in Sexual Abuse Lawsuit," *New York Times*, August 6, 2019.
14. Daniel Z. Grunspan et al., "Male Biology Students Consistently Underestimate Female Peers, Study Finds," *PLOS ONE* 11, no. 2 (February 10, 2016).
15. Elizabeth Culotta, "Study: Male Scientists Publish More, Women Cited More," *The Scientist* (July 1993); Rachel Pells, "Male Authors Tend to Cite Male Authors More Than Female Authors," *Inside Higher Education*, August 16, 2018.
16. Tia Ghose, "Female Coders Get Less Respect When Their Gender

Shows," *Washington Post*, February 23, 2016.

17. Kuheli Dutt et al., "Gender Differences in Recommendation Letters for Postdoctoral Fellowship in Geoscience," *Nature Geoscience* 9, no. 11 (October 3, 2016); Sarah-Jane Leslie et al., "Expectations of Brilliance Underlie Gender Distributions Across Academic Disciplines," *Science* 347, no. 6219 (January 16, 2015); Rachel Bernstein, "Belief That Some Fields Require 'Brilliance' May Keep Women Out," *Science*, January 15, 2015.
18. Lawrence K. Altman, "Swedish Study Finds Sex Bias In Getting Science Jobs," *New York Times*, May 22, 1997.
19. S. E. Holloran et al., "Talking Shop and Shooting the Breeze: A Study of Workplace Conversation and Job Disengagement among STEM Faculty," *Social Psychological and Personality Science* 2, no. 1 (2011).
20. Heather Sarsons, "Recognition for Group Work: Gender Differences in Academia," *American Economic Review* 107, no. 5 (May 2017).
21. PLOS ONE: Holly Else, " 'Sexist' Peer Review Causes Storm Online," *Times Higher Education*, April 3, 2015; Damian Pattinson, "PLOS ONE Update on Peer Review Process," EveryONE (blog), *PLOS ONE*, https://blogs.plos.org/everyone/2015/05/01/plos-one-update-peer-review-investigation/.
22. David R. Hekman, "Does Diversity-Valuing Behavior Result in Diminished Performance Ratings for Nonwhite and Female Leaders?" *Academy of Management Review*, March 3, 2016.
23. Ian M. Handley et al., "Quality of Evidence Revealing Subtle Gender Biases in Science Is in the Eye of the Beholder," *PNAS* 112, no. 43 (October 27, 2017).
24. Virginia Gewin, "Why Some Anti-Bias Training Misses the Mark," *Nature*, April 22, 2019.
25. Mallory Pickett, "I Want What My Male Colleague Has, and That Will Cost a Few Million Dollars," *New York Times Magazine*, April 18, 2019; Meredith Wadman, "Salk Institute Hit with

Discrimination Lawsuit by Third Female Scientist," *Science*, July 20, 2017.

26. Andrew Jacobs, "Another Obstacle for Women in Science: Men Get More Federal Grant Money," *New York Times*, March 5, 2019.
27. Arturo Casadevall and Jo Handelsman, "The Presence of Female Conveners Correlates with a Higher Proportion of Female Speakers at Scientific Symposia," *mBio* 5, no. 1 (January/February 2014); Arturo Casadevall, "Achieving Speaker Gender Equity at the American Society for Microbiology General Meeting," *mBio* 6, no. 4 (August 4, 2015).
28. Lauren Bacon, "The Odds That a Panel Would 'Randomly' Be All Men Are Astronomical," *The Atlantic*, October 20, 2015.
29. Crystal Brown (chief communications officer, University of Maryland), email, September 26, 2014, and interview with email, October 27, 2019; Natifia Mullings (director of communications, University of Maryland), interview and email, October 27, 2019.
30. National Academies of Sciences, Engineering, and Medicine, *Sexual Harassment of Women: Climate, Culture, and Consequences in Academic Sciences, Engineering, and Medicine* (Washington, DC: National Academies Press, 2018), v.
31. National Academies of Sciences, Engineering, Medicine, *Sexual Harassment of Women*.
32. France Córdova, email, April 16, 2020; France Córdova, "Leadership to change a culture of sexual harassment," *Science*, March 27, 2020; National Science Foundation, *Federal Register* 83, 47940 (2018).
33. Alexandra Witze, "Top U.S. Science Agency Unveils Hotly Anticipated Harassment Policy," *Nature* 561, no. 7724 (2018); Megan Thielking, "It's Time for Systemic Change," STAT, September 20, 2018; Meredith Wadman, "In Lopsided Vote, U.S. Science Academy Backs Move to Eject Sexual Harassers," *Science*, April 30, 2019.
34. Maggie Kuo, "Scientific Society Defines Sexual Harassment as Scientific Misconduct," *Science*, September 20, 2017.

35. Jocelyn Kaiser, "National Institutes of Health Apologizes for Lack of Action on Sexual Harassers," *Science*, February 28, 2019; and Lenny Bernstein, "NIH Director Will No Longer Speak on All-Male *Science* Panels," *Washington Post*, June 12, 2019.

10장 | 우린 할 수 있어

1. Shirley Malcom, interview, April 12, 2019; Nia-Malika Henderson, "White Men Are 31 Percent of the American Population. They Hold 65 Percent of All Elected Offices," *Washington Post*, October 8, 2014; National Academy of Sciences, *Can Earth's and Society's Systems Meet the Needs of 10 Billion People?* (Washington, DC: National Academies Press, 2013).
2. Florence Haseltine, interview, September 25, 2016.
3. Crystal N. Johnson, speech at American Society for Microbiology meeting, New Orleans, Louisiana, May 2015.
4. Shirley M. Tilghman, interview, May 21, 2019.
5. NSF ed., *The Power of Partnerships: A Guide from the NSF Graduate STEM Fellows in K12 Education (GK12) Program* (Washington, DC: American Association for the Advancement of Science, 2013).
6. Lin Bian, Sarah-Jane Leslie, and Andrei Cimpian, "Gender Stereotypes About Intellectual Ability Emerge Early and Influence Children's Interests," *Science* 355, no. 6323 (January 27, 2017).
7. Google, "Women Who Choose Computer Science—What Really Matters: The Critical Role of Encouragement and Exposure," May 26, 2014, https://edu.google.com/pdfs/women-who-choose-what-really.pdf.
8. Satyan Linus Devadoss, "A Math Problem around Pi Day," *Washington Post*, March 17, 2018.
9. Peter Schmidt, "Men's Share of College Enrollments Will Continue to Dwindle, Federal Report Says," *Chronicle of Higher Education*,

May 27, 2010.
10. Tamar Barkay, interview, June 14, 2016.
11. K. B. H. Clancy et al., "Survey of Academic Field Experiences (SAFE): Trainees Report Harassment and Assault," *PLOS ONE* 9, no. 7 (July 16, 2014).
12. Fay Ajzenberg-Selove, *A Matter of Choices: Memoirs of a Female Physicist* (New Brunswick, NJ: Rutgers University Press, 1994).
13. Constance L. Cepko, interview, February 7, 2018.
14. Marcia McNutt, interview, July 21, 2019.
15. Cepko, interview.
16. Ian Sample, "Nobel Winner Declares Boycott of Top Science Journals," *Guardian* (UK), December 9, 2013.
17. A. J. Cox et al., "For Female Physicists, Peer Mentoring Can Combat Isolation," *Physics Today*, October 18, 2014.
18. Babcock and Laschever, *Women Don't Ask*.
19. Florence Haseltine, interview, September 25, 2016.
20. Haseltine, interview, September 25, 2016.
21. Alice Huang, speaking at the Rosalind Franklin Society annual meeting, December 17, 2014.
22. Confidential interview, August 30, 2016.
23. Marie Hicks, interview, March 27, 2018, and Hicks, *Programmed Inequality: How Britain Discarded Women Technologists and Lost Its Edge in Computing* (Cambridge, MA: MIT Press, 2017).
24. Megan Brenan, "40% of Americans Believe in Creationism," *Gallup News*, July 26, 2019.
25. Helen Shen, "Inequality Quantified: Mind the Gender Gap," *Nature*, March 6, 2013; Claire Cain Miller, "The Gender Pay Gap Is Largely Because of Motherhood," *New York Times*, May 13, 2017, and "The 10Year Baby Window That Is the Key to the Women's Pay Gap," *New York Times*, April 9, 2018; Holly Else, "Nearly Half of US Female Scientists Leave Full-Time Science after First Child," *Nature*, February 19, 2019; Katha Pollitt, "Day Care for All," *New*

York Times, February 9, 2019.

26. B. Alberts and V. Narayanamurti, "Two Threats to U.S. Science," *Science* 364, no. 6441 (May 17, 2019); John West, interviews, March 27 and 30, 2018.
27. Amy Millman, interview, May 1, 2019; Jeffrey Mervis, "Top Ph.D. Feeder Schools Are Now Chinese," *Science* 321, no. 5886 (July 11, 2008).
28. Alberts and Narayanamurti, "Two Threats to U.S. Science."
29. Ben A. Barres, emails, September 11, 16, 18, and 19, 2016.
30. Nancy Hopkins, interview with Colwell and McGrayne, March 15, 2018.
31. John West, interviews.
32. Ajzenberg-Selove, *A Matter of Choices*, 4.
33. Michelle M. Duguid and Melissa C. Thomas-Hunt, "Condoning Stereotyping: How Awareness of Stereotyping Prevalence Impacts Expression of Stereotypes," *Journal of Applied Psychology* 100, no. 2 (March 2015): 343 – 59.
34. Becky Ham, "Societies Take a Stand Against Sexual Harassment with New Initiative," *Science* 363, no. 6434 (March 29, 2019).
35. Peter Medawar, *Advice to a Young Scientist* (New York: HarperCollins Children's Books, 1979).

옮긴이 **김보은**

이화여자대학교 화학과를 졸업하고 동 대학원에서 분자생명과학 석사학위를 받았다. 가톨릭대학교 의과대학에서 의생물과학 박사과정을 마친 뒤 바이러스 연구실에 근무했다. 글밥아카데미를 수료하고 현재 바른번역 소속 전문 번역가로 활동 중이다. 옮긴 책으로 『크리스퍼가 온다』『GMO 사피엔스의 시대』『슈퍼 유전자』『더 커넥션』『슈퍼 휴먼 SUPER HUMAN』 등이 있으며, 《한국 스켑틱》 번역에 참여하고 있다.

인생, 자기만의 실험실
랩걸을 꿈꾸는 그대에게

1판 1쇄 펴냄 2021년 2월 1일
1판 2쇄 펴냄 2021년 12월 23일

지은이 리타 콜웰, 샤론 버치 맥그레인
옮긴이 김보은
펴낸이 송상미

디자인 송윤형
교정교열 김주연
모니터링 박혜영

펴낸곳 머스트리드북
출판등록 2019년 10월 7일 제2019-000272호
주소 (03925) 서울시 마포구 월드컵북로 400, 5층 11호(상암동, 문화콘텐츠센터)
전화 070-8830-9821
팩스 070-4275-0359
메일 mustreadbooks@naver.com

ISBN 979-11-970227-4-6 03400